21 世纪普通高等教育基础课系列教材

大学物理实验教程
——基础综合性实验

主　编　黄耀清　赵宏伟　葛坚坚

副主编　王　竑　张　欣　李　琳　刘聚坤

参　编　王向欣　李月锋　尹亮亮　张灿云　潘瑞芹
　　　　戴翠霞　胡　健　王　欢　李　澜　周　延

机 械 工 业 出 版 社

本书根据教育部高等学校物理学与天文学教学指导委员会 2010 年制定的《理工科类大学物理实验课程教学基本要求》，结合编者多年从事大学物理实验教学的实践经验编写而成。

全书共有 45 个实验，以力学、热学、电磁学、光学、近代物理及传感器应用性实验为主，包括：基础训练实验，由 5 个实验组成；综合性实验，由 40 个实验组成。书中既精选了传统的验证性实验，又适当引入了应用性的实验项目；部分实验或采用新的测量方法或使用更为先进精确的测量仪器，在一定程度上反映出近年来大学物理实验课程教学改革和发展的趋势。

本书可作为高等工科院校各相关专业大学物理实验课程的教材或参考书，也可供相关专业广大科技工作者和工程技术人员参考。

图书在版编目（CIP）数据

大学物理实验教程. 基础综合性实验/黄耀清，赵宏伟，葛坚坚主编. —北京：机械工业出版社，2020.2（2024.7重印）

21 世纪普通高等教育基础课系列教材

ISBN 978-7-111-64534-4

Ⅰ.①大… Ⅱ.①黄…②赵…③葛… Ⅲ.①物理学-实验-高等学校-教材 Ⅳ.①O4-33

中国版本图书馆 CIP 数据核字（2019）第 300321 号

机械工业出版社（北京市百万庄大街 22 号　邮政编码 100037）

策划编辑：张金奎　责任编辑：张金奎　陈崇昱

责任校对：王　欣　封面设计：张　静

责任印制：刘　媛

涿州市般润文化传播有限公司印刷

2024 年 7 月第 1 版第 9 次印刷

184mm×260mm · 24.75 印张 · 602 千字

标准书号：ISBN 978-7-111-64534-4

定价：59.80 元

电话服务　　　　　　　　网络服务

客服电话：010-88361066　　机　工　官　网：www.cmpbook.com

　　　　　010-88379833　　机　工　官　博：weibo.com/cmp1952

　　　　　010-68326294　　金　书　网：www.golden-book.com

封底无防伪标均为盗版　机工教育服务网：www.cmpedu.com

前　言

按照教育部高等学校物理学与天文学教学指导委员会在 2010 年制定的《理工科类大学物理实验课程教学基本要求》，为了更好地适应我校的人才培养目标和定位，适应教学需要，适应课程体系的变化，我们将近几年的新编实验项目纳入书中，并结合多年来从事大学物理实验教学的实践经验编写了本书。

本书共编入 45 个实验项目。一部分为经典的基础实验项目，意在使学生学会使用基本仪器，掌握基本的实验技能，为进一步学习打下基础；另一部分则是近年来在我校物理实验中心重点建设过程中新建的实验项目，融合了科研领域中的新成果和现代应用技术。这些实验项目使本书的内容在兼顾基础的同时又具有时代性和先进性。根据教学改革思路和我校现行的物理实验课程体系，本书在结构上将实验项目按其性质划分为基础训练实验和综合性实验，意在通过由浅入深、由易到难、由基础到综合的过程，使学生的科学实验能力和创新能力能够循序渐进地得到提高。书中既精选了传统的验证性实验又适当引入了应用性的实验项目，部分实验或采用新的测量方法或使用更为先进精确的测量仪器，在一定程度上反映出近年来大学物理实验课程教学改革和发展的趋势。

本书的编写与我校物理实验中心的建设和发展紧密相连，是全体实验教师和实验技术人员长期以来辛勤耕耘、努力工作、不断改革创新的结果，是集体智慧的结晶。我们在本书的编写过程中得到了校内外许多同仁的关心和帮助，借鉴了兄弟院校教学改革的经验并参阅了有关的优秀教材，在此一并致以衷心的感谢。同时，也非常感谢机械工业出版社对本书的出版发行给予的大力支持。

由于编者水平有限，书中难免会有待完善和不妥当之处，恳请广大读者提出宝贵意见。

编　者
于上海应用技术大学

目　　录

绪　论

一、物理实验课的意义和目的

物理学是工程技术学科的理论基础，它本质上是一门实验科学。物理规律的发现和物理理论的建立，都必须以严格的科学实验为基础，并为以后的科学实验所验证，物理学的发展是在实验和理论两方面相互推动和密切配合下进行的。

作为培养21世纪高素质创新人才的高等院校，不仅要加强学生专业基础理论的学习，而且更应注意对他们实践能力的培养。物理实验是物理课必不可少的重要组成部分，是学生进行科学实验基本训练的一门必修基础课程，它既是学生进入大学后受到系统实验方法和技能训练的开始，又是后续专业课程实验的基础。

作为一门独立的基础课程，物理实验具有自身独特的教学目的、教学方法及教学内容。物理实验课程对学生能力和素质的培养不仅包括一般的实验技能，也包括实验过程中发现问题和解决问题的能力、综合分析的能力、创造性思维的能力、总结表达的能力，还包括实验者的科学态度和求是精神，以及爱护实验仪器、节省实验材料的良好品德和习惯。这是理论思维能力所不能替代的。开设物理实验课程的具体目的如下。

（1）使学生通过对物理实验现象的观察、测量和分析，学习物理实验知识，加深对物理学一些基本概念和规律的认识和理解。

（2）培养和提高学生的科学实验能力，其中包括：

1）通过阅读教材或资料，做好实验的准备。

2）正确使用基本仪器设备，掌握基本物理量的测量方法和技术。

3）运用物理理论对实验现象进行初步分析和判断。

4）正确记录和处理实验数据、分析实验结果、撰写合格的实验报告。

5）完成简单的具有设计性内容的实验。

（3）培养和提高学生的科学实验素养。要求学生具有对待科学实验一丝不苟的严谨态度，理论联系实际和实事求是的工作作风，勇于探索、创新的精神，以及遵守纪律、团结协作、爱护公物的优良品德。

二、物理实验课的基本程序

物理实验课的基本程序一般可分为以下三个阶段：

1. 课前预习

为了保证在规定的课时内高质量地完成实验课的任务，学生在做实验前必须进行预习。预习时应仔细阅读实验教材，理解教材所叙述的实验原理，明确实验操作的大体步骤，必要时还要查阅有关参考资料，在此基础上写好实验前的预习报告。在预习报告中应简单扼要地叙述实验原理，列出实验所依据的主要公式，做出必要的原理图示（或线路图示），并画好数据记录表格。

物理实验的预习工作是以学生自习为主的，它是学生了解实验和学习实验的第一步，同学们应在思想上引起重视，自觉地抓好这一环节。

2. 课堂实验

课堂实验是实验课的重要环节。开始实验前，要熟悉有关仪器的性能及操作规程，进一步明确本实验的具体要求。做实验时，应按实验步骤和要求，认真调试仪器，仔细观察测量有关的物理量，并正确、如实地在预习报告的数据记录表格内记录测量数据。此外，还应记录必要的实验条件，仪器编号、规格以及实验现象等。在与他人合作做实验时，应分工协作，互相配合。

实验完毕，应将测量的数据记录交给指导教师审阅，经教师认可签字后，整理好仪器方可离开实验室。

3. 完成实验报告

写实验报告是对实验全过程进行总结和深入理解的一个重要步骤。实验报告的内容包括：

（1）实验名称、实验者姓名、学号、课程序号、实验日期等。

（2）实验目的。

（3）实验原理。简明，并附有必要的公式及原理图。

（4）实验仪器。主要仪器的名称、编号及规格。

（5）实验内容。概括说明实验进行的主要程序，所测量的物理量及采用的观测方法。

（6）数据记录与处理。将原始数据转记于报告上，并根据实验的具体要求进行正确的数据处理（包括必要的计算过程、实验曲线、不确定度的计算等），写出测量结果表达式。

（7）讨论。回答思考题和分析讨论实验结果（如实验中出现的某些现象及存在问题的讨论，误差来源的分析，实验装置和方法的改进意见等）。

书写实验报告时，要求努力做到字迹工整，文句通顺，数据记录整洁，图表正确，内容简明扼要。实验报告应在课堂实验后独立完成，并在下次实验时交指导教师批阅（要求附上预习报告）。

第一章　不确定度和数据处理基础知识

第一节　测量与误差

一、测量

在物理实验中，不仅要观察物理现象，而且要定量地测量物理量的大小。所谓测量，就是采取一定的方法，利用某种仪器将被测量与标准量进行比较，确定被测量的量值。按测量方法可将测量分为两类。

（1）直接测量：直接用计量仪器读出被测量值的测量方法。例如，用直尺测量物体长度，用天平称物体的质量。这些由直接测量获得的未经任何处理的数据称作原始数据。

（2）间接测量：需根据待测量和某几个直接测量值的函数关系求出待测量的测量方法。例如，用单摆测重力加速度 g 时，可以先测出摆长 L 和周期 T，再用公式 $g = (4\pi^2/T^2)L$ 算出 g，这里对 g 的测量就是间接测量。

由此可见，直接测量是间接测量的基础。在物理实验中，许多物理量的测量是间接测量。

二、测量误差

测量的目的是要获得待测物理量的真值。所谓真值是指在一定条件下，某物理量客观存在的真实值。但由于测量仪器的局限，理论或测量方法的不完善，实验条件的不理想及观测者欠熟练等原因，所得到的测量值与真值之间总是存在着一定的差异，这种差异称为测量误差。测量误差的定义为

$$测量误差 = 测量值 - 真值 \tag{1.1-1}$$

它反映了测量值偏离真值的大小和方向，故又被称为绝对误差。一般来说，真值仅是一个理想的概念。实际测量中，一般只能根据测量值确定测量的最佳值，通常取多次重复测量的平均值作为最佳值。

绝对误差可以评价某一测量的可靠程度，但若要比较两个或两个以上的不同测量结果时，就需要用相对误差来评价测量的优劣。相对误差的定义为

$$相对误差 = \frac{绝对误差}{测量最佳值} \times 100\% \tag{1.1-2}$$

有时被测量有公认值或理论值，还可用"百分误差"来表征：

$$百分误差 = \left| \frac{测量最佳值 - 公认值}{公认值} \right| \times 100\% \tag{1.1-3}$$

测量中的误差是不可避免的，因此实验者应根据实验要求和误差限度来制订或选择合理的测量方案和仪器，分析测量中可能产生的各种误差，尽可能消除其影响，并对测量结果中未能消除的误差做出估计。

三、误差的分类

根据误差的性质及其来源，可将它分类如下。

（1）系统误差：由于偏离测量规定条件或测量方法不完善等因素所引起的按某种确定规律出现的误差。

系统误差的特点是测量结果向某一确定的方向偏离，或按一定规律变化。其产生的原因有以下几个方面：仪器本身的缺陷（如刻度不准、不均匀或零点没校准等），理论公式或测量方法的近似性（如伏安法测电阻时没考虑电表的电阻；用单摆周期公式 $T = 2\pi\sqrt{L/g}$ 测 g 的近似性），环境影响（温度、湿度、光照等与仪器要求的环境条件不一致），实验者个人因素（如操作的滞后或超前、读数总是偏大或偏小）等。由上述特点可知，在相同条件下，增加测量次数是不可能消除或减小系统误差的。但是，如果能找出产生系统误差的原因，就可采取适当的方法来消除或减小它的影响，并对结果进行修正。实验中一定要注意消除或减小系统误差。

（2）随机误差：在同一条件下，多次测量同一物理量时，出现的绝对值和符号以不可预见方式变化着的误差。

实验中，即使已经消除了系统误差，但在同一条件下对某物理量进行多次测量时，仍存在差异，误差时大时小，时正时负，呈现无规则的起伏，这是因为存在随机误差的缘故。

随机误差是由某些偶然的或不确定的因素所引起的。例如，实验者受到感官的限制，读数会有起伏；实验环境（温度、湿度、风、电源电压等）无规则的变化，或是测量对象自身的涨落等。这些因素的影响一般是微小的、混杂的，并且是无法排除的。

对某一次测量来说，随机误差的大小和符号都无法预计，完全出于偶然。但大量实验表明，在一定条件下对某物理量进行足够多次的测量时，其随机误差就会表现出明显的规律性，即随机误差遵循一定的统计规律。

四、定性评价测量的三个名词

在实验中，常用到准确度、精密度和精确度这三个不同的概念来评价测量结果。准确度高，是指测量结果与真值的符合程度高，反映了测量结果的系统误差小。精密度高，是指重复测量所得结果相互接近程度高（即离散程度小），反映了随机误差小。精确度高，是指测量数据比较集中，且逼近于真值，反映了测量的随机误差和系统误差都比较小。我们希望获得精确度高的测量结果。

第二节　测量的不确定度和测量结果的表示

一、测量的不确定度

不确定度是指由于测量误差的存在而对被测量值不能肯定的程度，它给出测量结果不能确定的误差范围。不确定度更能反映测量结果的性质，在国内外已经被普遍采用。

不确定度一般包含有多个分量，按其数值的评定方法可将分量归并为两类：用统计方法对具有随机误差性质的测量值计算获得的 A 类分量 Δ_A，以及用非统计方法计算获得的 B 类分量 Δ_B。

二、随机误差与不确定度的 A 类分量

1. 随机误差的分布与标准偏差

随机性是随机误差的特点，但在测量次数相当多的情况下，随机误差仍服从一定的统计规律。随机误差的分布规律有正态分布（又称高斯分布）、均匀分布、t分布等，其中最常见的就是正态分布。正态分布的特征可以用正态分布曲线形象地表示出来，如图 1.2-1a 所示。图中，横坐标 x 表示某一物理量的测量值，纵坐标 $f(x)$ 表示该测量值的概率密度：

$$f(x) = \frac{1}{\sigma\sqrt{2\pi}}\exp\left[-\frac{1}{2}\left(\frac{x-\mu}{\sigma}\right)^2\right] \tag{1.2-1}$$

式中，μ 表示 x 出现概率最大的值，在消除系统误差后，μ 为真值；σ 称为标准偏差，它是表征测量值离散程度的一个重要参量 [σ 大，表示 $f(x)$ 曲线矮而宽，x 的离散性显著，测量的精密度低；σ 小，表示 $f(x)$ 曲线高而窄，x 的离散性不显著，测量的精密度高，如图 1.2-1b所示]。

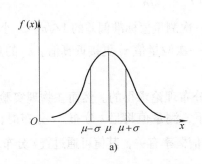 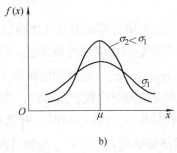

图 1.2-1 正态分布曲线

定义 $P = \int_{x_1}^{x_2} f(x)\,\mathrm{d}x$，表示变量 x 在 (x_1, x_2) 区间内出现的概率，称为置信概率。x 出现在 $(\mu - \sigma, \mu + \sigma)$ 区间的概率为

$$P = \int_{\mu-\sigma}^{\mu+\sigma} f(x)\,\mathrm{d}x = 0.683$$

说明对任一次测量，其测量值出现在 $(\mu - \sigma, \mu + \sigma)$ 区间内的可能性为 0.683。为了给出更高的置信概率，置信区间可扩展为 $(\mu - 2\sigma, \mu + 2\sigma)$ 和 $(\mu - 3\sigma, \mu + 3\sigma)$，其置信概率分别为

$$P = \int_{\mu-2\sigma}^{\mu+2\sigma} f(x)\,\mathrm{d}x = 0.954$$

$$P = \int_{\mu-3\sigma}^{\mu+3\sigma} f(x)\,\mathrm{d}x = 0.997$$

由此可见，x 落在 $[\mu - 3\sigma, \mu + 3\sigma]$ 区间以外的可能性很小，所以将 3σ 称为极限误差。

2. 多次测量平均值的标准偏差

由于随机误差的存在，决定了我们不可能得到真值，而只能对真值进行估算。根据随机误差的特点，可以证明，如果对一个物理量测量了相当多次后，其分布曲线趋于对称分布，算术平均值就是接近真值的最佳值。设在相同条件下，对某物理量 x 进行 n 次等精度重复测量，每一次测量值为 x_i，则算术平均值 $\bar{x}$ 为

$$\bar{x} = \frac{\sum_{i=1}^{n} x_i}{n} \tag{1.2-2}$$

若测量次数 n 有限，任一测量值的标准偏差可由贝塞尔公式近似地给出：

$$\sigma_x = \sqrt{\frac{\sum_{i=1}^{n}(x_i - \bar{x})^2}{n-1}} \tag{1.2-3}$$

其意义为任一次测量的结果落在$(\bar{x}-\sigma_x, \bar{x}+\sigma_x)$区间的概率为 0.683。

由于算术平均值是测量结果的最佳值，因此我们更希望知道$\bar{x}$对真值的离散程度。误差理论可以证明，$\bar{x}$的标准偏差为

$$\sigma_{\bar{x}} = \sqrt{\frac{\sum_{i=1}^{n}(x_i - \bar{x})^2}{n(n-1)}} = \frac{\sigma_x}{\sqrt{n}} \tag{1.2-4}$$

上式说明，平均值的标准偏差是 n 次测量中任意一次测量值标准偏差的$1/\sqrt{n}$。$\sigma_{\bar{x}}$小于σ_x是因为算术平均值是测量结果的最佳值，它比任意一次测量值x_i更接近真值。$\sigma_{\bar{x}}$的意义是真值处于$(\bar{x}-\sigma_{\bar{x}}, \bar{x}+\sigma_{\bar{x}})$区间内的概率为 0.683。

上述结果是在测量次数相当多时，依据正态分布理论求得的。然而在物理实验教学中，测量次数往往较少（一般 $n<10$），在这种情况下，测量值将呈 t 分布。t 分布时，$x=\bar{x}\pm t_p\sigma_x/\sqrt{n}$的置信概率是 P。因子 t_p 与测量次数和置信概率有关，其值可通过查 t 分布表得到。

3. 不确定度的 A 类分量

A 类分量由标准偏差 σ_x 乘以因子$(t_p/\sqrt{n})$求得，即

$$\Delta_A = \frac{t_p}{\sqrt{n}}\sigma_x \tag{1.2-5}$$

在大学物理实验中，置信概率建议取为 0.95。$t_{0.95}/\sqrt{n}$的值如表 1.2-1 所示。

表 1.2-1　不同测量次数 n 时 $t_{0.95}$ 和 $t_{0.95}/\sqrt{n}$的数值

n	3	4	5	6	7	8	9	10	15	20	≥ 100
$t_{0.95}$	4.30	3.18	2.78	2.57	2.45	2.36	2.31	2.26	2.14	2.09	≤ 1.97
$\frac{t_{0.95}}{\sqrt{n}}$	2.48	1.59	1.204	1.05	0.926	0.834	0.770	0.715	0.553	0.467	≤ 0.139

从上表中可见，当置信概率为 0.95，$6\leq n\leq 10$ 时，$t_{0.95}/\sqrt{n}\approx 1$，则不确定度的 A 类分量可近似地直接取标准偏差 σ_x 的值，即

$$\Delta_A = \sigma_x \tag{1.2-6}$$

三、不确定度的 B 类分量

不确定度的 B 类分量是用非统计方法计算的分量，它应考虑到影响测量准确度的各种可能因素，因此，Δ_B通常是多项的。Δ_B的估计是测量不准确度估算中的难点，这有赖于实验者的学识、经验，以及分析和判断能力。从物理实验教学的实际出发，通常主要考虑的因素是仪器误差，在这种情况下，不确定度的 B 类分量可简化用仪器标定的最大允差 $\Delta_{仪}$ 来表述，即

$$\Delta_B = \Delta_{仪} \tag{1.2-7}$$

某些常用实验仪器的最大允差 $\Delta_{仪}$ 如表 1.2-2 所示。

表 1.2-2 某些常用实验仪器的最大允差

仪 器 名 称	量程	最小分度值	最大允差
钢板尺	150mm 500mm 1000mm	1mm 1mm 1mm	±0.10mm ±0.15mm ±0.20mm
钢卷尺	1m 2m	1mm 1mm	±0.8mm ±1.2mm
游标卡尺	125mm	0.02mm 0.05mm	±0.02mm ±0.05mm
螺旋测微器(千分尺)	0～25mm	0.01mm	±0.004mm
七级天平(物理天平)	500g	0.05g	0.08g(接近满量程) 0.06g(1/2 量程附近) 0.04g(1/3 量程附近)
三级天平(分析天平)	200g	0.1mg	1.3mg(接近满量程) 1.0mg(1/2 量程附近) 0.7mg(1/3 量程附近)
普通温度计(水银或有机溶剂) 精密温度计(水银)	0～100℃ 0～100℃	1℃ 0.1℃	±1℃ ±0.2℃
电表(0.5 级) 电表(0.1 级)			0.5%×量程 0.1%×量程
数字万用电表			$\alpha\% \cdot U_x + \beta\% \cdot U_m$(其中 U_x 表示测量值即读数,U_m 表示满度值即量程,α、β 对不同的测量功能有不同的数值。通常将 $\beta\% \cdot U_m$ 用"字数"表示,如"2 个字"等)

四、合成不确定度

合成不确定度 u 由 A 类不确定度 Δ_A 和 B 类不确定度 Δ_B 采用"方和根"合成方式得到,即

$$u = \sqrt{\Delta_A^2 + \Delta_B^2} \tag{1.2-8}$$

若 A 类分量有 m 个,B 类分量有 n 个,那么合成不确定度为

$$u = \sqrt{\sum_{i=1}^{m} \Delta_{A_i}^2 + \sum_{j=1}^{n} \Delta_{B_j}^2} \tag{1.2-9}$$

五、直接测量结果的表示

若用不确定度表征测量结果的可靠程度,则测量结果写成下列标准形式:

$$\begin{cases} x = \bar{x} \pm u & (单位) \\ u_r = \dfrac{u}{\bar{x}} \times 100\% \end{cases} \tag{1.2-10}$$

式中，u_r 为相对不确定度。

在大学物理实验中，可按以下过程估算不确定度：

（1）求测量数据的算术平均值：$\bar{x} = \dfrac{\sum\limits_{i=1}^{n} x_i}{n}$；并对已知的系统误差进行修正，得到测量值（如螺旋测微器必须消除零误差）。

（2）用贝塞尔公式计算标准偏差：

$$\sigma_x = \sqrt{\frac{\sum\limits_{i=1}^{n} (x_i - \bar{x})^2}{n-1}}$$

（3）对 A 类分量和 B 类分量进行简化，取 $\Delta_A = \sigma_x$，$\Delta_B = \Delta_{仪}$。

（4）由 Δ_A、Δ_B 合成不确定度：$u = \sqrt{\Delta_A^2 + \Delta_B^2}$，计算相对不确定度：$u_r = \dfrac{u}{\bar{x}} \times 100\%$。

（5）给出测量结果：

$$\begin{cases} x = \bar{x} \pm u & （单位） \\ u_r = \dfrac{u}{\bar{x}} \times 100\% \end{cases}$$

在某些精度要求不高或条件不许可的情况下，只需要进行单次测量。单次测量的结果仍应以式（1.2-10）表示，则 $\bar{x}$ 就是单次测量值，u 常用极限误差 Δ 表示。Δ 的取法一般有两种：一种是仪器标定的最大允差 $\Delta_{仪}$；另一种是根据不同仪器、测量对象、环境条件、测量者感官灵敏度等估计出的一个极限误差。两者中取数值较大的作为 Δ 值。

例1.2-1 在室温 23℃ 下，用共振干涉法测量超声波在空气中传播时的波长 λ，数据见下表：

n	1	2	3	4	5	6
λ/cm	0.6872	0.6854	0.6840	0.6880	0.6820	0.6880

试用不确定度表示测量结果。

解 波长 λ 的平均值为

$$\bar{\lambda} = \frac{1}{6} \sum_{i=1}^{6} \lambda_i = 0.6858 \text{cm}$$

任意一次波长测量值的标准偏差为

$$\sigma_\lambda = \sqrt{\frac{\sum\limits_{i=1}^{6} (\bar{\lambda} - \lambda_i)^2}{(6-1)}} = \sqrt{\frac{2.9 \times 10^3 \times 10^{-8}}{5}} \text{cm} \approx 0.0024 \text{cm}$$

实验装置的游标示值误差为 $\Delta_{仪} = 0.002 \text{cm}$
波长不确定度的A类分量为 $\Delta_A = \sigma_\lambda = 0.0024 \text{cm}$
B 类分量为 $\Delta_B = \Delta_{仪} = 0.002 \text{cm}$
于是，波长的合成不确定度为

$$u_\lambda = \sqrt{\Delta_A^2 + \Delta_B^2} = \sqrt{(0.0024)^2 + (0.002)^2} \text{cm} \approx 0.0031 \text{cm}$$

相对不确定度为　　　　　　$u_{r\lambda} = \dfrac{u_\lambda}{\lambda} \times 100\% = 0.5\%$

测量结果表达为　　　　　　$\begin{cases} \lambda = (0.6858 \pm 0.0031)\,\text{cm} \\ u_{r\lambda} = 0.5\% \end{cases}$

六、间接测量不确定度的计算

在间接测量时，待测量是由直接测量量通过一定的数学公式计算而得到的。因此，直接测量量的不确定度就必然会影响到间接测量量，这种影响的大小也可以由相应的数学公式计算出来。设间接测量量 N 为相互独立的直接测量量 x，y，z，…的函数，即

$$N = F(x, y, z, \cdots)$$

并设 x，y，z，…的不确定度分别为 u_x，u_y，u_z，…，它们必然影响间接测量结果，使 N 值也有相应的不确定度 u。由于不确定度都是微小的量，相当于数学中的"增量"，因此间接测量的不确定度的计算公式与数学中的全微分公式类似。不同之处是：①要用不确定度 u_x 等替代微分 $\mathrm{d}x$ 等；②要考虑到不确定度合成的统计性质，一般是用"方和根"的方式进行合成。于是，在物理实验中用以下两式来简化计算 N 的不确定度：

$$u_N = \sqrt{\left(\frac{\partial F}{\partial x}\right)^2 (u_x)^2 + \left(\frac{\partial F}{\partial y}\right)^2 (u_y)^2 + \left(\frac{\partial F}{\partial z}\right)^2 (u_z)^2 + \cdots} \tag{1.2-11}$$

$$u_r = \frac{u_N}{\overline{N}} = \sqrt{\left(\frac{\partial \ln F}{\partial x}\right)^2 (u_x)^2 + \left(\frac{\partial \ln F}{\partial y}\right)^2 (u_y)^2 + \left(\frac{\partial \ln F}{\partial z}\right)^2 (u_z)^2 + \cdots} \tag{1.2-12}$$

式中，$\overline{N} = f(\overline{x}, \overline{y}, \overline{z}, \cdots)$ 为间接测量量的最佳值。式（1.2-12）适用于 N 是积商形式的函数。这两式也称为不确定度的传递公式。为了方便计算，一些常用函数的不确定度传递公式列于表 1.2-3。

表 1.2-3　常用函数的不确定度传递公式

测量关系	不确定度传递公式	测量关系	不确定度传递公式
$N = x + y$	$u = \sqrt{u_x^2 + u_y^2}$	$N = x/y$	$u_r = \sqrt{u_{rx}^2 + u_{ry}^2}$
$N = x - y$	$u = \sqrt{u_x^2 + u_y^2}$	$N = x^k \cdot y^m / z^n$	$u_r = \sqrt{(ku_{rx})^2 + (mu_{ry})^2 + (nu_{rz})^2}$
$N = kx$	$u = ku_x,\ u_r = \dfrac{u_x}{x}$	$N = \sin x$	$u = \lvert \cos x \rvert u_x$
$N = \sqrt[k]{x}$	$u = \dfrac{1}{k} \cdot \dfrac{u_x}{x} \cdot \sqrt[k]{x}$	$N = \ln x$	$u = u_{rx}$
$N = xy$	$u_r = \sqrt{u_{rx}^2 + u_{ry}^2}$		

间接测量结果的表示方法与直接测量类似，写成以下形式：

$$\begin{cases} N = \overline{N} \pm u_N \quad \text{（单位）} \\ u_r = \dfrac{u_N}{N} \times 100\% \end{cases} \tag{1.2-13}$$

用间接测量不确定度表示结果的计算过程如下：

（1）写出（或求出）各直接测量量的不确定度。

（2）依据 $N = F(x, y, z, \cdots)$ 的关系求出 $\dfrac{\partial F}{\partial x}$，$\dfrac{\partial F}{\partial y}$，…，或 $\dfrac{\partial \ln F}{\partial x}$，$\dfrac{\partial \ln F}{\partial y}$，…。

（3）利用式（1.2-11）或式（1.2-12）求出 u_N 和 u_r，亦可由表1.2-3所列的传递公式直接进行计算。

（4）给出实验结果：

$$\begin{cases} N = \bar{N} \pm u_N \quad （单位） \\ u_r = \dfrac{u_N}{\bar{N}} \times 100\% \end{cases}, \quad 其中 \bar{N} = f(\bar{x}, \bar{y}, \bar{z}, \cdots)$$

例 1.2-2　已知金属环的内径 $D_1 = (2.880 \pm 0.004)\,\text{cm}$，外径 $D_2 = (3.600 \pm 0.004)\,\text{cm}$，高度 $H = (2.575 \pm 0.004)\,\text{cm}$，求金属环的体积，并用不确定度表示实验结果。

解　金属的体积为

$$\bar{V} = \frac{\pi}{4}(D_2^2 - D_1^2)H = \left[\frac{\pi}{4} \times (3.600^2 - 2.880^2) \times 2.575\right]\text{cm}^3 = 9.436\,\text{cm}^3$$

求偏导：

$$\frac{\partial \ln V}{\partial D_2} = \frac{2D_2}{D_2^2 - D_1^2}, \quad \frac{\partial \ln V}{\partial D_1} = \frac{-2D_1}{D_2^2 - D_1^2}, \quad \frac{\partial \ln V}{\partial H} = \frac{1}{H}$$

则　$u_{rV} = \dfrac{u_V}{\bar{V}} = \sqrt{\left(\dfrac{2D_2 u_{D_2}}{D_2^2 - D_1^2}\right)^2 + \left(\dfrac{-2D_1 u_{D_1}}{D_2^2 - D_1^2}\right)^2 + \left(\dfrac{u_H}{H}\right)^2} \xrightarrow{\text{代入数据}} 0.008 = 0.8\%$

$$u_V = \bar{V} \cdot u_{rV} = (9.436 \times 0.008)\,\text{cm}^3 \approx 0.08\,\text{cm}^3$$

实验结果：$\begin{cases} V = (9.44 \pm 0.08)\,\text{cm}^3 \\ u_{rV} = 0.8\% \end{cases}$

第三节　有效数字及其运算规则

一、有效数字的概念

任何一个物理量，其测量结果既然都包含误差，那么该物理量数值的尾数就不应该任意取舍。测量结果只写到开始有误差的那一位或两位数，以后的数按"四舍六入五凑偶"的法则取舍。"五凑偶"是指对"5"进行取舍的法则，如果5的前一位是奇数，则将5进上，使有误差的末位为偶数；若5的前一位是偶数，则将5舍去。我们把测量结果中可靠的几位数字加上有误差的一到两位数字称为测量结果的有效数字。或者说，有效数字中最后一到两位数字是不确定的。可见，有效数字是表示不确定度的一种粗略方法，而不确定度则是对有效数字中最后一到两位数字不确定程度的定量描述，它们都是含有误差的测量结果。

有效数字的位数与小数点的位置无关。如1.23与123都是三位有效数字。

关于"0"是不是有效数字的问题，可以这样来判别：从左往右数，以第一个不为零的数字为起点，它左边的"0"不是有效数字，它右边的"0"是有效数字。例如，0.0123是三位有效数字，0.01230是四位有效数字。作为有效数字的"0"，不可以省略不写。例如，不能将1.3500cm写作1.35cm，因为它们的准确程度是不同的。

有效数字位数的多少，大致反映相对误差的大小。有效数字越多，则相对误差越小，测量结果的准确度越高。

二、数值书写规则

测量结果的有效数字位数由不确定度来确定。由于不确定度本身只是一个估计值，一般情况下，不确定度的有效数字位数只取一到两位。测量值的末位应与不确定度的末位取齐。在初学阶段，可以认为有效数字只有最后一位是不确定的。相应地，不确定度也只取一位有效数字，如 $L = (1.00 \pm 0.02)$ cm。一次直接测量结果的有效数字，由仪器极限误差或估计的不确定度来确定。多次直接测量算术平均值的有效数字，也由仪器极限误差或估计的不确定度来确定。间接测量结果的有效数字，也是先算出结果的不确定度，再由不确定度来确定。

当数值很大或很小时，用科学计数法来表示。例如，某年我国人口为七亿五千万，极限误差为两千万，就应写作 $(7.5 \pm 0.2) \times 10^4$ 万，其中 (7.5 ± 0.2) 表明有效数字和不确定度，10^4 万表示单位。又如，把 (0.000623 ± 0.000003) m 写作 $(6.23 \pm 0.03) \times 10^{-4}$ m，看起来就简洁醒目了。在进行单位换算时，应采用科学计数法，才不会使有效数字有所增减。例如，$3.8\mathrm{km} = 3.8 \times 10^3 \mathrm{m}$，不能写成 3800m；$5893\text{Å} = 5.893 \times 10^{-7} \mathrm{m}$。

三、有效数字的运算规则

数值运算是件重要的工作，为了使求得的测量结果既能保持原有的精确度，又能避免不必要的有效数字位数过多的运算，有效数字的运算必须按一定规则进行。

（1）诸数相加减，其结果在小数点后所应保留的位数与诸数中小数点后位数最少的一个相同。

例如，　　　　　　　　　　　$13.6\underline{5} + 1.62\underline{20} = 15.2\underline{7}$

　　　　　　　　　　　　　　$16.\underline{6} - 8.3\underline{5} = 8.\underline{2}$

（2）诸数相乘除，结果的有效数字与诸因子中有效数字最少的一个相同。

例如，　　　　　　　　　　　$24320 \times 0.341 = 8.29 \times 10^3$

　　　　　　　　　　　　　　$85425 \div 125 = 683$

（3）乘方与开方的有效数字与其底数的有效数字位数相同。

（4）对于一般函数运算，将函数的自变量末位变化 1 个单位，运算结果产生差异的最高位就是应保留的有效位数的最后一位。

例如，　　　　　　　　　　　$\sin 30°2' = 0.500503748$

　　　　　　　　　　　　　　$\sin 30°3' = 0.500755559$

两者差异出现在第 4 位上，故 $\sin 30°2' = 0.5005$。这是一种有效而直观的方法，严格地说，应该通过求微分的方法来确定函数的有效数字取位。

（5）常数 π、e 等在运算中一般可比测量值多取一位有效数字。

有效数字的位数多寡决定于测量仪器，而不决定于运算过程。因此，选择计算工具时，应使其所给出的位数不少于应有的有效位数，否则将使测量结果的精确度降低，这是不允许的；相反，通过计算工具随意扩大测量结果的有效位数也是错误的，不要认为算出结果的位数越多越好。

第四节　数据处理的基本方法

数据处理是指通过对数据的整理、分析和归纳计算而得到实验结果的加工过程。数据处理的方法较多，根据不同的实验内容及要求，可采用不同的方法。本节只介绍物理实验中常用的几种数据处理方法。

一、列表法

在记录实验数据时，需将数据列成表格。这样既可以简明地表示出有关物理量之间的关系，分析和发现数据的规律性，也有助于检验和发现实验中的问题。

列表要求：

（1）列表要简单明了，便于看出相关量之间的关系，便于数据处理。

（2）必须交代清楚表中各符号所代表物理量的意义，并写明单位。单位应写在标题栏里，不要重复记在各数值上。

（3）表中的数据要正确反映测量值的有效数字。

下面以测定金属电阻的温度系数为例，将数据列于表1.4-1中。

表1.4-1　测定金属电阻的温度系数

序号	温度 $t/^\circ\mathrm{C}$	电阻 R/Ω	序号	温度 $t/^\circ\mathrm{C}$	电阻 R/Ω
1	10.5	10.42	4	60.0	11.80
2	29.4	10.92	5	75.0	12.24
3	42.7	11.32	6	91.0	12.67

二、作图法

作图法是将一系列实验数据之间的关系或其变化情况用图线直观地表示出来，也是物理实验中处理数据的常用方法。依据它可以研究物理量之间的变化关系，找出其中的规律，确定对应量的函数关系求取经验公式。用作图法处理数据的优点是直观、简便，并且做出的图线对多次测量有取平均的效果。

1. 作图要求

（1）选用合适的坐标纸：坐标纸有直角坐标纸（毫米方格纸）、对数纸和极坐标纸等几种，可根据数据处理的需要，选用坐标纸的种类和大小。

（2）画坐标轴：一般以横轴代表自变量，以纵轴代表因变量。在坐标纸上画两条粗细适当的、有一定方向的线表示纵轴和横轴，在轴的末端近旁标明所代表的物理量及其单位。

（3）坐标轴的比例与标度：

①为避免图纸上出现大片空白，而图线却偏于图纸一角的现象，在作图时应根据测量结果来合理选取两坐标轴的比例和坐标的起点。标度的选择应使图线显示其特点，标度应划分得当，以不用计算就能直接读出图线上每一点的坐标为宜。故通常用1、2、5，而不选用3、7、9来标度。两坐标轴的标度可以不同，坐标的标值起点在需要时也可以不从"0"点开始。对于特大、特小数值，可提出乘积因子，如提出 $\times 10^3$、$\times 10^{-2}$ 等写在坐标轴物理量单位符号前面。

②坐标标度值的有效数字原则上是，数据中的可靠数字在图形中也是可靠的，数据中有误差的一位，即不确定度所在位，在图形中应是估读的。

（4）标出数据的坐标点：测量数据点用削尖的铅笔在坐标纸上以"＋"符号标出，并使交叉点正好落在与实验数据对应的坐标上。若同一图形上需画几条图线时，则每条线上的数据点可采用不同的标记符号（如"×""⊙"等）以示区别。

（5）描绘图线：要用直尺或曲线板等作图工具，根据不同情况把点连成直线或光滑曲线，连线要细而清晰。由于测量存在不确定度，因此图线并不一定通过所有的点，而要求数据点均匀地分布在图线两旁。如果个别点偏差太大，应仔细分析后决定取舍或重新测定。用来对仪表进行校准时使用的校准曲线要通过校准点连成折线。

（6）标注图名：做好实验图线后，应在图纸上适当位置标明图线的名称，必要时在图名下方注明简要的实验条件。

2. 作图法求直线的斜率和截距

用作图法处理数据时，一些物理量之间为线性关系，其图线为直线，通过求直线的斜率和截距，可以方便地求得相关的间接测量的物理量。

（1）直线斜率的求法。若图线类型为直线方程 $y = a + bx$，可在图线上任取两相距较远的点 $P_1(x_1, y_1)$ 和 $P_2(x_2, y_2)$，其 x 坐标最好为整数，以减小误差（注意不得用原始实验数据点，必须从图线上重新读取）。

可用一些特殊符号（如 △）标定所取点 P_1 和 P_2，以区别原来的实验点。

由两点式求出该直线的斜率，即

$$b = \frac{y_2 - y_1}{x_2 - x_1} \tag{1.4-1}$$

（2）直线截距的求法。一般情况下，如果横坐标 x 的原点为零，直线延长部分和坐标轴交点的纵坐标 y 即为截距（即 $x = 0$，$y = a$）。否则，将在图线上再取一点 $P_3(x_3, y_3)$，利用点斜式求得截距：

$$a = y_3 - \frac{y_2 - y_1}{x_2 - x_1} x_3 \tag{1.4-2}$$

利用描点作图求斜率和截距仅是粗略的方法，严格的方法应该用线性拟合最小二乘法，后面将予以介绍。

例 1.4-1 根据表 1.4-1 所列的实验数据，试利用作图法求金属电阻的温度系数。

解 根据作图要求做出 R-t 曲线如图 1.4-1 所示。

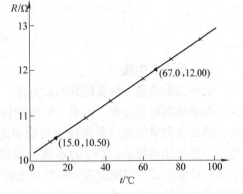

图 1.4-1　测定金属电阻温度系数 R-t 图线

从图可见 R-t 函数关系是线性的，即

$$R_t = R_0 + R_0 \alpha t = R_0 + kt$$

式中，R_t 为任一温度 t 时的电阻值；截距 R_0 为 0℃时的电阻值；α 为电阻的温度系数；$k = R_0\alpha$ 为该直线的斜率。

延长该图线，可得 $t = 0℃$ 时，$R_0 = 10.08\Omega$。

在线上取两点：$P_1(15.0, 10.50)$，$P_2(67.0, 12.00)$，可得图线的斜率为

$$k = \frac{R_2 - R_1}{t_2 - t_1} = \frac{12.00 - 10.50}{67.0 - 15.0}\Omega/℃ = 0.0288\Omega/℃$$

则金属电阻的温度系数为

$$\alpha = \frac{k}{R_0} = \frac{0.0288}{10.08}℃^{-1} = 2.86 \times 10^{-3}℃^{-1}$$

三、逐差法

在两个变量间的函数关系可表达为多项式形式，且在自变量为等间距变化的情况下，常

用逐差法处理数据。其优点是能充分利用测量数据而求得所需要的物理量。

对于一次函数形式，可用逐差法求因变量变化的平均值，具体做法是将测量值分成前后两组，将对应项分别相减，然后取平均值求得结果。举例说明如下。

已知弹簧的伸长量 x 与所加砝码质量 m 之间满足线性关系 $mg = kx$，其中 k 为弹簧的劲度系数。设弹簧悬挂在装有竖直标尺的支架上，记下弹簧下端点读数 x_0，然后依次在弹簧下端加上 1kg，2kg，…，9kg 砝码，分别记下对应的弹簧下端点读数 x_1，x_2，…，x_9。根据求平均值定义，每增加 1kg，弹簧伸长的平均值为

$$\overline{\Delta x_i} = \frac{\sum_{i=1}^{n} \Delta x_i}{n} = \frac{(x_1 - x_0) + (x_2 - x_1) + \cdots + (x_9 - x_8)}{9} = \frac{x_9 - x_0}{9}$$

在上式中，中间所测得的数据全部抵消，只有始末两个数据起作用，这与一次增加 9kg 的单次测量是等价的。为了保持多次测量的优点，改用多项间隔逐差，即将数据按次序先后分为前组 $(x_0, x_1, x_2, x_3, x_4)$ 和后组 $(x_5, x_6, x_7, x_8, x_9)$，然后两组数据对应相减，得每隔 5 项差值的平均值（对应砝码增重 5kg，弹簧伸长量的平均值）为

$$\overline{\Delta x_5} = \frac{(x_5 - x_0) + (x_6 - x_1) + (x_7 - x_2) + (x_8 - x_3) + (x_9 - x_4)}{5}$$

于是可求得劲度系数

$$k = \frac{5mg}{\Delta x_5}$$

四、最小二乘法

最小二乘法是一种常用的回归方法，通过这种方法能对实验数据进行比较精确的曲线拟合，以求出其经验方程。最小二乘法的统计判断是：对等精度测量，若存在一条最佳拟合曲线，那么各测量值与这条曲线上对应点之差的平方和应取最小值。实验曲线的拟合分为两类，一是已知函数 $y = f(x)$ 的形式，要确定其中未定参量的最佳值；二是要确定函数 $y = f(x)$ 的具体形式，即确定表示函数关系的经验公式，然后再确定其中参量的最佳值。在物理实验中大多属于第一类，因此下面仅介绍由已知函数关系来确定未知参量最佳值的方法。

设已知函数的形式为

$$y = b_0 + b_1 x \tag{1.4-3}$$

式中自变量只有 x，故称一元线性回归。实验得到一组数据为

$$x = x_1, \ x_2, \ \cdots, \ x_i$$
$$y = y_1, \ y_2, \ \cdots, \ y_i$$

如果实验没有误差，把 (x_1, y_1)，(x_2, y_2)，…，(x_i, y_i) 代入式（1.4-3）时，方程左右两边应相等。但测量总存在误差，我们把这归结为 y 的测量偏差，并记为 ε_1，ε_2，…，ε_i，如图 1.4-2 所示。

这样式（1.4-3）就应改写为

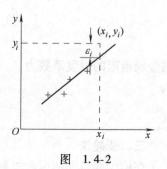

图　1.4-2

$$
\begin{cases}
y_1 - b_0 - b_1 x_1 = \varepsilon_1 \\
y_2 - b_0 - b_1 x_2 = \varepsilon_2 \\
\quad\quad\vdots \\
y_k - b_0 - b_1 x_k = \varepsilon_k
\end{cases}
\quad (i = 1, 2, \cdots, k)
\tag{1.4-4}
$$

可利用方程组（1.4-4）来确定参数 b_0 和 b_1，同时希望总的偏差 ε 为最小。根据误差理论可以推断：要满足以上要求，必须使各偏差的平方和为最小，即 $\sum\limits_{i=1}^{k}\varepsilon_i^2$ 最小，把式（1.4-4）中各式的平方相加，可得

$$
\sum_{i=1}^{k}\varepsilon_i^2 = \sum_{i=1}^{k}(y_i - b_0 - b_1 x_i)^2
\tag{1.4-5}
$$

为求 $\sum\limits_{i=1}^{k}\varepsilon_i^2$ 的最小值，只需对式（1.4-5）中的 b_0 和 b_1 分别求偏微商。

（1）回归直线的斜率和截距的最佳估计值。

$$
b_1 = \frac{\overline{xy} - \overline{x}\cdot\overline{y}}{\overline{x^2} - \overline{x}^2}, \quad b_0 = \overline{y} - b_1\overline{x}
\tag{1.4-6}
$$

（2）各参量的标准误差。

测量值偏差的标准误差为

$$
\sigma_y = \sqrt{\frac{\sum\limits_{i=1}^{k}\varepsilon_i^2}{k - n}}
\tag{1.4-7}
$$

式中，k 为测量次数；n 为未知量个数。

b_i 值的标准误差为

$$
\sigma_{b_0} = \sqrt{\overline{x^2}}\,\sigma_{b_1}
\tag{1.4-8}
$$

（3）检验。

在待定参量确定后，还要算一下相关系数 γ，对于一元线性回归，γ 定义为

$$
\gamma = \frac{\overline{xy} - \overline{x}\cdot\overline{y}}{\sqrt{(\overline{x^2} - \overline{x}^2)(\overline{y^2} - \overline{y}^2)}}
\tag{1.4-9}
$$

γ 值总是在 0 与 ±1 之间。γ 值越接近于 1，说明实验数据分布密集，越符合求得的直线。

例 1.4-2　根据测量结果，我们推测某物理 y 与另一物理量 x 成正比，即

$$
y = b_1 x + b_0
$$

式中，b_1 是比例常数；b_0 为截距。测量数见下表，试用最小二乘法作直线拟合求出 y。

x_i	0	1	2	3	4	5
y_i	0	0.780	1.576	2.332	3.082	3.898

解　数据处理如下：

x_i	y_i	$x_i y_i$	x_i^2	y_i^2
0	0	0	0	0
1	0.780	0.780	1	0.608
2	1.576	3.152	4	2.484
3	2.332	6.996	9	5.438
4	3.082	12.328	16	9.499
5	3.898	19.490	25	15.194
$\sum_i x_i = 15$	$\sum_i y_i = 11.668$	$\sum_i x_i y_i = 42.746$	$\sum_i x_i^2 = 55$	$\sum_i y_i^2 = 33.223$

$$b_1 = \frac{\overline{xy} - \overline{x}\cdot\overline{y}}{\overline{x^2} - \overline{x}^2} = \frac{\frac{1}{6}\times 42.746 - \frac{1}{6}\times 15\times\frac{1}{6}\times 11.668}{\frac{1}{6}\times 55 - \left(\frac{1}{6}\times 15\right)^2} = 0.7758$$

$$b_0 = \overline{y} - b_1\overline{x} = \frac{1}{6}\times 11.668 - 0.7758\times\frac{1}{6}\times 15 = 0.0052$$

$$\gamma = \frac{\overline{xy} - \overline{x}\cdot\overline{y}}{\sqrt{\left(\overline{x^2}-\overline{x}^2\right)\left(\overline{y^2}-\overline{y}^2\right)}} = 0.9994$$

以上结果表明，y 确实与 x 成直线关系，其直线方程为

$$y = 0.7758x + 0.0052$$

练 习 题

1. 测读实验数据。

(1) 指出下列各量有几位有效数字，再将各量改取成三位有效数字，并写成标准式。

①1.0850cm；　　②2575.0g；　　③3.141592654s；

④0.86249m；　　⑤0.0301kg；　　⑥979.36cm·s^{-2}。

(2) 按照不确定度理论和有效数字运算规则，改正以下错误：

①0.30m 等于 30cm 等于 300mm。

②有人说 0.1230 是五位有效数字，还有人却说是三位有效数字，请改正并说明原因。

③某组测量结果表示为

$$d_1 = (10.800\pm0.02)\,cm, \quad d_2 = (10.800\pm0.123)\,cm$$
$$d_3 = (10.8\pm0.02)\,cm, \quad d_4 = (10.8\pm0.12)\,cm$$

试正确表示每次测量结果，并计算各次测量值的相对不确定度。

2. 有效数字的运算。

(1) 试完成下列测量值的有效数字运算：

①$\sin 20°6'$　　②$\lg 480.3$　　③$e^{3.250}$

(2) 某间接测量的函数关系为 $y = x_1 + x_2$，其中 x_1、x_2 为实验值。

若　①$x_1 = (1.1\pm0.1)\,cm,\ x_2 = (2.387\pm0.001)\,cm$；

②$x_1 = (37.13\pm0.02)\,mm,\ x_2 = (0.623\pm0.001)\,mm$；

试求出 y 的实验结果。

(3) $Z = \alpha + \beta + \gamma$；其中 $\alpha = (1.218\pm0.002)\,\Omega$；$\beta = (2.1\pm0.2)\,\Omega$；$\gamma = (2.140\pm0.03)\,\Omega$。试计算出 Z 的实验结果。

（4）$U = IR$，今测得 $I = (1.00 \pm 0.05)\,\text{A}$，$R = (1.00 \pm 0.03)\,\Omega$，试算出 U 的实验结果。

（5）试利用有效数字运算法则，计算下列各式的结果（应写出每一步简化的情况）：

① $\dfrac{76.000}{40.00 - 2.0} =$　　　　　② $\dfrac{50.00 \times (18.30 - 16.3)}{(103 - 3.0)(1.00 + 0.001)} =$

③ $\dfrac{100.0 \times (5.6 + 4.412)}{(78.00 - 77.0) \times 10.000} + 110.0 =$

3. 实验结果表示。

（1）用 1m 的钢卷尺通过自准法测某凸透镜的焦距 f 值 8 次，结果分别为 116.5mm，116.8mm，116.5mm，116.4mm，116.6mm，116.5mm，116.7mm 和 116.2mm，试计算并表示出该凸透镜焦距的实验结果。

（2）用精密三级天平称一物体的质量 m，共称 6 次，结果分别为 3.6127g，3.6122g，3.6121g，3.6120g，3.6123g 和 3.6125g，试正确表示实验结果。

（3）有人用停表测量单摆周期，测一个周期为 1.9s，连续测 10 个周期为 19.3s，连续测 100 周期为 192.8s。在分析周期的误差时，他认为用的是同一只停表，又都是单次测量，而一般停表的误差为 0.1s，因此各次测得的周期的误差均应取为 0.2s。你的意见如何？理由是什么？若连续测 10 个周期（单位：s）数，10 次分别为

19.3，19.2，19.4，19.5，19.3，19.1，19.2，19.5，19.4，19.5

该组数据的实验结果应为多少？

4. 用单摆法测重力加速度 g，得如下实测值：

摆长 L/cm	61.5	71.2	81.0	89.5	95.5
周期 T/s	1.571	1.696	1.806	1.902	1.965

请按作图规则作 $L\text{-}T$ 图线和 $L\text{-}T^2$ 图线，并求出 g 值。

5. 对某实验样品（液体）的温度（单位：℃），重复测量 10 次，得如下数据：

20.42，20.43，20.40，20.43，20.42，20.43，20.39，19.20，20.40，20.43

试计算平均值，并判断其中有无过失误差存在。

6. 试推出下列间接测量的不确定度的传递公式：

（1）$I = I_0 e^{-\beta x}$；　　　　（2）$y = AX^B$；

（3）$N = \dfrac{\sin \dfrac{A+D}{2}}{\sin \dfrac{A}{2}}$；　　（4）$E = \dfrac{mgl}{\pi r^2 L}$；

（5）$R_X = \left(\dfrac{R_1}{R_2}\right) R$；　　（6）$N = 5 + x$。

7. 试指出下列实验结果表达式中的错误，并写出正确的表达式：

（1）$l = 8.524\text{m} \pm 50\text{cm}$；　　　　　（2）$t = 3.75\text{h} \pm 15\text{min}$；

（3）$g = (9.812 \pm 14 \times 10^{-2})\,\text{m/s}^2$；　（4）$S = \left(25.400 \pm \dfrac{1}{30}\right)\text{mm}$。

8. 实验测得圆柱体质量 $m = (162.38 \pm 0.01)\,\text{g}$，直径 $d = (24.927 \pm 0.005)\,\text{cm}$，高度 $h = (39.92 \pm 0.02)$ cm，试计算圆柱体的密度 $\rho = \dfrac{4m}{\pi d^2 h}$ 和不确定度，写出测量结果表达式。并分析直接测量值 m、d 和 h 的不确定度对间接测量值 ρ 的影响。（即不确定度传递公式中哪一个单项不确定度的影响大？）

9. 用一米尺测量一物体的长度（单位：cm），测得的数值分别为 87.98，87.94，87.96，87.97，

88.00，87.95，87.97，试求其平均值、不确定度。

10. 由 $R = R_0(1 + \alpha t)$ 测一金属导体的电阻 – 温度关系，其中 α 为电阻的温度系数；R_0 为该导体在 0℃ 时的电阻。实验测得的 R、t 数据见下表。

$t/℃$	15.0	20.0	25.0	30.0	35.0	40.0	45.0	50.0
R/Ω	28.05	28.52	29.10	29.56	30.10	30.57	31.00	31.62

试分别用作图法、逐差法和最小二乘法求电阻，确定出电阻 – 温度关系的经验方程。

第二章　基础训练实验

实验一　固体密度的测量

长度测量是最基本的测量之一。测量长度的仪器有许多种，最常用的有米尺、游标卡尺、螺旋测微器等。有关测量长度的方法和技术已广泛地应用于其他物理量的测量中，如温度计和各种指示电表的示数，都是用长度（刻度）进行读数的。可见，长度的测量是一切测量的基础。

【实验目的】

1. 了解游标卡尺、螺旋测微器、物理天平、水银温度计的原理和结构，掌握它们的使用方法，学会正确读数、记录数据。

2. 掌握测量规则形状物体密度的方法。

3. 学习用流体静力秤法测量固体密度。

【实验原理】

若一物体的质量为 m，体积为 V，根据密度的定义，该物体的密度为

$$\rho = \frac{m}{V} \tag{2.1-1}$$

对于规则物体，我们很容易测得它的密度。当待测物体是一直径为 d，高度为 h 的圆柱体时，式（2.1-1）变为

$$\rho = \frac{4m}{\pi d^2 h} \tag{2.1-2}$$

只要测出圆柱体的质量 m、直径 d 和高度 h，代入式（2.1-2）即可算出该圆柱体的密度 ρ。一般来说，待测圆柱体各个断面的大小和形状都不尽相同，为了精确测定圆柱体的体积，必须在它的不同位置测量直径和高度，求出直径和高度的算术平均值。

对于不规则物体，其体积较难测得，一般采用流体静力秤法测定密度。阿基米德原理指出：浸在液体中的物体受到一向上的浮力，其大小等于物体所排开液体的重量。根据这一定律，我们可以求出物体的体积。先称出待测固体在空气中的质量 m_1，然后把固体全部浸入水中（见图 2.1-1a），记下此时天平的示数 m_2，固体在水中所受的拉力即为 $F_T = m_2 g$，此拉力等于固体的重力 $m_1 g$ 减去固体在水中受到的浮力（见图 2.1-1b），而浮力的大小为 $F_浮 = \rho_f V g$（ρ_f 为实验温度下水的密度，V 为固体

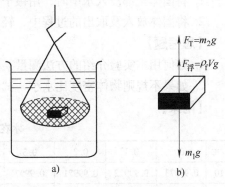

图 2.1-1　用流体静力秤法测固体密度

的体积），即

$$m_2 g = m_1 g - \rho_f V g$$

于是，固体体积

$$V = \frac{m_1 - m_2}{\rho_f}$$

由式（2.1-1）可得，在某一温度时固体的密度

$$\rho = \frac{m_1}{m_1 - m_2} \rho_f \qquad (2.1-3)$$

由式（2.1-3）可见，只要测出 m_1、m_2，就可算得固体密度 ρ。水的密度 ρ_f 可根据实验温度由附录查得。

【实验仪器】

游标卡尺、螺旋测微器、电子天平、水银温度计、容器、镊子和待测物体若干。

【实验内容】

1. 测量规则物体的密度

（1）用游标卡尺、螺旋测微器测量被测物体的尺寸，并选不同位置测量 6 次，取算术平均值，自拟表格，记录数据。

（2）将电子天平按"去皮"键清零。

（3）将被测物体放入电子天平样品托盘中，称出该物体的质量 m。

（4）利用式（2.1-1）计算出该物体的密度。

2. 利用流体静力秤法测量固体密度

（1）将电子天平按"去皮"键清零。

（2）用电子天平称出被测固体在空气中的质量 m_1。

（3）将盛有大半杯水的容器放在天平支架下，按"去皮"键清零，用镊子将固体放入天平下面的网状秤盘内，使其全部浸入水中，记录天平的示数 m_2。

（4）用水银温度计测出实验室温度，查附录得到水的密度 ρ_f。

（5）利用式（2.1-3）计算出该物体的密度。

【注意事项】

1. 将固体全部浸入水中时，用镊子尽量将固体放入天平下面的网状秤盘的中间。

2. 将固体放入及取出的过程中，轻拿轻放。

【思考题】

1. 如何用本实验介绍的方法测量某种液体的密度？

2. 如果不规则物体密度比水小，试设计一种测量其密度的方法。

【附录】

水在一定温度下的密度　　　　　　　　（单位：$g \cdot cm^{-3}$）

$t/℃$	0	0.1	0.2	0.3	0.4	0.5	0.6	0.7	0.8	0.9
10	0.99973	0.99972	0.99971	0.9997	0.99969	0.99968	0.99967	0.99966	0.99965	0.99964
11	0.99963	0.99962	0.99961	0.9996	0.99959	0.99958	0.99957	0.99956	0.99955	0.99954
12	0.99953	0.99951	0.9995	0.99949	0.99948	0.99947	0.99946	0.99944	0.99943	0.99942

（续）

$t/℃$	0	0.1	0.2	0.3	0.4	0.5	0.6	0.7	0.8	0.9
13	0.99941	0.99939	0.99938	0.99937	0.99935	0.99934	0.99933	0.99931	0.9993	0.99929
14	0.99927	0.99926	0.99924	0.99923	0.99922	0.9992	0.99919	0.99917	0.99916	0.99914
15	0.99913	0.99911	0.9991	0.99908	0.99907	0.99905	0.99904	0.99902	0.999	0.99899
16	0.99897	0.99896	0.99894	0.99892	0.99891	0.99889	0.99887	0.99885	0.99884	0.99882
17	0.9988	0.99879	0.99877	0.99875	0.99873	0.99871	0.9987	0.99868	0.99866	0.99864
18	0.99862	0.9986	0.99859	0.99857	0.99855	0.99853	0.99851	0.99849	0.99847	0.99845
19	0.99843	0.99841	0.99839	0.99837	0.99835	0.99833	0.99831	0.99829	0.99827	0.99825
20	0.99823	0.99821	0.99819	0.99817	0.99815	0.99813	0.99811	0.99808	0.99806	0.99804
21	0.99802	0.998	0.99798	0.99795	0.99793	0.99791	0.99789	0.99786	0.99784	0.99782
22	0.9978	0.99777	0.99775	0.99773	0.99771	0.99768	0.99766	0.99764	0.99761	0.99759
23	0.99756	0.99754	0.99752	0.99749	0.99747	0.99744	0.99742	0.9974	0.99737	0.99735
24	0.99732	0.9973	0.99727	0.99725	0.99722	0.9972	0.99717	0.99715	0.99712	0.9971
25	0.99707	0.99704	0.99702	0.99699	0.99697	0.99694	0.99691	0.99689	0.99686	0.99684
26	0.99681	0.99678	0.99676	0.99673	0.9967	0.99668	0.99665	0.99662	0.99659	0.99657
27	0.99654	0.99651	0.99648	0.99646	0.99643	0.9964	0.99637	0.99634	0.99632	0.99629
28	0.99626	0.99623	0.9962	0.99617	0.99614	0.99612	0.99609	0.99606	0.99603	0.996
29	0.99597	0.99594	0.99591	0.99588	0.99585	0.99582	0.99579	0.99576	0.99573	0.9957
30	0.99567	0.99564	0.99561	0.99558	0.99555	0.99552	0.99549	0.99546	0.99543	0.9954

实验二　热电偶定标实验

在现代工业自动控制系统中，温度控制是经常遇到的工作，对温度的自动控制有许多种方法。在实际应用中，热电偶的重要应用是测量温度，它是把非电学量（温度）转化成电学量（电动势）来测量的一个实际例子。用热电偶测温具有许多优点，如测温范围宽（−200～2000℃）、测量范围广、灵敏度和准确度较高、结构简单、不易损坏等。此外由于热电偶的热容量小，受热点也可以做得很小，因而对温度变化响应快，对测量对象的状态影响小，可以用于温度场的实时测量和监控。热电偶在冶金、化工生产中用于高、低温的测量，在科学研究、自动控制过程中作为温度传感器，具有非常广泛的应用。

【实验目的】

1. 了解热电偶测温度的基本原理。
2. 测定温差电动势与冷、热端温差之间的关系曲线。
3. 完成热电偶定标工作。

【实验原理】

1. 温差电效应

温度是表征热力学系统冷热程度的物理量，温度的数值表示法叫作温标。常用的温标有摄氏温标、华氏温标和热力学温标等。

温度会使物质的某些物理性质发生改变。一般来讲，任一物质的任一物理性质只要它随温度的改变而发生单调的、显著的变化，都可用它来标志温度，制作温度计。常用的温度计有水银温度计、酒精温度计和热电偶温度计等。

在物理测量中，经常将非电学量（如温度、时间、长度等）转化为电学量进行测量，这种方法叫作非电学量的电测法。其优点是不仅使测量方便、迅速，而且可提高测量精密度。温差电偶是利用温差电效应制作的测温元件。本实验是研究给定温差电偶的温差电动势与温度的关系。

如果用 A、B 两种不同的金属构成一闭合电路，并使两接触点处于不同温度，如图 2.2-1 所示，则电路中将产生温差电动势，并且有温差电流流过，这种现象称为温差电效应。

图 2.2-1　闭合电路

2. 热电偶

两种不同金属串接在一起，其两端可以和仪器相连并进行测温的元件称为温差电偶，也叫热电偶，如图 2.2-2 所示。温差电偶的温差电动势与两接头温度之间的关系比较复杂，但是在较小温差范围内可以近似地认为温差电动势 E_t 与温度差 $(t-t_0)$ 成正比，即

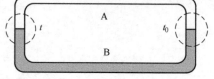

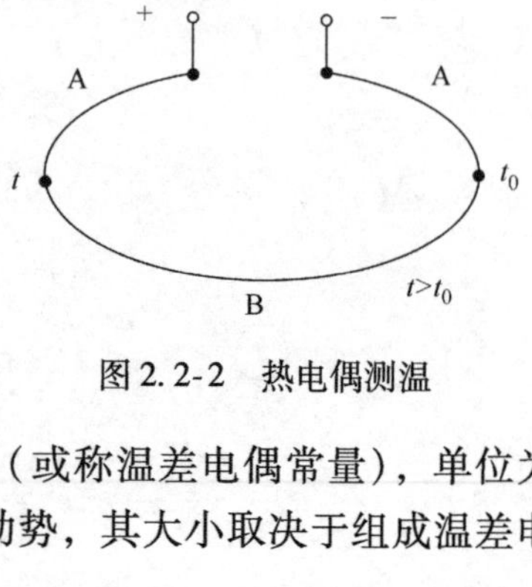

图 2.2-2　热电偶测温

$$E_t = c(t-t_0) \qquad (2.2-1)$$

式中，t 为热端的温度；t_0 为冷端的温度；c 称为温差系数（或称温差电偶常量），单位为 $\mu V \cdot ℃^{-1}$，它表示两接触点的温度相差 1℃ 时所产生的电动势，其大小取决于组成温差电偶材料的性质；即

$$c = (k/e)\ln(n_{0A}/n_{0B}) \tag{2.2-2}$$

式中，k 为玻尔兹曼常量；e 为电子电荷量；n_{0A} 和 n_{0B} 为两种金属单位体积内的自由电子数目。温差电偶与测量仪器有两种连接方式：①如图 2.2-3a 所示，金属 B 的两端分别和金属 A 焊接，测量仪器 M 插入 A 线中间；②如图 2.2-3b 所示，A、B 的一端焊接，另一端和测量仪器 M 连接。

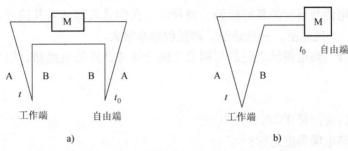

图 2.2-3　温差电偶与测量仪器的两种连接方式

在使用温差电偶时，总是要将温差电偶接入电势差计或数字电压表，这样除了构成温差电偶的两种金属外，必须有第三种金属接入温差电偶电路中。理论上可以证明，在 A、B 两种金属之间插入任何一种金属 C，只要维持它和 A、B 的连接点在同一个温度，这个闭合电路中的温差电动势总是和只由 A、B 两种金属组成的温差电偶中的温差电动势一样。

温差电偶的测温范围可以从 −268.95℃ 的深低温直至 2800℃ 的高温。必须注意，不同的温差电偶所能测量的温度范围各不相同。

3. 热电偶的定标

热电偶定标的方法有两种。

（1）比较法

比较法即用被校热电偶与一标准组成的热电偶去测同一温度，测得一组数据，其中被校热电偶测得的热电势即由标准热电偶所测的热电势校准，在被校热电偶的使用范围内改变不同的温度，进行逐点校准，就可得到被校热电偶的一条校准曲线。

（2）固定点法

这是利用几种合适的纯物质在一定气压下（一般是标准大气压），将这些纯物质的沸点或熔点温度作为已知温度，测出热电偶在这些温度下对应的电动势，从而得到电动势-温度关系曲线，这就是所求的校准曲线。

本实验采用固定点法对热电偶进行定标。为了能够从测量电动势 E 值中直接得出待测温度 t 值，必须对所用的热电偶测定其电动势 E 与温度 t 的关系，这就是热电偶温度的定标。

【实验仪器】

热电偶、保温杯、万用电表、恒温磁力加热搅拌器、XTMF-100 智能数字显示调节仪。

【实验内容】

1. 测定热电偶当热端处于以下温度值时的热电势

（1）水的冰点，即 0℃，将热电偶的热端放在冰水瓶里。

（2）PID 控温分别设定在 30.0℃，35.0℃，40.0℃，45.0℃，50.0℃，55.0℃，

60.0℃，65.0℃，70.0℃，75.0℃，80.0℃，85.0℃，将热电偶的热端放在盛水烧杯里，测出相应的热电势，作出热电势-温度关系曲线。

（3）分别用逐差法和作图法处理数据，并求出温差系数。

2. 计算出室温

【注意事项】

1. 为保持热电偶与铜管的良好接触，测量时应在铜管底部滴入几滴硅油，热电偶测温端应插入硅油中，不能悬空，一旦悬空，测量误差非常大。

2. 除接触点外，热电偶丝之间及与铜管之间应保持良好的电绝缘，以免短路而造成测试错误。

【思考题】

1. 实验中为何要测量0℃时的热电势？

2. 如何进行热电偶温度定标？

实验三　伏安法测电阻

为了描述电气元件（如电阻、钨丝灯、半导体二极管等）的电学性质，通常使用的一种方法是研究加在电气元件上面的电压和通过它的电流之间的关系，即用实验的方法测定电气元件的伏安特性，同时根据欧姆定律计算其电阻值，这种方法称为伏安法测电阻。然而，尽管伏安法测电阻原理简单、测量方便，但由于电压表和电流表内阻的影响、电表接法的不同，都会产生系统误差，为减少测量误差，必须在实验中选择适当的电表接法和合适的仪器。

【实验目的】

1. 掌握用电流表、电压表测量电阻的方法。
2. 学习使用恒流电源、稳压电源和数字万用表。
3. 认识实验中存在的系统误差，学会选择电表的接法以减小其影响。
4. 学习正确制作实验图线。

【实验原理】

伏安法测电阻的原理如图 2.3-1、图 2.3-2 所示，用电压表测得电阻两端的电压、电流表测得流过电阻的电流后，通过欧姆定律 $R = U/I$，即可计算出电阻值。伏安法测电阻有两种接线方法：电流表外接法（见图 2.3-1）和电流表内接法（见图 2.3-2）。由于电表内阻的影响，不论采用哪一种接法总会存在系统误差，但经修正后都可获得正确结果。

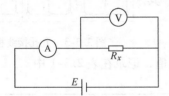
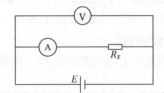

图 2.3-1　电流表外接法　　　　　　　　　　图 2.3-2　电流表内接法

1. 电流表外接法

在外接法中，电压表和待测电阻 R_x 并联后再与电流表串联，故电压表指示值就是 R_x 上的电压 U_x；而电流表的指示值 I 却包含了通过电压表的电流 I_V，即

$$U = U_x, I = I_x + I_V \tag{2.3-1}$$

若用 R_V 表示电压表的内阻，则用外接法测得电阻值为

$$R = \frac{U}{I} = \frac{U_x}{I_x + I_V} = \frac{U_x}{I_x\left(1 + \dfrac{I_V}{I_x}\right)} \tag{2.3-2}$$

对 $\left(1 + \dfrac{I_V}{I_x}\right)^{-1}$ 用二项式展开，当 $I_V \ll I_x$ 时有

$$R = R_x\left(1 - \frac{R_x}{R_V}\right) \tag{2.3-3}$$

此方法测得电阻比实际电阻 R_x 偏小，由电压表内阻引入的误差可用下列公式修正：

$$R_x = R\left(1 + \frac{R}{R_V}\right) \tag{2.3-4}$$

由式（2.3-3）可知，当 $R_x \ll R_V$ 时，$R_x \approx R$，即电阻阻值较小时可采用电流表外接法测量。

2. 电流表内接法

在内接法中，电流表和待测电阻 R_x 串联后再与电压表并联，故电流表指示值等于通过 R_x 的电流 I_x；而电压表的指示值 U 却包含了电流表上的电压降 U_A，即

$$I = I_x, U = U_x + U_A \tag{2.3-5}$$

若用 R_A 表示电流表的内阻，则用内接法测得电阻值为

$$R = \frac{U}{I} = \frac{U_x + U_A}{I} = R_x + R_A = R_x\left(1 + \frac{R_A}{R_x}\right) \tag{2.3-6}$$

此方法测得电阻比实际电阻 R_x 偏大，由电流表内阻引入的误差可用下列公式修正：

$$R_x = R\left(1 - \frac{R_A}{R}\right) \tag{2.3-7}$$

由式（2.3-6）知，当 $R_x \gg R_A$ 时，$R_x \approx R$，即电阻阻值较大时，可采用电流表内接法测量。

【实验仪器】

数显直流恒流电源（0～100mA）、数显直流稳压电源（0～20V）、数字万用表、九孔接线板、待测电阻 R_{x1}、R_{x2}、R_{x3} 和导线若干。

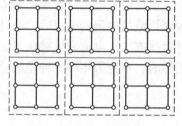

九孔接线板（见图2.3-3），每9个插孔为一节点，其内部连接在一起，相邻节点不连通。

图 2.3-3　九孔接线板

【实验内容】

1. 用数字万用表的欧姆档，测量三个待测电阻的阻值，记录在表2.3-1中。

表 2.3-1

	R_{x1}	R_{x2}	R_{x3}
电阻标称值/Ω			
万用表测量值/Ω			
额定功率/W			

2. 用恒流电源作为电源（测量电路见图2.3-4，即电流表外接法），测量待测电阻 R_{x1}，电流值由恒流电源数显表头读出，电压值用万用表测量。将测量数据记录在表2.3-2中，并用作图法求出该电阻的阻值。试分析如果用图2.3-5中的电路来测量该电阻，结果会怎样？

表 2.3-2

I/mA	0	10	20	30	40	50	60	70	80	90	100
U/V											

由作图法得 $R_{x1} =$

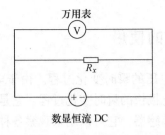

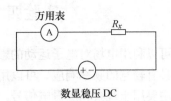

图 2.3-4　恒流电源作为电源　　　　　图 2.3-5　稳压电源作为电源

3. 用稳压电源作为电源（测量电路见图 2.3-5，即电流表内接法），测量待测电阻 R_{x3}，电压值由稳压电源数显表头读出，电流值用万用表测量。将测量数据记录在表 2.3-3 中，并用作图法求出该电阻的阻值。试分析如果用图 2.3-4 中的电路来测量该电阻，结果又会怎样？

表　2.3-3

U/V	0	2	4	6	8	10	12	14	16	18	20
I/mA											

由作图法得 R_{x3} =

4. 分别用图 2.3-4 和图 2.3-5 中的电路测量待测电阻 R_{x2}，将测量数据依次记录在表 2.3-4中，并比较、分析测试数据。

表　2.3-4

I/mA	0	10	20	30	40	50	60	70	80	90	100
U/V											
U/V	0	1	2	3	4	5	6	7	8	9	10
I/mA											

分析比较：

【注意事项】

1. 注意被测电阻额定功率，选择适当的电压、电流测量范围，否则将烧坏电阻。

2. 使用数字万用表时，首先将表盘旋钮拨至所要测量的物理量的相关档上，然后再将电表接入电路，如果要换档，需断开线路。

3. 当选择万用表电流档测量时，千万不能测量线路中的电压，否则将烧坏电表。

【思考题】

1. 如果没有恒流电源，且稳压电源输出是固定的，用伏安法测电阻应如何进行？画出电路图。

2. 测量电阻还有哪些方法？简述它们的特点。

实验四　示波器的使用

示波器可以利用电场对电子运动的影响来反映电压的瞬时变化过程。由于电子惯性小，因此示波器具有较宽的频率响应，可以用来观测变化极快的瞬时变化过程。它是一种常用的电子仪器，主要用于观察和测量电信号。配合各类传感器，它可以用来观察各种非电学量的变化过程。示波器的应用是很广泛的。例如，在工业生产中用它来探伤和检验产品质量，在医学上用来诊断病状等。至于在无线电制造工业和电子测量技术的领域，它更是不可缺少的测量仪器。

【实验目的】

1. 了解示波器的主要组成部分以及示波器的波形显示原理。
2. 学习用示波器观测各类电压波形。
3. 学会用示波器观察李萨如图形并利用李萨如图形测量正弦波的频率。

【实验原理】

示波器的种类繁多，但是它们的主要组成部分以及波形显示原理是基本相同的。一般包括两大部分：示波管和控制示波管工作的电子电路。

1. 示波管

示波管是呈喇叭形的玻璃泡，被抽成高真空，内部装有电子枪和两对相互垂直的偏转板，喇叭口的球面内壁上涂有荧光物质，构成荧光屏。图2.4-1是示波管的构造图。

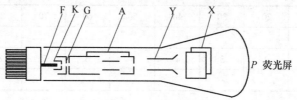

图 2.4-1　示波管构造图

电子枪由灯丝 F、阴极 K、栅极 G 以及一组阳极 A 所组成。灯丝通电后炽热，使阴极发热而发射电子。由于阳极电位高于阴极，所以电子被阳极电压加速。当高速电子撞击在荧光屏上时会使荧光物质发光，在屏上就能看到一个亮点。改变阳极组电位分布，可以使不同发射方向的电子恰好会聚在荧光屏某一点上，这种调节称为聚焦。栅极 G 的电位比阴极 K 低，改变 G 电位的高低，可以控制电子枪发射电子流的密度，甚至完全不使电子通过，这称为辉度调节，实际上就是调节荧光屏上亮点的亮暗。

Y 偏转板是水平放置的两块电极。当 Y 偏转板上电压为零时，电子束正好射在荧光屏正中 P 点。如果 Y 偏转板加上电压，则电子束受到电场力作用，运动方向发生上下偏移。如果所加的电压不断发生变化，P 点的位置也会随着在铅垂线上移动，从而在屏上看到一条铅垂的亮线。荧光屏上亮点在铅垂方向位移 Y 和加在 Y 偏转板的电压 U_Y 成正比。

X 偏转板是垂直放置的两块电极。在 X 偏转板加上一个变化的电压，那么，荧光屏上亮点在水平方向的位移 X 也与加在 X 偏转板的电压 U_X 成正比，于是在屏上看到的则是一条水平的亮线。

2. 示波器显示波形的原理

如果在 Y 偏转板上加上一个随时间做正弦变化的电压 $U_Y = U_{YM}\sin\omega t$，则在荧光屏上仅看到一条铅垂的亮线，而看不到正弦曲线。只有同时在 X 偏转板上加上一个与时间成正比的锯齿形电压 $U_X = U_{XM}t$，才能在荧光屏上显示出信号电压 U_Y 和时间 t 的关系曲线，其原理如图 2.4-2 所示。

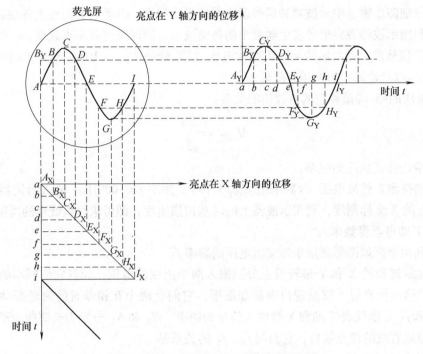

图 2.4-2 示波器显示正弦波形的原理图

设在开始时刻 a，电压 U_Y 和 U_X 均为零，荧光屏上亮点在 A 处，时间由 a 到 b，在只有电压 U_Y 作用时，亮点沿铅垂方向的位移为 $\overline{AB_Y}$，屏上亮点在 B_Y 处，而在此同时加入 U_X 后，电子束既受 U_Y 作用向上偏转，同时又受 U_X 作用向右偏转（亮点水平位移为 $\overline{bB_X}$），因而亮点不在 B_Y 处，而在 B 处。随着时间的推移，以此类推，便可显示出正弦波形来。所以，在荧光屏上看到的正弦曲线实际上是两个相互垂直的运动（$U_Y = U_{YM}\sin\omega t$ 和 $U_X = U_{XM}t$）合成的轨迹。

由此可见，要想观测加在 Y 偏转板上电压 U_Y 的变化规律，必须在 X 偏转板上加上锯齿形电压，把 U_Y 产生的铅垂亮线"展开"。这个展开过程称为"扫描"，锯齿形电压又称为扫描电压。

上面讨论的波形因为 U_Y 和 U_X 的周期相同，荧光屏上显示出一个正弦波形，若频率 $F_Y = NF_X$（$N=1$，2，3，…），则荧光屏上将出现一个、两个、三个……稳定的正弦波形。只有当 F_Y 为 F_X 的整数倍时，正弦波形才能在荧光屏上稳定。为了在荧光屏上得到稳定不动的信号波形，一般采用被测信号来控制扫描电压的产生时刻，称为触发扫描。只有被测信号达到某一个定值时，扫描电路才开始工作，产生一个锯齿波，将被测信号显示出来。由于每次被测信号触发扫描电路工作的情况都是一样的，所以显示的波形也相同。这样，在荧光屏上看到的波形就稳定不动了。

【实验仪器】

DF4321A 双踪示波器、YB1602P 功率函数信号发生器。

【实验内容】

1. 熟悉示波器和信号发生器的操作方法。

（1）仔细阅读附录中示波器和信号发生器的操作程序，熟悉它们面板上各旋钮的作用。

（2）利用示波器观察信号发生器发出的各类波形，同时改变频率再观察。

2. 测量信号发生器发出的某个正弦波电压（峰-峰值 $U_{P-P} = 10V$，频率 $f = 1000Hz$）的峰-峰值 U_{P-P} 以及计算它的电压有效值 $U_{有效}$。

交流电压的峰-峰值和它的有效值的关系：

$$U_{有效} = \frac{U_{P-P}}{\sqrt{2}}$$

3. 测量正弦波电压的频率。

（1）把待测正弦波电压（峰-峰值 $U_{P-P} = 10V$，频率 $f = 1000Hz$）输入示波器，测出该波形在屏上的 X 坐标刻度，利用示波器上的时基扫描速度，即可求得该波形的周期 T，利用公式 $f = 1/T$ 即可求得频率 f。

（2）利用李萨如图形测量未知交流电压的频率 f。

如果在示波器的 X 和 Y 偏转板上分别输入两个正弦波电压，而且它们频率的比值为简单整数比，这时荧光屏上就呈现出李萨如图形，它们是两个互相垂直的简谐振动合成的结果。若 f_X 和 f_Y 分别代表 X 轴和 Y 轴输入信号的频率，N_X 和 N_Y 分别为李萨如图形与假想水平线及假想垂直线的切点数目，它们与 f_X、f_Y 的关系是

$$\frac{f_Y}{f_X} = \frac{N_X}{N_Y}$$

如果 f_X 已知，从荧光屏上的李萨如图形中测出 N_X 和 N_Y，由上式即可求出 f_Y。取 $f_X = 50Hz$，分别取 $N_X : N_Y = 1:2$，$1:3$，$2:3$。求出相应的 f_Y，同时大致画出相应的李萨如图形。

【注意事项】

1. 示波器和信号发生器要注意接地。

2. 在示波器屏幕上显示的测量波形应尽量大些，以便减小测量误差。

【思考题】

1. 一个正弦波电压从 Y 轴输入示波器，但荧光屏上仅显示出一条铅垂的亮线，试问这是什么原因？应调节哪些旋钮，才能使荧光屏上显示出正弦波形？

2. 如果荧光屏上显示的波形不稳定，试说明应该如何调节，并说明原因。

【附录】

附录一　DF4321A 双踪示波器的使用方法介绍

1. 示波器使用前的准备

将示波器的各类旋钮（开关）预先设置如下：

电源（POWER）	关
辉度（INTEN）	逆时针旋到底
聚焦（FOCUS）	居中
输入耦合开关（AC-GND-DC）	GND
↕位移（POSITION）	居中（旋钮按进）
垂直工作方式（V. MODE）	CH1
触发模式（TRIG. MODE）	自动
触发源（TRIG SOURCE）	内
内触发（INT TRIG）	CH1
扫描速度选择开关（TIME/DIV）	0.5ms/DIV
⇆位移（POSITION）	居中（旋钮按进）

2. 观察波形

打开电源，顺时针旋转辉度旋钮，出现扫描线，调聚焦旋钮使扫描线最细。当观察一个波形时，把待观察的交流信号从 CH1 输入，把输入耦合开关打到 AC，在荧光屏上将显示出信号波形，适当调节选择开关（VOLTS/DIV）可以改变信号的幅度，调节扫描速度选择开关（TIME/DIV）可以改变信号的宽度，也可以把待观察的交流信号从 CH2 输入，调节方法和调节 CH1 一样。

当要同时观察两个波形时，只要把另一个信号从 CH2 输入；当两个波形频率较高时，把垂直工作方式（V. MODE）调到交替（ALT）；当频率较低时，则调到断续（CHOP）。

3. 观察李萨如图形

把扫描速度选择开关（TIME/DIV）调到 X-Y 状态。X 轴信号由 CH1 输入，Y 轴信号由 CH2 输入，当两个信号的频率成整数倍时，荧光屏上就会显示出稳定的李萨如图形。

4. 测量直流电压

把输入耦合开关（AC-GND-DC）调到 GND 位置，确定零电平的位置。再把输入耦合开关（AC-GND-DC）调到 DC 位置，这时扫描线会随着输入待测直流电压值的大小而上下移动（相对于零电平时的位置），直流电压值的大小是位移幅值与选择开关（VOLTS/DIV）的标称值的乘积。

5. 测量交流电压

与"测量直流电压"方法相似，只是把输入耦合开关（AC-GND-DC）调到 AC 位置，不需要确定零电平的位置。测量得出的值是电压的峰-峰值。

6. 测量信号频率和周期

周期等于一个完整波形在水平方向所占用的格数（DIV）与扫描速度选择开关（TIME/DIV）的标称值的乘积。频率等于周期的倒数。

附录二　YB1602P 功率函数信号发生器的简单使用方法介绍

1. 信号发生器使用前的准备

将信号发生器的各个控制键设定如下：

电源	电源开关键弹出
衰减开关	衰减开关弹出
外测频率	外测频率开关弹出
电平	电平开关弹出
扫频	扫频开关弹出
占空比	占空比开关弹出

2. 操作使用说明

将电压输出信号由电压输出端口通过连接线接入示波器 Y 输入端口，同时将波形选择开关选择到所需要的波形，并通过频率选择开关调节到所需要的频率。通过幅度开关调整输出电压的幅度大小。

仪器后板有一个交流电压输出插孔，输出 50Hz 约 $2U_{P-P}$ 的正弦波。

实验五　薄透镜焦距的测定

透镜是最基本的光学元件，根据光学仪器的使用要求，常需选择不同的透镜或透镜组。透镜的焦距是反映透镜特性的基本参数之一，它决定了透镜成像的规律。为了正确地使用光学仪器，必须熟练掌握透镜成像的一般规律，学会光路的调节技术和测量焦距的方法。

【实验目的】

1. 了解薄透镜的成像规律。
2. 学习几种测量薄透镜焦距的方法。
3. 掌握基本的光路调节技术。

【实验原理】

薄透镜是指透镜中心厚度比透镜的焦距或曲率半径小很多的透镜。透镜分为凸透镜和凹透镜两类。在近轴光线条件下，透镜成像公式为

$$\frac{1}{s} + \frac{1}{s'} = \frac{1}{f} \tag{2.5-1}$$

式中，s 为物距，实物为正，虚物为负；s' 为像距，实像为正，虚像为负；f 为焦距，凸透镜为正，凹透镜为负。

1. 凸透镜焦距的测定

（1）自准法

如图 2.5-1 所示，当发光物 AB 处于凸透镜的焦平面上时，它发出的光线经过凸透镜后为一束平行光，若在凸透镜后放一垂直于主光轴的平面镜，将此光线反射回去，反射光再经过凸透镜后仍会聚于焦平面上，并形成与原物等大的倒立实像 A_1B_1。因此，实验时移动透镜的位置，当在物屏上能看到平面镜反射回来的等大倒立的实像时，透镜与物屏之间的距离即为焦距 f。

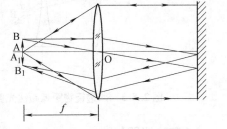

图 2.5-1　凸透镜自准法光路

（2）共轭法

当物屏与像屏之间的距离 $D > 4f$ 时，若保持 D 不变而移动透镜，则可在像屏上两次成像。如图 2.5-2 所示，当透镜移至 O_1 处时，屏上出现一个倒立放大的实像 A_1B_1。设此时物距为 s_1，像距为 s_1'，则

$$\frac{1}{s_1} + \frac{1}{s_1'} = \frac{1}{f} \quad 即 \quad \frac{1}{s_1} + \frac{1}{D - s_1} = \frac{1}{f} \tag{2.5-2}$$

当透镜移至 O_2 处时，屏上出现一个倒立缩小的实像 A_2B_2，有

$$\frac{1}{s_2} + \frac{1}{D - s_2} = \frac{1}{f} \tag{2.5-3}$$

由图 2.5-2 知

$$s_2 = s_1 + d \tag{2.5-4}$$

则式（2.5-3）改写为

$$\frac{1}{s_1 + d} + \frac{1}{D - s_1 - d} = \frac{1}{f} \tag{2.5-5}$$

结合式（2.5-2）和式（2.5-5），可推出

$$f = \frac{D^2 - d^2}{4D} \qquad (2.5\text{-}6)$$

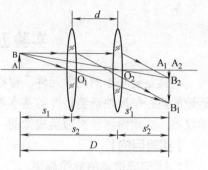

图 2.5-2　凸透镜共轭法光路

因此，只要测出物屏与像屏之间的距离 D 及两次成像时透镜位置之间的距离 d，便可求出焦距 f。

2. 凹透镜焦距的测定

（1）物距像距法

凹透镜只能产生虚像，因此需要借助凸透镜来测定凹透镜的焦距。如图 2.5-3 所示，物 AB 先经凸透镜 L_1 成实像 A_1B_1，像 A_1B_1 即为凹透镜 L_2 的虚物，只要凹透镜的位置合适，即可在屏上成实像 A_2B_2。测出虚物距 O_2A_1（为负）和像距 O_2A_2，代入式（2.5-1），即可得出凹透镜焦距。

（2）自准法

如图 2.5-4 所示，若经凸透镜 L_1 所成的像 A_1B_1 正好在凹透镜 L_2 的焦平面上，则经 L_2 射出的光将为平行光，若在凹透镜后放一垂直于主光轴的平面镜，则平行光经平面镜反射回去，依次通过 L_2 和 L_1，最后在物平面上形成与原物等大的倒立实像 A_2B_2，此时测出凹透镜 L_2 和虚物 A_1B_1 的位置，便可得出凹透镜的焦距。

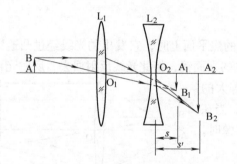

图 2.5-3　凹透镜物距像距法光路

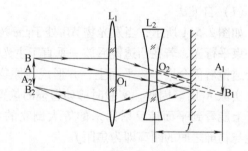

图 2.5-4　凹透镜自准法光路

【实验仪器】

光具座、凸透镜、凹透镜、光源（钠光灯）、物屏、像屏、平面镜。

【实验内容】

1. 光具座上各元件的共轴调整

由于应用薄透镜成像公式时需满足近轴条件，因此必须将各光学元件调节到共轴，并使该轴与光具座的导轨平行。共轴调整分粗调和细调两步进行。

（1）目测粗调

把光源、物屏、凸透镜和像屏依次装到光具座上，先将它们靠拢，调节高低、左右位置，使各元件中心大致等高在一条直线上，并使物屏、透镜、像屏的平面互相平行。

（2）细调（利用共轭法调整）

使物屏和像屏之间的距离大于 $4f$，在物屏和像屏之间移动凸透镜，可得一大一小两次成像。若两个像的中心重合，表示已经共轴；若不重合，可先在小像中心做一记号，调节透镜

高度使大像中心与小像的中心重合。如此反复调节透镜高度，使大像的中心趋向于小像中心（大像追小像），直至完全重合。

2. 测量凸透镜的焦距

（1）自准法

按照图 2.5-1，采用左右逼近读数法，即从左往右移动透镜，直至在物屏上看到与物大小相同的清晰倒像，记录此时透镜的位置；再从右至左移动透镜，直至在物屏上看到与物大小相同的清晰倒像，记录此时透镜的位置。重复三次，并记录下物屏的位置。

（2）共轭法

按照图 2.5-2，固定物屏和像屏的位置，使 $D > 4f$，采用左右逼近读数法分别测定凸透镜在像屏上成一大一小两次像的位置，重复三次，并记录下 D 的大小。

3. 测量凹透镜的焦距

（1）物距像距法

1）先用凸透镜做辅助工具，在像屏上形成缩小的清晰像，此像将作为凹透镜的虚物，再用左右逼近读数法测定像屏的位置。

2）在凸透镜和像屏之间插入待测的凹透镜，并使凹透镜光轴与已调好的凸透镜的光轴重合。移动像屏直至像屏上出现清晰的像，再用左右逼近读数法测定像屏的位置，并记录下凹透镜的位置。

（2）自准法

1）同上，先用凸透镜在像屏上成一缩小的清晰像，用左右逼近读数法测定像屏的位置。

2）在凸透镜和像屏之间插入凹透镜和平面镜，移动凹透镜，同时观察物屏直至出现与物大小相同的清晰倒像，再用左右逼近读数法测定凹透镜的位置。

【数据记录及处理】

将所测量数据记录在下列表格中，并正确计算出透镜的焦距。

凸　透　镜				凹　透　镜			
自准法	共轭法			物距像距法		自准法	
物屏位置 = __ cm	D = __ cm			凹透镜位置 = __ cm		像屏位置 /cm	凹透镜位置 /cm
透镜位置/cm	O_1 位置/cm	O_2 位置/cm		虚物位置/cm	二次成像位置/cm		

【注意事项】

1. 不允许用手触摸透镜，光学元件要轻拿轻放。

2. 为减小误差，测量数据时应使用左右逼近读数法。

【思考题】

1. 如何用简便的方法区别凸透镜和凹透镜（不允许用手摸）？

2. 为什么要调节系统使其满足共轴的要求？怎样调节？

第三章　综合性实验

实验一　拉伸法测定金属丝的弹性模量

弹性模量（又称杨氏模量）是描述金属材料抗形变能力的重要物理量。它是选定机械构件金属材料的依据之一，是工程技术中常用的基本参数。

本实验主要采用光杠杆装置测量钢丝的弹性模量。光杠杆装置是一种用光放大原理测量被测物微小长度变化的装置。它的特点是直观、简单、精度高，可以实现非接触式的放大测量，还能用来显示微小角度的变化，光杠杆装置已经被广泛应用于高灵敏度的测量仪器（如灵敏电流计、冲击电流计、光点检流计等）以及其他测量技术中。

【实验目的】

1. 掌握用光杠杆装置测量微小长度变化的原理和调节方法。
2. 学会用拉伸法测量金属丝的弹性模量。
3. 学会用逐差法和作图法处理数据。

【实验原理】

一根均匀的金属丝或棒（设长度为 L、截面面积为 S），在受到沿长度方向的外力 F 作用时发生形变，伸长了 ΔL，比值 F/S 是金属丝单位截面面积上的作用力，称为应力；比值 $\Delta L/L$ 是金属丝的相对伸长，称为应变。根据胡克定律，在弹性限度内，金属丝的应力 F/S 和应变 $\Delta L/L$ 成正比，可表示为

$$\frac{F}{S} = E\frac{\Delta L}{L} \tag{3.1-1}$$

或

$$E = \frac{F/S}{\Delta L/L} \tag{3.1-2}$$

式中，比例系数 E 称为该金属丝的弹性模量。它在数值上等于产生单位应变（$\Delta L/L$）的应力（F/S），单位为 $N \cdot m^{-2}$。

设金属丝的直径为 d，则其截面面积 $S = \pi d^2/4$，将此式代入式（3.1-2），整理后得

$$E = \frac{4FL}{\pi d^2 \Delta L} \tag{3.1-3}$$

式（3.1-3）表明：在长度 L、直径 d 和所加外力 F 相同的情况下，弹性模量 E 和金属丝的伸长量 ΔL 成反比，即弹性模量大的金属丝的伸长量较小，而弹性模量小的金属丝的伸长量较大。所以，弹性模量表述了材料抵抗外力产生拉伸（或压缩）形变的能力（抗弹性形变能力）。

根据式（3.1-3）测量弹性模量时，F、d 和 L 都比较容易测量，但 ΔL 是一个微小的长度变化量，很难用普通测量长度的仪器测量准确。例如，一根上端固定，长度为 1m、直径

为 0.5mm 的钢丝（查有关手册，钢丝弹性模量 $E \approx 2.00 \times 10^{11} \mathrm{N \cdot m^{-2}}$），当下端悬挂一质量为 0.5kg 的重物时，它的伸长量 ΔL 仅为 0.12mm。试想，对这样一个随着外力增加而产生的微小长度变化，又要相继进行非接触式测量，能否使用通常的测量仪器（米尺、游标卡尺等）进行测量呢？显然，这是不可能的。（想一想，为什么？）因此，测量弹性模量的仪器装置，特别是光杠杆放大装置，主要是为了能既方便又准确地测量伸长量（微小长度变化）而设计的。

　　光杠杆构造如图 3.1-1 所示。整个实验装置如图 3.1-2 所示。其中图 3.1-2b 为附有标尺的望远镜，图 3.1-2a 为弹性模量仪。在图 3.1-2a 中，A、B 为弹性模量仪钢丝两端的螺栓夹。在 B 的下端挂有重物托盘，调节仪器底座上的螺栓可以使钢丝架铅垂，即钢丝与平台相垂直，并使可上下滑动的夹子 B 刚好悬挂在平台的圆孔中央。

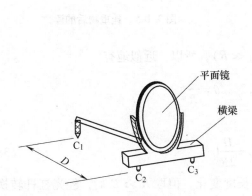

图 3.1-1　光杠杆构造图

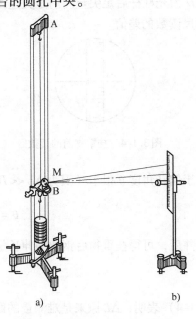

图 3.1-2　弹性模量实验装置图

　　光杠杆是测量微小长度变化的装置，是将一圆形小平面镜 M 固定在 T 型架上，在支架的下部安置三个足尖 C_1、C_2、C_3，这一组合就成为光杠杆。C_1 至 C_2 与 C_3 连线的垂直距离 D 称为光杠杆常数。测量时将两个前足尖 C_2、C_3 放在固定平台的前沿槽内，后足尖 C_1 放在 B 上（见图 3.1-2），用望远镜及标尺测量平面镜的角偏移便能求出钢丝的伸长量。

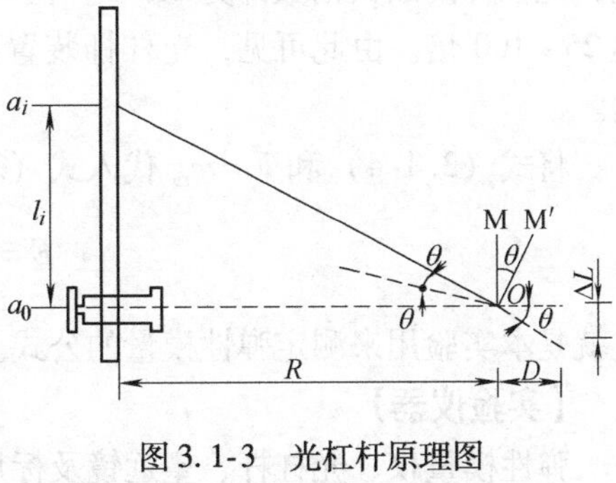

图 3.1-3　光杠杆原理图

　　光杠杆放大原理是这样的：将光杠杆和望远镜标尺装置按图 3.1-3 放置好，按仪器调节顺序调好全部装置后，就会在望远镜中看到经由平面镜反射的标尺像。设标尺上与望远镜同一高度的刻线 a_0 的像和望远镜叉丝横线相重合（见图 3.1-4），即光线 a_0 经平面反射后沿原路进入望远镜中。当挂上重物使钢丝伸长后，光杠杆后足便随同 B 一起下降 ΔL，平面镜转过 θ 角到 M' 位置。此时，由望远镜观察到标尺上某刻度 a_i 与叉丝横线相重合（见图 3.1-5），即光线 $a_i O$ 经平面镜反射后进入望远镜中。根据反射定律：

$$\angle a_i O a_0 = 2\theta$$

由图 3.1-3 可知

$$\tan\theta = \frac{\Delta L}{D}$$

$$\tan 2\theta = \frac{a_i - a_0}{R} = \frac{l_i}{R}$$

式中，D 为光杠杆后足尖至两前足尖连线的垂直距离；R 为镜面至标尺的距离；l_i 为挂重物前后标尺读数的差值。

图 3.1-4　挂重物前的读数

图 3.1-5　挂重物后的读数

由于偏转角度 θ 很小（因为 $\Delta L \ll D$，$l_i \ll R$），所以，近似地有

$$\theta = \frac{\Delta L}{D}, \qquad 2\theta = \frac{l_i}{R}$$

两式合并后，可得挂重物后钢丝的伸长量为

$$\Delta L = \frac{D}{2R} l_i \tag{3.1-4}$$

式（3.1-4）表明，ΔL 原来是难测量的微小长度变化，但取 $R \gg D$ 后，经光杠杆转换放大后的量 l_i 却是较大的可测量量，能用望远镜从标尺上直接读出。若以 $l_i/\Delta L$ 为放大率，那么，光杠杆的放大倍数即为 $2R/D$。在实验中，通常 D 为 $4 \sim 8\text{cm}$，R 为 $1 \sim 2\text{m}$，放大倍数可达 $25 \sim 100$ 倍。由此可见，光杠杆装置确实为本实验提供了测量微小长度变化的可能和便利。

将式（3.1-4）和 $F = mg$ 代入式（3.1-3），得

$$E = \frac{8FLR}{\pi d^2 D l_i} = \frac{8mgLR}{\pi d^2 D l_i} \tag{3.1-5}$$

这就是本实验用来测定弹性模量的公式。

【实验仪器】

弹性模量仪、光杠杆、望远镜及标尺、螺旋测微器、钢卷尺、游标卡尺、重物等。

【实验内容】

1. 仪器的调节

（1）调节弹性模量仪的底脚螺栓，使钢丝架铅垂，同时注意使螺栓夹 B 位于平台 C 的圆孔中央，使之能上下自由移动。

（2）按图 3.1-2 放好光杠杆，使平面镜与钢丝平行，将望远镜置于光杠杆前 1.5~2m 处。

（3）使标尺与钢丝平行，调置望远镜与平面镜 M 位于同一高度，并对着镜面。平面镜应大致与平台垂直。

（4）将望远镜瞄准平面镜 M，从望远镜外侧沿镜筒轴线方向应看到平面镜中有标尺的像。如果未见到，应向左或向右移动望远镜。

（5）调节望远镜。

① 调节目镜使观察到的叉丝最清晰。

② 调节物镜直到能从望远镜中看到标尺刻线的清晰像。

③ 消除视差。观察者眼睛上下移动时，从望远镜中观察到的标尺刻线像与叉丝间的相对位置无偏移，称为无视差。如果有视差，则要再仔细调节物镜与目镜的相对距离，直到消除视差为止。

2. 弹性模量的测量

（1）将重物托盘挂在螺栓夹 B 的下端，拉直钢丝（此重物不计入所加作用力 F 之内），并按上述顺序调节好仪器，记下望远镜中与叉丝重合的标尺初读数 a_0。

（2）逐次增加 1kg 重物（砝码），在望远镜中观察标尺的像，依次记下相应的与叉丝横线重合的刻度读数 a_1，a_2，…，a_7，重物加到 7kg 后，再每减去 1kg 读一次数，将实验数据记录在表 3.1-1 中，并用逐差法计算 $\bar{l}$。

表 3.1-1

次数	负重 /kg	增重时标尺读数 a_i/mm	减重时标尺读数 a_i/mm	同负荷下标尺读数的平均值 a_i/mm	每增加 4kg 时标尺的差值 l_i/mm
1	0			$\overline{a_0}=$	$l_1=\overline{a_4}-\overline{a_0}=$
2	1			$\overline{a_1}=$	
3	2			$\overline{a_2}=$	$l_2=\overline{a_5}-\overline{a_1}=$
4	3			$\overline{a_3}=$	
5	4			$\overline{a_4}=$	$l_3=\overline{a_6}-\overline{a_2}=$
6	5			$\overline{a_5}=$	
7	6			$\overline{a_6}=$	$l_4=\overline{a_7}-\overline{a_3}=$
8	7			$\overline{a_7}=$	
平均值					$\bar{l}=$

（3）用钢卷尺测量镜面至标尺的距离 R 和钢丝原长 L。

（4）将光杠杆取下，并在纸上压出三个足尖痕，用游标卡尺测出后足尖至两前足尖连线的垂直距离 D。

（5）用螺旋测微器测量钢丝直径 d，选不同的位置测 5 次，取平均值（为防止折弯实验用的钢丝，可测量同样的备用钢丝）。

（6）将所得各量代入式（3.1-5）中，计算出金属丝的弹性模量，并计算不确定度，写出结果表达式。

（7）用作图法处理数据。把式（3.1-5）改写为

$$l_i = \frac{8LR}{\pi d^2 DE} F_i = kF_i \qquad (3.1\text{-}6)$$

式（3.1-6）中

$$k = \frac{8LR}{\pi d^2 DE} \qquad (3.1\text{-}7)$$

即

$$E = \frac{8LR}{\pi d^2 Dk} \qquad (3.1\text{-}8)$$

$F_i/9.80N$	0.00	1.00	2.00	3.00	4.00	5.00	6.00	7.00
$l_i = \lvert a_i - a_0 \rvert /10^{-3}m$								

以 F_i 为横坐标轴，l_i 为纵坐标轴，作 l_i-F_i 图线。由图线的斜率得到 k 的数值，根据式（3.1-8）计算钢丝的弹性模量值。

【注意事项】

1. 调好实验装置记下初读数后，千万不能再挪动实验装置（望远镜、光杠杆、标尺等）。

2. 加减重物时一定要轻拿轻放，并待稳定后再读数。

3. 光杠杆是易碎的精密器件，不能用手触摸镜面，使用过程中要特别小心，以免打碎镜面。

【思考题】

1. 怎样提高光杠杆测量微小长度变化的灵敏度？

2. 两根材料相同，但粗细、长度均不同的金属丝，它们的弹性模量是否相等？

3. 每增加 1kg 砝码的质量，金属丝的实际伸长量为多少？

实验二 扭摆法测定物体的转动惯量

转动惯量是刚体转动时惯性大小的量度，是表明刚体特性的一个物理量。刚体转动惯量除了与物体质量有关外，还与转轴的位置和质量分布（即形状、大小和密度分布）有关。如果刚体几何形状规则，且质量分布均匀，则可以直接计算出它绕定轴的转动惯量。对于形状复杂且质量分布不均匀的刚体，计算会极其复杂，通常采用实验方法来测定，如机械部件、电动机转子和枪炮的弹丸等。转动惯量的测量，一般都是使刚体以一定形式运动，通过表征这种运动特征的物理量和转动惯量的关系，进行转换测量。本实验使物体做扭摆摆动，由摆动周期来计算物体的转动惯量。

【实验目的】

1. 用扭摆测定几种不同形状物体的转动惯量和弹簧的扭转系数，并与理论值进行比较。
2. 验证转动惯量的平行轴定理。

【实验原理】

扭摆的构造如图 3.2-1 所示，在垂直轴 1 上装有一根薄片状的螺旋弹簧 2，用以产生恢复力矩。在垂直轴的上方可以安装各种待测物体，垂直轴与支座间装有轴承，以降低摩擦力矩。3 为水平仪，用来调整系统平衡。

将物体在水平面内转过一角度 θ 后，在弹簧恢复力矩的作用下，物体就开始绕垂直轴做往返扭转运动。根据胡克定律，弹簧因扭转产生的恢复力矩 M 与转过的角度 θ 成正比，即

$$M = -K\theta \tag{3.2-1}$$

式中，K 为弹簧的扭转系数。根据刚体转动定律

$$M = I\beta \tag{3.2-2}$$

式中，I 为物体绕转轴的转动惯量；β 为角加速度。令 $\omega^2 = K/I$，忽略轴承的摩擦阻力矩，则由式（3.2-1）、式（3.2-2），得

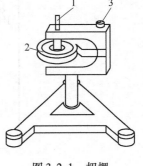

图 3.2-1 扭摆

$$\beta = \frac{\mathrm{d}^2\theta}{\mathrm{d}t^2} = -\frac{K}{I}\theta = -\omega^2\theta \tag{3.2-3}$$

式（3.2-3）表明，扭摆运动具有角简谐振动的特性，角加速度与角位移成正比，且方向相反。该式的解为

$$\theta = A\cos(\omega t + \varphi) \tag{3.2-4}$$

式中，A 为谐振动的角振幅；φ 为初相位角；ω 为角频率。该谐振动的周期为

$$T = \frac{2\pi}{\omega} = 2\pi\sqrt{\frac{I}{K}} \tag{3.2-5}$$

由式（3.2-5）可知，只要测得物体扭摆的摆动周期 T，并在 I 和 K 中任何一个量为已知时，即可计算出另一个量。

本实验先测定一个几何形状规则且质量分布均匀的物体的摆动周期，它的转动惯量可以根据它的质量和几何尺寸用理论公式直接计算得到，因此可根据式（3.2-5）算出本台仪器弹簧的 K 值。接着测定其他物体的转动惯量，即将待测物体安放在本仪器顶部的各种夹具上，通过测定其摆动周期，由式（3.2-5）算出物体绕转动轴的转动惯量。

理论分析表明，若质量为 m 的物体绕通过质心轴的转动惯量为 I_0，当转轴平移距离 x 时，则此物体对新轴线的转动惯量变为 $I_0 + mx^2$，这称为转动惯量的平行轴定理。本实验将对此定理加以验证。

【实验仪器】

1. 扭摆及几种待测转动惯量的物体

空心金属圆筒、实心塑料圆柱体、木球、验证转动惯量平行轴定理用的细金属杆（杆上有两块可自由移动的金属滑块）。

2. TH-2 型转动惯量测量仪

它主要由主机和光电传感器两部分组成。

主机采用新型的单片机作为控制系统，用于测量物体转动和摆动的周期，以及旋转体的转速等，能自动记录、存储多组实验数据并能够准确地计算多组实验数据的平均值。

光电传感器主要由红外接收管组成，它可以将光信号转换为脉冲电信号，送入主机工作。因人眼无法直接观察仪器工作是否正常，可用遮光物体往返遮挡光电探头发射光束通路，检查计时器是否开始计数。为防止过强光线对光电探头的影响，光电探头不能置放在强光下，实验时采用窗帘遮光，确保计时准确。

3. 仪器使用方法

TH-2 型转动惯量测量仪面板如图 3.2-2 所示。

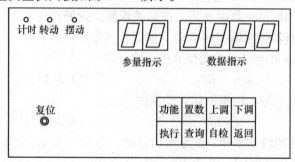

图 3.2-2　TH-2 型转动惯量测量仪面板示意图

（1）调节光电传感器在固定支架上的高度，使被测物体上的挡光杆能自由地通过光电门，再将光电传感器的信号传输线插入主机输入端（位于测试仪背面）。

（2）开启主机电源，"摆动"指示灯亮，参量指示为"P1"、数据指示为"- - - -"。

（3）本机设定扭摆的周期数为 10，如要更改，可按"置数"键，显示"$n = 10$"，按"上调"键周期数依次加 1，按"下调"键周期数依次减 1，周期数可在 1 ~ 20 范围内任意设定，再按"置数"键确认。更改后的周期数不具有记忆功能，一旦切断电源或按"复位"键，便恢复原来的默认周期数。

（4）按"执行"键，数据指示为"000.0"，表示仪器已处在等待状态，此时，当被测的往复摆动物体上的挡光杆第一次通过光电门时，仪器即开始连续计时，直到达到仪器所设定的周期数便自动停止计时，由"数据指示"给出累计的时间，同时仪器自动计算周期 T_i 并予以储存，以供查询和多次测量求平均值。至此，P1（第一次测量）测量完毕。

（5）按"执行"键，"P1"变为"P2"，数据指示又回到"000.0"，仪器处在第二次测量状态。本机设定重复测量的最多次数为 5 次，即（P1，P2，…，P5）。通过"查询"键可知各次测量的周期值 $T_i(i=1, 2, \cdots, 5)$ 以及它们的平均值 T_A。

【实验内容】

1. 测出塑料圆柱体的直径、金属圆筒的内外直径、金属细杆长度及各物体的质量。计算各物体转动惯量的理论值。

2. 调整扭摆基座底角螺钉，使水准仪中的气泡居中。

3. 测定扭摆的扭转系数 K。

（1）装上金属载物盘，调整光电探头的位置，使载物盘上的挡光杆处于其缺口中央且能遮住发射、接收红外光线的小孔，测定其摆动周期 T_0；

（2）将塑料圆柱体垂直放在载物盘上，测定摆动周期 T_1；

（3）由 T_0、T_1 及塑料圆柱体转动惯量的理论值 I_1' 计算弹簧的扭转系数 K：

$$K = 4\pi^2 \frac{I_1'}{T_1^2 - T_0^2}$$

4. 分别测定金属圆筒、木球及金属细杆的转动惯量。

（1）用金属圆筒代替塑料圆柱体，测定其摆动周期 T_2；

（2）取下金属载物盘，装上木球，测定其摆动周期 T_3（在计算木球的转动惯量时，应扣除支架的转动惯量）；

（3）取下木球，装上金属细杆（金属细杆中心必须与转轴重合，见图 3.2-3），测定其摆动周期 T_4（在计算转动惯量时，应扣除夹具的转动惯量）；

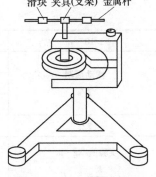

（4）根据上述测定的摆动周期，分别计算出各待测物的转动惯量的实验值，并与理论值进行比较，计算两者的百分误差。

5. 验证转动惯量的平行轴定理：将滑块对称地放置在细杆两边的凹槽内，此时滑块质心离转轴的距离分别为 5.00，10.00，15.00，20.00，25.00（单位：cm），分别测定细杆的摆动周期，计算滑块在不同位置时的转动惯量（计算时应扣除支架的转动惯量），并与理论值比较，计算百分误差。

图 3.2-3　金属细杆的固定

【注意事项】

1. 由于弹簧的扭转系数 K 值不是固定常数，它与摆动角度略有关系，故实验中摆角在 90° 左右为宜。

2. 光电探头宜放置在挡光杆的平衡位置处，挡光杆不能和它相接触，以免增大摩擦力矩。

3. 为提高测量精度，应先让扭摆自由摆动，然后按"执行"键进行计时。

4. 在安装待测物体时，其支架必须全部套入扭摆主轴，并将制动螺钉旋紧，否则扭摆不能正常工作。

【思考题】

1. 什么是转动惯量的平行轴定理？

2. 实验中待测物体的摆动角度为什么要控制在 90° 以内？

【附录】

（1）数据参考表格

附表 3.2-1 转动惯量的测定

物体名称	质量 m /kg	几何尺寸 /m	周期/s T_i	周期/s $\overline{T}_i$	转动惯量理论值 /kg·m²	转动惯量实验值 /kg·m²	计算结果	百分误差
金属载物盘	—	—			—	$I_0 = \dfrac{I_1' T_0^2}{T_1^2 - T_0^2}$		—
塑料圆柱					$I_1' = \dfrac{1}{8}mD_{柱}^2$	$I_1 = \dfrac{KT_1^2}{4\pi^2} - I_0$		E_1
金属圆筒					$I_2' = \dfrac{1}{8}m \times$ $(D_{外}^2 + D_{内}^2)$	$I_2 = \dfrac{KT_2^2}{4\pi^2} - I_0$		E_2
木球					$I_3' = \dfrac{1}{10}mD_{球}^2$	$I_3 = \dfrac{KT_3^2}{4\pi^2} - I_{支架}$		E_3
金属细杆					$I_4' = \dfrac{1}{12}mL^2$	$I_4 = \dfrac{KT_4^2}{4\pi^2} - I_{夹具}$		E_4

附表 3.2-2 验证转动惯量平行轴定理

$x/10^{-2}$ m	5.00	10.00	15.00	20.00	25.00
摆动周期 T/s					
$\overline{T}/\text{s}$					
实验值/kg·m² $I = \dfrac{K}{4\pi^2}T^2 - I_{夹具}$					
理论值/kg·m² $I' = I_4 + 2mx^2 + 2I_5$					
百分误差					

（2）木球支架转动惯量实验值 $I_{支架} = 0.179 \times 10^{-4}$ kg·m²

木球支架质量 $m_{支架} = 0.036$ kg

细杆夹具转动惯量实验值 $I_{夹具} = 0.232 \times 10^{-4}$ kg·m²

细杆长 $L = 610.0$ mm

滑块质量 $m = 240$ g

滑块绕通过滑块质心转轴的转动惯量实验值 $I_5 = 0.41 \times 10^{-4}$ kg·m²

实验三　声速的测定

声波是在弹性介质中传播的一种机械波。声波能在固体、液体、气体中传播。频率在 20Hz ~ 20kHz 的声波可以被人们听到，称为可闻声波；频率低于 20Hz 的声波称为次声波；频率高于 20kHz 的声波称为超声波。

声速的测量在声波定位、探伤、显示、测距等应用中具有十分重要的意义。

对于声波在空气、液体中的传播速度这一非电学量的测量，本实验利用压电陶瓷换能器测量，这是一种非电学量电测技术。

【实验目的】

1. 用驻波共振法、相位比较法测量声波在空气和水中的传播速度。

2. 了解压电陶瓷换能器的构造和功能。

【实验原理】

声波的声速 u、频率 f 和波长 λ 之间的关系为 $u = f\lambda$。若能测得声波的频率 f 和波长 λ，即可求得声速 u。常用的测量方法有驻波共振法和相位比较法。所用的超声波可利用压电陶瓷换能器来获得。

1. 超声波的获得——压电陶瓷换能器

压电陶瓷换能器由压电陶瓷环片和轻重两种金属组成，如图 3.3-1 所示。压电陶瓷片由一种多晶结构的压电材料（如钛酸钡）制成。在压电陶瓷片的两个底面加上正弦交变电压，它的厚度就会按正弦规律发生纵向伸缩，从而发出超声波；同样，压电陶瓷片也可以使声压变化转化为电压的变化，用来接收声压信号。本实验中就是采用压电陶瓷换能器来实现声压和电压之间转换的。

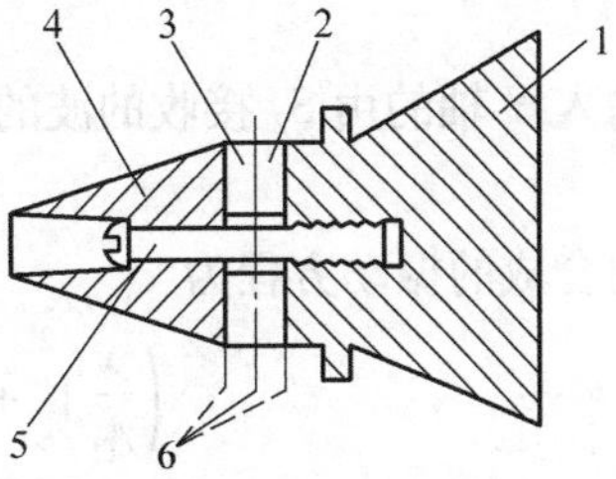

压电陶瓷换能器产生的波具有平面性、单色性好和方向性强等特点，同时可以将频率控制在超声波范围内，使一般的音频对它没有干扰。

图 3.3-1　压电陶瓷换能器结构图
1—铝头　2、3—压电陶瓷圆环
4—黄铜尾部　5—螺钉
6—铝铜片引出头

2. 驻波共振法

实验装置如图 3.3-2 所示。图中 S_1 和 S_2 是一对压电陶瓷换能器。S_1 为超声波源，它发射超声波的驱动电场由信号源内的低频信号发生器提供，其频率可由信号源内的数字频率仪测得。S_2 为接收器，它能把接收到的超声波转换成电信号送到示波器中显示，同时它还能反射一部分超声波，这样由 S_1 发出的超声波和 S_2 反射的超声波在两个换能器端面之间发生干涉而形成驻波。该驻波的强度和稳定性都会随着两端面间的距离和信号频率等不同而有很大的差异。

S_1 和 S_2 及其两个端面之间的驻波场可看作一个振动系统，要使该系统处于稳定的共振状态，必须满足波源的频率（即信号发生器的发射频率）等于驻波系统的固有频率，此时 S_1 和 S_2 两个端面之间的距离 L 等于半波长的整数倍，即

$$L = n\frac{\lambda}{2} \qquad (n = 1,\ 2,\ \cdots) \tag{3.3-1}$$

系统处于稳定的共振态，它的共振强度将最大，从示波器上观察到的信号幅度也最大。否则

驻波系统偏离共振态,示波器上的信号幅度也会随之减小。所以,当移动 S_1 使 L 连续改变时,示波器上信号幅度每一次周期性的变化,相当于 S_1 与 S_2 之间的距离改变了 $\lambda/2$。记下一系列共振态时 S_1 的位置,即可以测得波长 λ。频率 f 可由信号源的数字频率仪读出,根据 $u = f\lambda$ 就可以测得声速。

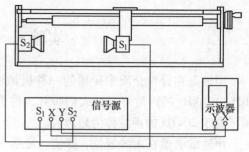

图 3.3-2 实验装置图

3. 相位比较法

实验装置如图 3.3-2 所示。图中 S_1 接信号源发射端的"换能器接口",信号由内部低频信号发生器经过衰减得到,同时通过"发射波形"接到示波器的 X 输入端;S_2 接信号源接收端的"换能器接口",接收到的信号经过接收端的内部衰减,由"接收波形"接口接到示波器的 Y 输入端,当 S_1 发出的超声波通过介质到达接收器 S_2 时,在接收波和发射波之间便产生了相位差,即

$$\varphi_1 - \varphi_2 = 2\pi \frac{L}{\lambda} \tag{3.3-2}$$

相位差可以通过在示波器上显示的两个相互垂直谐振动的合成图形来测定。该合成图形称为"李萨如图"。

设输入 X 轴的发射波的振动方程为

$$x = A_1 \cos(\omega t + \varphi_1)$$

输入 Y 轴的由 S_2 接收的波的振动方程为

$$y = A_2 \cos(\omega t + \varphi_2)$$

则合成的振动方程为

$$\left(\frac{x}{A_1}\right)^2 + \left(\frac{y}{A_2}\right)^2 - \frac{2xy}{A_1 A_2}\cos(\varphi_2 - \varphi_1) = \sin^2(\varphi_2 - \varphi_1)$$

一般情形下,此方程轨迹为椭圆,即两个谐振动频率相等时的"李萨如图"。

当 $\varphi_2 - \varphi_1 = 0$ 时,$y = \dfrac{A_2}{A_1}x$,轨迹是斜率为正的直线,如图 3.3-3a 所示;当 $\varphi_2 - \varphi_1 = \dfrac{\pi}{2}$ 时,$\dfrac{x^2}{A_1^2} + \dfrac{y^2}{A_2^2} = 1$,轨迹是一个正椭圆,如图 3.3-3b 所示;当 $\varphi_2 - \varphi_1 = \pi$ 时,$y = -\dfrac{A_2}{A_1}x$,轨迹是斜率为负的直线,如图 3.3-3c 所示。

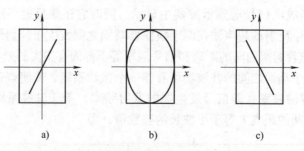

a)   b)   c)

图 3.3-3 李萨如图

　　改变 S_1 和 S_2 之间的距离 L，相当于改变了接收波与发射波之间的相位差 $\varphi_2 - \varphi_1$，"李萨如图"随之不断变化。显然，每改变半个波长 $L_2 - L_1 = \lambda/2$，由式（3.3-2）可知，相位差发生 π 的变化。随着相位差从 $0 \sim \pi$ 的变化，相应的"李萨如图"从斜率为正的直线变为椭圆，再变到斜率为负的直线。因此，S_1 每移动半个波长，示波器屏幕上就会重复出现斜率相反的直线。由此直线的反复出现就可测出波长 λ，再测得频率 f 就可以得到声速 u 了。

【实验仪器】

　　SVX-5 综合声速测试仪信号源、SV-DH-5A 型声速测定仪（液槽式，包括两个压电换能器和数显游标卡尺）、示波器、同轴信号电缆等。

【实验内容】

　　1. 信号源及声速测定仪实验前准备。

　　（1）声速测试仪在使用之前，要通电开机预热 20min 左右。在通电后，自动工作在连续波模式。

　　（2）按照图 3.3-2 接好线路。为避免换能器 S_1 与 S_2 两个端面接触，S_1 与 S_2 之间的距离应大于 50mm。

　　2. 示波器的实验前准备。

　　开启示波器电源，并进行适当的调节，将示波器 X 端置于"内置"（关于示波器的使用，请参阅附录）。

　　3. 调节共振频率。

　　适当调节信号源面板上的"发射强度"和"接收增益"以及示波器上的"Y 增益"，在示波器上得到合适的波形。然后仔细调节信号源面板上的"信号频率"使示波器上的波形振幅达到最大，此时的频率即是振动系统的共振频率 f，记录该频率。下面的测量就在共振频率下进行的。

　　4. 驻波共振法测量声速。

　　（1）在前面调节共振频率时所确定的 S_1 与 S_2 间距基础上，再缓慢把 S_1 远离 S_2，当示波器上出现了振幅最大时，记下数显游标卡尺所示 S_1 的位置 L_1。继续缓慢远移 S_1，逐个记下 11 个振幅达到最大时的位置 L_2，L_3，$\cdots$，L_{12}。

　　（2）用逐差法处理数据，计算声速 $\bar{u}$。

　　（3）记下室温 t（℃），计算声速的理论值并与测量值比较。

$$u_{理} = u_0 \sqrt{\frac{T}{T_0}} = 331.45 \sqrt{\frac{273.15 + t}{273.15}} \mathrm{m/s}$$

　　5. 相位比较法测量声速。

　　（1）将示波器的"X 扫描"拨到"外接"，适当调节信号源面板上的"发射强度"和"接收增益"，以及示波器上的"Y 增益"，使示波器上出现大小合适的"李萨如图"。

　　（2）将 S_1 移近 S_2 后，让数显游标卡尺的读数归零，再缓慢远移 S_1，当示波器上波形变成一条直线时，记下 S_1 的位置 L_1。继续缓慢远移 S_1，逐个记下 11 个波形变成一条直线时的位置 L_2，L_3，$\cdots$，L_{12}。

　　（3）用逐差法处理数据，计算声速 $\bar{u}$，并计算声速的不确定度，写出结果表达式。

　　（4）记下室温 t（℃），计算声速的理论值。

　　6. 用同样方法（驻波共振法、相位比较法）测量水中的声速。

7. 数据记录表格（两种测量方法表格形式相同，供参考）及声速 u 的计算如下：

次数 i	位置(空气) L/mm	位置(水) L/mm	相差6个$\frac{\lambda}{2}$值 $S=(L_{i+6}-L_i)$/mm
1			
2			
3			
4			
5			
6			
7			
8			
9			
10			$\bar{S}_{空气}=$
11			
12			

行 "9、10" 中间： $\bar{S}_{空气}=$ 与 $\bar{S}_{水}=$

8. 用逐差法处理数据，利用式（3.3-3）分别计算空气中和水中的声速。写出空气情况下测量结果的表达式。

$$\bar{u}=f\bar{\lambda}=f\cdot\frac{2}{6}\bar{S} \tag{3.3-3}$$

$$u_S=\sqrt{\Delta_A^2+\Delta_B^2} \tag{3.3-4}$$

$$u_{ru}=\frac{u_u}{u}=\sqrt{\left(\frac{u_S}{\bar{S}}\right)^2+\left(\frac{u_f}{f}\right)^2} \tag{3.3-5}$$

其中，$u_f=\Delta_{Bf}=0.001\text{kHz}$，$\Delta_B=0.01\text{mm}$。

【注意事项】

1. 切勿使换能器 S_1 与 S_2 两个端面接触而发生短路。
2. 实验过程中，信号源输出的信号频率应保持在共振频率上不变。
3. 实验过程中应适当调节示波器上的"Y增益"，保证在波形不失真的情况下测量。

【思考题】

1. 为什么需要在驻波系统共振状态下进行声速的测量？
2. 本实验是如何获得超声波的？

【附录】

示波器介绍

1. 工作原理

电子射线示波器（简称示波器）是常用的电子仪器之一，应用它可以直接观察到电压随时间变化的波形，并能测量电压和频率大小等参数。因此，一切可转化为电压的电学量（如电流、电功率等）和非电学量（温度、压力、光强、磁场、频率等）都可以用示波器来观测，所以它是用途广泛的现代测量工具。最简单的示波器主要由五个部分组成，如附图 3.3-1 所示：①示波管；②水平放大器和垂直放大器；③扫描发生器；④同步电路；⑤电源供给。

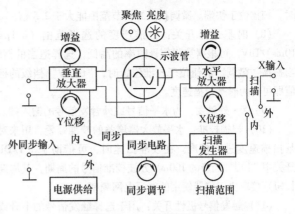

附图 3.3-1　示波器结构图

（1）示波管

示波管是用来显示被观察信号的，从示波管阴极发射的电子，在阳极电压作用下加速和聚焦，形成电子束，撞击荧光屏，产生一个亮点。该亮点在荧光屏上的位置，由两对互相垂直的偏转板上的电压来决定。

（2）水平和垂直放大器

由于示波管本身的水平（即 X 轴）和垂直（即 Y 轴）偏转板灵敏度是确定的（0.1 ~ 1mm/V），为了观察电压幅度不同的电信号，示波器内设有衰减器和放大器。可对观察的小信号放大，对大信号衰减，以便能在荧光屏上显示出适中的波形。

（3）扫描发生器

如果想观察一随时间变化的电压 $u_y = f(t)$，把它加在垂直偏转板上，那么在荧光屏上我们观察到的是一条竖直亮线。显然它并不能反映电压 u_y 的变化规律。为了观察到 u_y 的变化规律，还需要在水平偏转板上加上一"扫描电压"u_x——锯齿波电压。它的特点是电压随时间正比例增大。这样电子束在水平方向同时获得与时间成正比的偏移，由于电压 u_y 和齿波电压的共同作用，荧光屏上的光点偏移结果如附图 3.3-2 所示。

（4）同步（整步选择）

为了使屏上的波形稳定，必须使扫描电压周期 T_x 与信号电压周期 T_y 成整数倍。一般是将被测信号的一部分加到扫描发生器上，迫使锯齿波周期 T_x 为信号周期 T_y 的整数倍，使屏上出现稳定的波形，这个过程称为"同步"（即内同步）；如果从外面输入一个同步信号，则称为"外同步"。

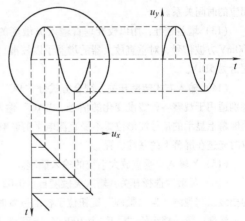

附图 3.3-2　光点偏移结果示意图

示波器种类很多，不同型号的示波器功能稍有不同，但基本原理是相同的。本实验所用为 ST－16 型单踪示波器，其面板如附图 3.3-3 所示。

2. 面板功能及各旋钮说明

（1）辉度调节：顺时针方向转动，辉度加亮，反之减弱。

（2）聚集调节：用于调节显现的光点，使其成为清晰的圆点。

（3）辅助聚焦：用来与聚焦调节配合使用。

（4）电源开关：当此开关扳向"开"时，指示灯即发红光。

（5）指示灯。

（6）电平：用于调节触发信号波形上触发点的相应电平值，使得在这一电平上启动扫描。当"电平"顺时针旋至满刻度时，则扫描电路在没有触发信号输入的情况下，也能自动进行扫描。

（7）时基微调：用于连续调节时基扫描速度。当该旋钮顺时针方向至满度，亦即处于"校准"状态时，扫描位于快端。微调扫描的调节范围能大于 2.5 倍。

（8）时基选择开关：扫描速度的选择范围（0.1μs ~ 10ms）/DIV。可根据被测信号频率的高低，选择适当的档级。当扫描"微调"旋钮位于校准位置时，"t/DIV"档级的标称值即可视为时基扫描速度。

（9）X·外触发：为水平信号或外触发信号的输入端。

（10）扫描校准：水平放大器增益的校准装置，用来对时基扫描速度进行校准。在校准扫速时，可借助于"V/DIV"开关中"冂"档级的 100mV 方波校准信号的周期，其周期的长短直接取决于仪器使用的电源电网频率。

（11）触发信号极性开关：用于选择触发信号的上升或下降部分以触发扫描电路，促使扫描启动。当开关置于"外接 X"时，使"X·外触发"插座成为水平信号的输入。

（12）触发源选择开关：当开关置于"内"时，触发信号取自垂直放大器中引离出来的被测信号。当开关置于"电视场"时，触发信号将来自垂直放大器中被测电视信号，通过积分电路，使屏幕上显示的电视信号与场频同步。当开关置于"外"时，触发信号将来自"X·外触发"插座。输入的外加信号与垂直被测信号应具有相应的时间关系。

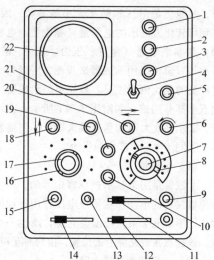

附图 3.3-3　ST-16 型单踪示波器面板图

（13）增益校准：用以校准垂直输入灵敏度的调节位置，可借助于"V/DIV"开关中"冂"档级的 100mV 方波信号，对垂直放大器的增益予以校准，使"微调"位于校准位置时，屏幕上显示方波波形的幅度恰为 5DIV。

（14）输入方式转换开关：耦合方式分"DC""⊥""AC"三种。"DC"输入端处于直接耦合状态，特别适用于观察各种缓慢变化的信号。"AC"输入端处于交流耦合状态，它隔断被测信号中的直流分量，使屏幕上显示的信号波形位置不受直流电平的影响。"⊥"输入端处于接地状态，便于确定输入端为零电位时光迹在屏幕上的基准位置。

（15）Y 输入：垂直放大系统的输入插座。

（16）灵敏度选择开关：输入灵敏度自（0.02 ~ 10V）/DIV 档，可根据被测信号的电压幅度，选择适当的档级以利观测。当"微调"旋钮位于校准位置时，"V/DIV"档级的标称值，即可视为示波器的垂直输入灵敏度。第一档级的"冂"为 100mV、频率为 50Hz 的方波校准信号，供垂直输入，灵敏度的水平时基扫描校准之用。

（17）Y 增益微调：用于连续改变垂直放大器的增益。当"微调"旋钮沿顺时针旋足，亦即位于校准位置时，增益最大。其微调范围大于 2.5 倍。

（18）Y 移位：用于调节屏幕上光点或信号波形在垂直方向上的位置。

（19）平衡：使垂直放大系统的输入端电路中的直流电平保持平衡状态的调节装置，当垂直放大系统输入端电路出现不平衡时，屏幕上显示的光迹随"V/DIV"开关不同档级的转换和"微调"的装置的转动而出现垂直方向的位移，平衡调节器可将这种位移减至最小。

（20）稳定度：用于改变扫描电路的工作状态，一般应处于待触发状态，使用时只需调节电平旋钮就能使波形稳定地显示。

（21）X 移位：用于调节屏幕上光点或信号波形在水平方向上的位置。

（22）荧光屏：用于观测波形。

实验四　弦振动研究实验

　　传统的教学实验多采用音叉计来研究弦的振动与外界条件的关系。采用柔性或半柔性的弦线，能用眼睛观察到弦线的振动情况，一般听不到与振动对应的声音。

　　本实验在传统的弦振动实验的基础上增加了实验内容：由于采用了钢质弦线，所以能够听到振动产生的声音，从而可研究振动与声音的关系；不仅能做标准的弦振动实验，还能配合示波器进行驻波波形的观察和研究，因为在很多情况下，驻波波形并不是理想的正弦波，直接用眼睛观察是无法分辨的；结合示波器，更可深入研究弦线的非线性振动以及混沌现象。

【实验目的】

1. 了解波在弦上的传播及弦波形成的条件。
2. 测量拉紧弦不同弦长的共振频率。
3. 测量弦线的线密度。
4. 测量弦振动时波的传播速度。

【实验原理】

　　实验仪器如图 3.4-1 所示，张紧的弦线 4 在驱动传感器 3 产生的交变磁场中受力。移动劈尖 6 改变弦长或改变驱动频率，当弦长是驻波半波长的整倍数时，弦线上便会形成驻波。仔细调整，可使弦线形成明显的驻波。此时我们认为驱动器所在处对应的弦为振源，振动向两边传播，在劈尖 6 处反射后又沿各自相反的方向传播，最终形成稳定的驻波。

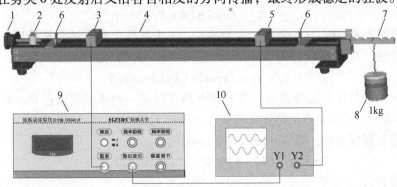

图 3.4-1　弦振动实验装置图

1—调节螺杆　2—圆柱螺母　3—驱动传感器　4—弦线　5—接收线圈
6—劈尖　7—张力杆　8—砝码　9—信号源　10—示波器

　　为研究问题方便，当弦线上最终形成稳定的驻波时，我们可以认为波动是从左端劈尖发出的，沿弦线朝右端劈尖方向传播，称为入射波，再由右端劈尖反射沿弦线朝左端劈尖传播，称为反射波。入射波与反射波在同一条弦线上沿相反方向传播时将相互干涉。在适当的条件下，弦线上就会形成驻波。这时弦线上的波被分成几段，形成波节和波腹，如图 3.4-2 所示。

　　设图中的两列波是沿 X 轴相向方向传播的振幅相等、频率相同、振动方向一致的简谐波。向右传播的用细实线表示，向左传播的用细虚线表示，当传至弦线上相应点，相位差恒

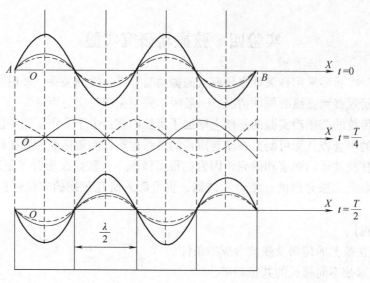

图 3.4-2

定时，它们就合成驻波，用粗实线表示。由图 3.4-2 可见，两个波腹或波节间的距离都等于半个波长，这可从波动方程推导出来。

下面用简谐波表达式对驻波进行定量描述。设沿 X 轴正方向传播的波为入射波，沿 X 轴负方向传播的波为反射波，取它们振动相位始终相同的点作为坐标原点，且在 $X = 0$ 处，振动质点向上到达最大位移时开始计时，则它们的波动方程分别为

$$Y_1 = A\cos 2\pi(ft - X/\lambda)$$
$$Y_2 = A\cos 2\pi(ft + X/\lambda)$$

式中，A 为简谐波的振幅；f 为频率；λ 为波长；X 为弦线上质点的坐标位置。两波叠加后的合成波为驻波，其方程为

$$Y_1 + Y_2 = 2A\cos 2\pi(X/\lambda)\cos 2\pi ft \qquad (3.4-1)$$

由此可见，入射波与反射波合成后，弦上各点都在以同一频率做简谐振动，它们的振幅为 $|2A\cos 2\pi(X/\lambda)|$，只与质点的位置 X 有关，与时间无关。

由于波节处振幅为零，即 $|\cos 2\pi(X/\lambda)| = 0$，故

$$2\pi X/\lambda = (2k+1)\pi/2 \qquad (k = 0,1,2,3,\cdots)$$

可得波节的位置为

$$X = (2k+1)\lambda/4 \qquad (k = 0,1,2,3,\cdots) \qquad (3.4-2)$$

而相邻两波节之间的距离为

$$X_{k+1} - X_k = [2(k+1)+1]\lambda/4 - (2k+1)\lambda/4 = \lambda/2 \qquad (3.4-3)$$

又因为波腹处的质点振幅为最大，即 $|\cos 2\pi(X/\lambda)| = 1$，故

$$2\pi X/\lambda = k\pi \qquad (k = 0,1,2,3,\cdots)$$

可得波腹的位置为

$$X = k\lambda/2 = 2k\lambda/4 \qquad (k = 0,1,2,3,\cdots) \qquad (3.4-4)$$

这样，相邻的波腹间的距离也是半个波长。因此，在驻波实验中，只要测得相邻两波节（或相邻两波腹）间的距离，就能确定该波的波长。

在本实验中，由于弦的两端是固定的，故两端点为波节，所以，只有当均匀弦线的两个

固定端之间的距离（弦长）L 等于半波长的整数倍时，才能形成驻波，其数学表达式为

$$L = n\lambda/2 \qquad (n = 1,2,3,\cdots)$$

由此可得沿弦线传播的横波波长为

$$\lambda = 2L/n \tag{3.4-5}$$

式中，n 为弦线上驻波的段数，即半波数；L 为弦长。

根据波动理论，弦线横波的传播速度为

$$V = (T/\rho)^{1/2} \tag{3.4-6}$$

即

$$T = \rho V^2$$

式中，T 为弦线中的张力；ρ 为弦线单位长度的质量，即线密度。

根据波速、频率与波长的普遍关系式 $V = f\lambda$，联立式（3.4-5）可得横波波速为

$$V = 2Lf/n \tag{3.4-7}$$

如果已知张力 T 和频率 f，则由式（3.4-6）、式（3.4-7）可得线密度为

$$\rho = T[n/(2Lf)]^2 \qquad (n = 1,2,3,\cdots) \tag{3.4-8}$$

如果已知线密度和频率 f，则由式（3.4-8）可得张力为

$$T = \rho(2Lf/n)^2 \qquad (n = 1,2,3,\cdots) \tag{3.4-9}$$

如果已知线密度 ρ 和张力 T，则由式（3.4-8）可得频率 f 为

$$f = \sqrt{\frac{T}{\rho}} \cdot \frac{n}{2L} \tag{3.4-10}$$

以上分析是根据经典物理学得到的，实际的弦振动的情况是复杂的。我们在实验中可以看到，接收波形很多时候并不是正弦波，而是或者带有变形，或者没有规律振动，或者带有不稳定性振动，这就要求我们引入更新的非线性科学的分析方法（可以参见有关的资料）。

【乐理分析】

常见的音阶由 7 个基本的音组成，用唱名表示即 do，re，mi，fa，so，la，si，用 7 个音以及比它们高一个或几个八度的音、低一个或几个八度的音构成各种组合就成为各种乐器的"曲调"。每高一个八度的音的频率升高一倍。

振动的强弱（能量的大小）体现为声音的大小，不同物体的振动体现的声音音色是不同的，而振动的频率 f 则体现音调的高低。$f = 261.6\text{Hz}$ 的音在音乐里用字母 c^1 表示，其相应的音阶表示为：c，d，e，f，g，a，b，在将 c 音唱成"do"时定为 c 调。人声及器乐中最富有表现力的频率范围为 $60 \sim 1000\text{Hz}$。c 调中 7 个基本音的频率，以"do"音的频率 $f = 261.6\text{Hz}$ 为基准，按十二平均律⊖的分法，其他各音的频率为其倍数，其倍数值见表 3.4-1。

表 3.4-1

音名	c	d	e	f	g	a	b	c
频率倍数	1	$(\sqrt[12]{2})^2$	$(\sqrt[12]{2})^4$	$(\sqrt[12]{2})^5$	$(\sqrt[12]{2})^7$	$(\sqrt[12]{2})^9$	$(\sqrt[12]{2})^{11}$	2
频率/Hz	261.6	293.7	329.6	349.2	392.0	440.0	493.9	523.2

⊖ 常用的音乐律制有五度相生律、纯律（自然律）和十二平均律三种，所对应的频率是不同的。五度相生律是根据纯五度定律的，因此在音的先后结合上自然协调，适用于单音音乐。纯律是根据自然三和弦来定律的，因此在和弦音的同时结合上纯正而和谐，适用于多声音乐。十二平均律是目前世界上最通用的律制，在音的先后结合和同时结合上都不是那么纯正自然，但由于它转调方便，在乐器的演奏和制造上有着许多优点，在交响乐队和键盘乐器中得到广泛使用。常见的乐器都是参照表 3.4-1 确定的值制造的，例如钢琴、竖琴、吉他等。

金属弦线形成驻波后，产生一定的振幅，从而发出对应频率的声音。如果将驱动频率设置为表3.4-1所定的值，由弦振动的理论可知，通过调节弦线的张力或长度，形成驻波，就能听到与音阶对应的频率了（当然，这时候的环境噪声要小些）。这样做的特点是能产生准确的音调，有助于我们对音阶的判断和理解。

【实验仪器】

DH4618型弦振动研究实验仪、双踪示波器。

实验仪器由测试架和信号源组成，测试架的结构如图3.4-1所示。

【实验内容】

1. 实验前准备

（1）选择一条弦，将弦的带有铜圆柱的一端固定在张力杆的U型槽中，把带孔的一端套到调整螺杆的圆柱螺母上。

（2）把两块劈尖（支撑板）放在弦下相距为L的两点上（它们决定弦的长度），注意窄的一端朝标尺，弯脚朝外，如图3.4-1所示；放置好驱动线圈和接收线圈，按图连接好导线。

（3）将质量可选砝码挂到张力杆上，然后旋动调节螺杆，使张力杆水平（这样才能由所挂的物块质量精确地确定弦的张力）。根据杠杆原理，通过在不同位置悬挂质量已知的物块，可以获得成比例的、已知的张力，该比例是由杠杆的尺寸决定的。如图3.4-3a所示，挂质量为"M"的重物在张力杆的挂钩槽3处，弦的拉紧度等于$3M$；如图3.4-3b所示，挂质量为"M"的重物在张力杆的挂钩槽4处，弦的拉紧度为$4M$……

注意：由于张力不同，弦线的伸长也不同，故需重新调节张力杆的水平。

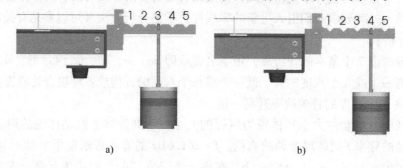

图3.4-3　张力大小的示意

a）张力$3Mg$　b）张力$4Mg$

2. 实验内容

（1）张力、线密度和弦长一定，改变驱动频率，观察驻波现象和驻波波形，测量共振频率。

1）放置两个劈尖至合适的间距，例如60cm，装上一条弦。在张力杠杆上挂上一定质量的砝码（注意，总质量还应加上挂钩的质量），旋动调节螺杆，使张力杠杆处于水平状态，把驱动线圈放在离劈尖5～10cm处，把接收线圈放在弦的中心位置。（提示：为了避免接收线圈和驱动线圈之间的电磁干扰，在实验过程中要保证两者之间的距离至少有10cm。）

2）驱动信号的频率调至最小，适当调节信号幅度，同时调节示波器的通道增益为10mV/格。

3）慢慢升高驱动信号的频率，观察示波器接收到的波形的改变。注意：频率调节过程不能太快，因为弦线形成驻波需要一定的能量积累时间，太快则来不及形成驻波。如果不能观察到波形，则调大信号源的输出幅度；如果弦线的振幅太大，造成弦线敲击线圈，则应减小信号源输出幅度；适当调节示波器的通道增益，以观察到合适的波形大小。一般一个波腹时，信号源输出为 2 ~ 3V（峰 - 峰值），即可观察到明显的驻波波形，同时观察弦线，应当有明显的振幅。当弦的振动幅度最大时，示波器接收到的波形振幅最大，这时的频率就是共振频率。

4）记下这个共振频率，以及线密度、弦长和张力，弦线的波腹、波节的位置和个数等参数。如果弦线只有一个波腹，这时的共振频率为最低，波节就是弦线的两个固定端（两个劈尖处）。

5）再增加输出频率，连续找出几个共振频率（3 ~ 5 个）并记录。注意，接收线圈如果位于波节处，则示波器上无法测量到的波形，所以驱动线圈和接收线圈此时应适当移动位置，以观察到最大的波形幅度。当驻波的频率较高，弦线上形成几个波腹、波节时，弦线的振幅会较小，眼睛不易观察到。这时把接收线圈移向右边劈尖，再逐步向左移动，同时观察示波器（注意波形是如何变化的），找出并记下波腹和波节的个数，及每个波腹和波节的位置。

（2）张力和线密度一定，改变弦长，测量共振基频。

1）选择一根弦线和合适的张力，放置两个劈尖至一定的间距，例如 60cm，调节驱动频率，使弦线产生稳定的驻波。

2）记录相关的线密度、弦长、张力、波腹数等参数。

3）移动劈尖至不同的位置改变弦长，调节驱动频率，使弦线产生基频共振。记录相关的参数。

（3）弦长和线密度一定，改变张力，测量共振基频和横波在弦上的传播速度。

1）放置两个劈尖至合适的间距，例如 60cm，选择一定的张力，改变驱动频率，使弦线产生稳定的驻波。

2）记录相关的线密度、弦长、张力等参数。

3）改变砝码的质量和挂钩的位置，调节驱动频率，使弦线产生稳定的驻波。记录相关的参数。

（4）张力和弦长一定，改变线密度，测量共振基频和弦线的线密度。

1）放置两个劈尖至合适的间距，选择一定的张力，调节驱动频率，使弦线产生稳定的驻波。

2）记录相关的弦长、张力等参数。

3）换用不同的弦线，改变驱动频率，使弦线产生基频共振。记录相关的参数。

（5）聆听音阶高低及与频率的关系。

1）对照表 3.4-1，选定一个频率，选择合适的张力，通过移动劈尖的位置，改变弦长，在弦线上形成驻波，聆听声音的音调和音色。

2）依次选择其他频率，聆听声音的变化。

3）换用不同的弦线，重复以上步骤。

*（6）探究弦线的非线性振动。

1）设定一定的张力、线密度、弦长和驱动频率，张力不要过大，频率不宜过高，在示波器上观察到驻波波形。

2）移动接收线圈的位置，注意驻波波形有无变化。

3）移动接收线圈的位置，注意驻波频率有无变化。

【数据处理】

1. 张力和弦长一定，测量弦线的共振频率和横波的传播速度。

比较式（3.4-10）求得的共振频率计算值与实验得到的共振频率，分析这两者存在差异的原因。

弦长 = _____ cm　　　张力 = _____ kg·m/s²　　　线密度 = _____ kg/m

波腹位置 /cm	波节位置 /cm	波腹数	波长 /cm	共振频率 /Hz	频率计算值 $f=\sqrt{\dfrac{T}{\rho}}\cdot\dfrac{n}{2L}$	传播速度 $V=2Lf/n/(\text{m/s})$
		1				
		2				
		3				
		…				

2. 张力和线密度一定，改变弦长，测量弦线的共振频率和横波的传播速度。

张力 = _____ kg·m/s²　　　线密度 = _____ kg/m

弦线长度 /cm	波长 /cm	共振频率 /Hz	传播速度 $V=2Lf/n/(\text{m/s})$

作弦长与共振频率的关系图。

3. 弦长和线密度一定，改变张力，测量弦线的共振频率和横波的传播速度。

弦长 = _____ cm　　　线密度 = _____ kg/m

张力 /(kg·m/s²)	波长 /cm	共振频率 /Hz	传播速度 $V=2Lf/n/(\text{m/s})$

作张力与共振频率的关系图。

根据 $V = \sqrt{\dfrac{T}{\rho}}$ 算出波速,并将这一波速与 $V = f\lambda = 2Lf/n$(其中 f 是共振频率,λ 是波长)做比较,分析存在差别的原因。

作张力与波速的关系图。

4. 弦长和张力一定,改变线密度,测量弦线的共振基频和线密度。

已知弦线的静态线密度(由天平秤称出单位长度的弦线的质量)为

弦线 1:0.562g/m;弦线 2:1.030g/m;弦线 3:1.515g/m。

弦长 = ＿＿ cm　　张力 = ＿＿ kg·m/s²

弦线	波长 /cm	共振基频 /Hz	线密度 $\rho = T[\,n/(2Lf)\,]^2/(\text{kg/m})$
弦线 1(φ0.3)			
弦线 2(φ0.4)			
弦线 3(φ0.5)			

比较测量所得的线密度与上述静态线密度有无差别,试说明原因。

【注意事项】

1. 仪器应可靠放置,张力挂钩应置于实验桌外侧,并注意不要让仪器滑落。
2. 弦线应可靠挂放,砝码在悬挂和取放时应动作轻小,以免使弦线崩断而发生事故。

【思考题】

1. 如果弦线有弯曲或者不是均匀的,对共振频率和驻波将有何影响?
2. 驻波频率相同时,不同的弦线所产生的声音是否相同?
3. 试用本实验的内容阐述吉他的工作原理。

【附录】

DH4618 型弦振动研究实验仪信号源使用说明

1. 概述

在研究弦振动实验时,需要功率信号源对弦线进行激励驱动,使其产生驻波。本信号源可配合 DH4618 型弦振动研究实验仪进行弦振动实验。该仪器的特点是输出阻抗低,激励信号不易失真,同时频率稳定性好,频率的调节细度和分辨率也足够小,能很好地找到弦线的共振频率。

本仪器也可在其他合适的场合作为正弦波信号源使用。

2. 主要技术指标

(1)环境条件

使用温度范围:5~35℃,相对湿度范围:25%~85%。

(2)电源

交流 220V(1±10%),50Hz。

(3)频率

频率信号为正弦波,失真度≤1%。

频率范围:频段 I 为 15~100Hz,频段 II 为 100~1000Hz。

(4)频率显示

采用等精度测频，四位数字显示

测量范围：0~99.99Hz，分辨率：0.01Hz，测频精度：±0.01(1+0.2%)Hz；

测量范围：100.0~999.9Hz，分辨率：0.1Hz，测频精度：±0.1(1+0.2%)Hz；

测量范围：1000~9999Hz，分辨率：1Hz，测频精度：±1(1+0.2%)Hz。

（5）功率输出

输出幅度：0~10V（峰-峰值）连续可调，输出电流：≥0.5A。

3. 仪器结构

仪器的信号输出及调节均在前面板上进行，附图3.4-1为仪器的前面板图。

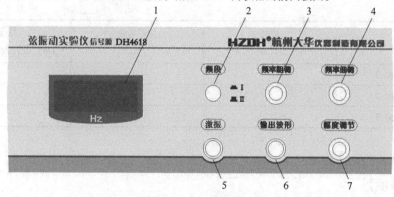

附图3.4-1　仪器前面板图

1—四位数显频率表　2—频段选择　3—频率粗调　4—频率细调
5—激励信号输出　6—激励信号波形　7—激励信号幅度调节

4. 仪器的使用

（1）打开信号源的电源开关，信号源通电。调节频率，频率表应有相应的频率指示。用示波器观察"波形"端，应有相应的正弦波；调节"幅度"旋钮，波形的幅度产生变化，当幅度调节至最大时，波形的峰-峰值应≥10V，这时仪器已基本正常，再通电预热10min左右，即可进行弦振动实验。

（2）按DH4618型弦振动研究实验仪的讲义说明，将驱动传感器的引线接至本仪器的"激振"端，注意连线的可靠性。

（3）仪器的频率"粗调"用于较大范围地改变频率，"细调"用于准确地寻找共振频率。由于弦线的共振频率的范围很小，故应细心调节，不可过快，以免错过相应的共振频率。

（4）当弦线振动幅度过大时，则应逆时针调节"幅度"旋钮，减小激振信号；振动幅度过小时，则应加大激振信号的幅度。

5. 注意事项

（1）仪器的"激振"输出为功率信号，应防止短路。

（2）仪器的频率稳定度和显示精度都较高，故使用前应预热。

实验五　液体黏度的测定

液体的黏度又称内摩擦系数，在工程技术和生产技术以及医学等方面，测定液体的黏度具有重大的意义。例如，研究水、石油等流体在长距离输送时的能量损耗，造船工业中研究减小运动物体在液体中的阻力，医学上通过测定血液的黏滞力可以得到有价值的诊断等，这些均与测定液体的黏度有关。测量液体黏度的方法有多种，本实验所用的落体法（又称斯托克斯法）是其中最基本的一种。在实验中，利用半导体激光传感器自动记录小球下落的时间，这有利于实验者了解现代光电传感器的测量技术。

【实验目的】

1. 观察液体的内摩擦现象。
2. 学会用落体法测量液体的黏度。
3. 学会用半导体激光传感器测量小球在液体中下落的时间。

【实验原理】

在稳定流动的液体中，由于各层液体的流速不同，互相接触的两层液体之间存在相互作用，慢的一层给快的一层以阻力，这一对力称为流体的内摩擦力或黏滞力。

实验证明，若以液层垂直的方向作为 x 轴方向，则相邻两个流层之间的内摩擦力 f 与所取流层的面积 S 及流层间速度的空间变化率 $\mathrm{d}v/\mathrm{d}x$ 的乘积成正比，即

$$f = \eta \frac{\mathrm{d}v}{\mathrm{d}x} S \tag{3.5-1}$$

式中，η 即为液体的黏度，它取决于液体的性质和温度。黏滞性随着温度升高而减小。如果液体是无限广延的，则液体的黏滞性较大，小球的半径很小，且在运动时不产生旋涡。根据斯托克斯定律，小球受到的黏滞力为

$$f = 6\pi\eta rv \tag{3.5-2}$$

式中，r 为小球半径；v 为小球运动的速度。设小球在无限广延的液体中下落，受到的黏滞力为 f，重力为 $\rho V g$，这里 V 为小球的体积，ρ 与 ρ_0 分别为小球和液体的密度，g 为重力加速度。小球开始下降时速度较小，相应的黏滞力也较小，小球做加速运动。随着速度的增加，黏滞力也在增加，最后球的重力、浮力及黏滞力这三种力达到平衡，小球做匀速运动，即

$$\rho V g - \rho_0 V g - 6\pi\eta rv = 0 \tag{3.5-3}$$

此时的速度称为收尾速度。小球的体积为

$$V = \frac{4}{3}\pi r^3 = \frac{1}{6}\pi d^3 \tag{3.5-4}$$

把式（3.5-4）代入式（3.5-3），得

$$\eta = \frac{(\rho - \rho_0)g d^2}{18v} \tag{3.5-5}$$

式中，v 为小球的收尾速度；d 为小球的直径。

由于式（3.5-1）只适合无限广延的液体，在本实验中，小球是在直径为 D 的装有液体的圆柱形量筒内运动，而不是无限广延的液体，考虑管壁对小球的影响，式（3.5-5）应修

正为

$$\eta = \frac{(\rho - \rho_0)gd^2}{18v_0\left(1 + K\dfrac{d}{D}\right)}$$ (3.5-6)

式中，v_0 为实验条件下的收尾速度；D 为量筒的内直径；K 为修正系数，一般取 2.4。收尾速度 v_0 可以通过测量玻璃量筒外两个标号线 A 和 B 之间的距离 s 以及小球经过 s 距离的时间得到，即 $v_0 = s/t$。

【实验仪器】

VM-1 型落球法黏度测定仪、数显游标卡尺（0～150mm）、数显千分尺（0～25mm）、钢尺、密度计、温度计、镊子。

VM-1 型落球法黏度测定仪：

1. 仪器外形示意图（见图 3.5-1）。

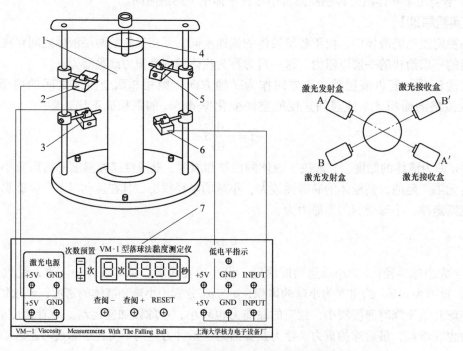

图 3.5-1　VM-1 型落球法黏度测定仪实验装置
1—盛液量桶　2—激光发射盒 A　3—激光发射盒 B　4—导向管　5—激光接收盒 A′
6—激光接收盒 B′　7—VM-1 落球法黏度测定仪（计数计时毫秒仪）

2. 测定仪采用单片机作为主件，由 3DU 光敏三极管和运算放大器组成光电传感器部件，即将光信号转化为电信号，经运算放大器比较后输出高电平或低电平，该输出的高低电平转换信号作为接入计时仪的输入，来启动计时仪开始计时或终止计时。

3. 使用方法。

（1）调节底盘水平：在实验架横梁上放重锤部件，调节底盘旋钮，使重锤对准底盘的中心圆点。

（2）连接实验架上、下两个激光发射部件（A 和 B）电源，可见其发出红色激光。调节上、下激光发射部件，激光束呈水平发射，激光对准重锤线。

注意：激光发射部件 A 上面应留有适当的高度，以保证小球的收尾速度为匀速。

（3）连接上、下接收部件（A′和 B′）的红线和黑线到测定仪面板右面的 +5V 和 GND 的接线柱上，暂不连接黄线（信号线）到 INPUT 接线柱。收回重锤线，调节上、下接收部件，使可见红色激光对准接收部件上的小孔，并使接收部件上的发光管不亮。然后，连接上、下接收部件上的黄线到测定仪面板的 INPUT 接线柱。

注意：收回重锤线后不得再调节激光发射部件。

（4）放盛液桶到实验架，可左右和前后调节盛液桶位置，使可见红色激光对准接收部件上的小孔，或使激光亮点位于接收小孔的垂直方向上，无水平方向的偏差。然后调节接收部件使发光管不亮。

（5）放上与小球相应的钢球导管，钢球导管插入蓖麻油 1～2mm 为佳，可适当增减蓖麻油。

（6）放小球于导向管，当小球下落经过 AA′时，将阻断激光束，接收端由高电平向低电平跳变，测定仪开始计时；小球下落经过 BB′时又将阻断激光束，接收端由高电平向低电平跳变，测定仪自动记录跳变次数并判别跳变次数是否达到设定的次数，一旦次数达到，即刻停止计时，这时数码管显示的时间即为小球下落 s 路程的时间，并保留到按 RESET 键前。

【实验内容】

1. 调节仪器，使玻璃量筒中心轴处于铅直。

2. 用游标卡尺测量量筒的内直径 D，用钢尺测量量筒上标线 A、B 之间的距离 s。

3. 用螺旋测微器测量小钢球的直径 d，共测 6 个钢球。

4. 接线及调节激光发射和接收部件进入测量状态。

5. 调节计时仪的次数预置，预置为 1 次。一旦计时仪开始计时，次数预置改变无效，必须按 RESET 键复位后才能改变预置次数。

6. 放小球于导向管，测量小球的下落时间，共测 6 个钢球。

注意：（1）要用镊子夹小钢球；（2）将小球放入导向管前，应先在所测的油中浸一下，以使其表面完全被油浸润。

7. 利用秒表测量小球的下落时间，共测 6 个钢球。

8. 记录液体密度 ρ_0 及室温 T。

9. 根据式（3.5-6），分别利用以上两种方法所测的时间，计算液体的黏度，给出实验结果 $\overline{\eta} = \overline{\eta} \pm U_\eta$。

【注意事项】

1. 钢球导管必须浸入蓖麻油液面以下 2mm 左右。

2. 正确连接激光发射部件和接收部件的连线，落球开始前请预置正确次数，调节拨码开关，在仅装上、下光电门时次数预置为 1。

3. 激光发射部件和接收部件上有一小孔，不要粘上油等杂物以免堵塞。

【思考题】

1. 式（3.5-6）在什么条件下才能成立？

2. 小球在黏滞液体中的下落时间为什么不能从液面开始计时，而是从距离液面一定的距离才开始计时？

3. 观察小球通过横刻线时，如何避免视差？

【附录】

VM-1 型落球法黏度测定仪（计时部分）

1. 量程和分辨率

被 测 次 数	量程/s	分辨率	备 注
1, 2, …, 9	0.01 ~ 99.99	0.01	自动记忆备查阅，激光电源

2. 相对不确定度

相对不确定度优于 0.01%。测定仪输入电压幅度在 0 ~ 5V，低电平吸收电流不大于 7mA。

3. 仪器外形

其外形如附图 3.5-1 所示。

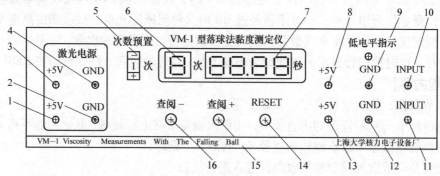

附图 3.5-1

1、3—激光电源 +5V　2、4—激光电源地　5—（光电门数 −1）预置　6—对应光电门数显示
7—计时显示　8、13—接收器电源 +5V　9、12—接收器电源地　10、11—输入（接收器输出）
14—复位键　15—（次数 −1）查阅计时键　16—（次数 +1）查阅计时键

4. 使用方法

（1）测定仪 INPUT 接线端由高电平向低电平跳变开始计时，在下一次 INPUT 接线端由高电平向低电平跳变，测定仪自动记录高低电平的跳变次数并判别跳变次数是否达到设定的次数，一旦次数达到即刻停止计时，数码管显示所计的时间。并保留到按 RESET 键前。

（2）按下计时仪的 RESET 键，复零计时数。测定仪的 INPUT 接线端若有上述的高低电平跳变，测定仪重复上述工作过程。

（3）VM-1 型落球法黏度测定仪的次数预置数是<u>小球经过的激光光电门数 −1</u>，如实验示意图中上、下共 2 对激光光电门，则次数预置数为 1 即可。本计时仪也可用于在本实验中安装 2 对以上的激光光电门，如 3，4，…，10 对，则对应的次数预置数为 2，3，…，9。一旦小球落下，且光电门顺利地工作，小球在经过最后一个光电门后自动停止计时并保留计时数。从通过第一个光电门开始，到到其他光电门的时间可按 查阅 − 或 查阅 + 键来查阅。其中 <u>0</u> 次数为开始计时的光电门，<u>1</u> 次数为<u>开始计时光电门的下面的第 1 个光电门</u>，显示的时间是从开始计时到该光电门的时间，<u>2</u> 次数为<u>开始计时光电门的下面的第 2 个光电门</u>，显示的时间是从开始计时到该光电门的时间，以此类推。

实验六　流体法测定液体的黏度

液体的黏度是描述液体内摩擦性质的重要物理量，它能够表征液体反抗形变的能力，只有在液体内存在相对运动的时候才会表现。测定液体的黏度通常使用落球法，这种方法适用于黏度较高的液体（例如蓖麻油），但是无法测量黏度较小的液体（例如水或者酒精）。本实验基于泊肃叶公式设计的液体黏度测量方法，可以测定水或者酒精等黏度较小的液体。

【实验目的】

1. 了解泊肃叶公式及其应用。
2. 了解黏度与雷诺数的科学原理。
3. 掌握液体黏度的测量及计算方法。
4. 了解水在不同温度下的黏度。

【实验原理】

1. 黏度与雷诺数的科学原理

黏滞力是流体受到剪应力变形或拉伸应力时所产生的阻力，是黏性液体内部的流动阻力。黏滞力主要来自分子间相互的吸引力。剪切黏度是两个板块之间流体的层流剪切。流体和移动边界之间的摩擦导致了流体剪切，描述该行为强度的量是流体的黏度。在一般的平行流动中，剪应力 τ 正比于速度 u 的梯度，如图 3.6-1 所示。

$$\tau = -\eta \frac{\partial u}{\partial y} \qquad (3.6\text{-}1)$$

式中，η 即为黏度。

式（3.6-1）假设流动是沿着平行线的层流状态，并且垂直于流动方向所在的 y 轴指向最大剪切速度。满足剪切应力–速度梯度线性关系方程的流体被称作"牛顿流体"。

雷诺数：表征流体流动特性的一个重要参量。雷诺数 Re 定义为液体流动时的惯性力 $\frac{\rho v^2}{L}$ 和黏性力 $\frac{\eta v}{L^2}$ 之比，其中，ρ 为液体密度；v 为液体流动速度；L 为液体特征长度；η 为黏度。对于直圆管内部，雷诺数可以表达为 $Re = \frac{\rho v d}{\eta}$，其中，$d$ 为圆管直径。通常认为 Re 在 2300 以下是层流状态，在其之上则处于紊流以及湍流状态。

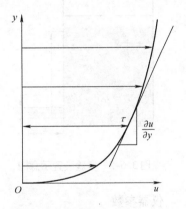

图 3.6-1　剪切黏度的示意图

2. 泊肃叶公式及其应用

泊肃叶公式：牛顿流体在圆管内处于层流状态，设 L 为管长，p 为圆管两端压强差，a 为圆管半径（见图 3.6-2），则管内的流量为

$$Q = \int_0^a 2\pi r v \mathrm{d}r = \frac{\pi p a^4}{8 \eta L} \qquad (3.6\text{-}2)$$

容器是圆柱体，处于大气压下（见图 3.6-2），且水位下降足够慢（准静态过程），使圆管中的水流保持层流状态，可以认为 $p = \rho g y$，此时射出的水流应呈抛物线状且平稳，则

有

$$Q = \frac{\pi \rho g y a^4}{8\eta L} = -A \frac{dy}{dt} \tag{3.6-3}$$

式中，$A = \pi R^2$ 是圆柱体容器的截面积。求解式（3.6-3）可以得到

$$y = y_0 \exp\left(-\frac{\rho g a^4}{8\eta L R^2}t\right) \tag{3.6-4}$$

对式（3.6-4）两边同时乘以容器的截面积 A，得

$$V = V_0 \exp\left(-\frac{\rho g a^4}{8\eta L R^2}t\right) \tag{3.6-5}$$

式中，V 为容器中液体的有效体积，即图 3.6-2 中 y 所对应的体积；V_0 为初始有效体积。

【实验仪器】

实验仪器的主机部分如图 3.6-3a 所示，具体名称如下：

①微拉力计；②紧固螺钉；③吊环；④固定支架；⑤带刻度尺蓄水筒；⑥毛细排水管；⑦排水口挡盖；⑧亚克力接水盘；⑨可调底脚；⑩储物盒；⑪调平用水泡；⑫镊子；⑬定标砝码及砝码盒；⑭TFIM - TC 适配器；⑮遥控器。

热学综合实验仪的电源控制箱部分（见图 3.6-3b）的具体介绍参见实验十一。

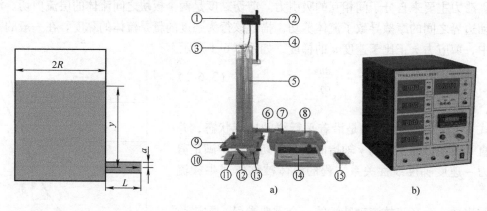

图 3.6-2　实验装置示意图　　　　　图 3.6-3　实验仪器

仪器参数

毛细管长度：150mm；毛细管内径：1.0mm；蓄水筒高度：50cm；蓄水筒内径：74mm；计时器范围：0.1 ~ 999.99s。

【实验内容】

1. 首先，用游标卡尺测量蓄水筒的内径，多测量几组数据取平均值，并填入表 3.6-1 中相应位置。

2. 将蓄水筒内加满纯净水，使液面高度达到 49cm 以上。

3. 将计时遥控器接入电源控制箱的计时遥控接口，打开控制箱上的电源开关，给实验装置供电。

4. 将实验主机下端排水口的挡盖取下，使蓄水筒内的水通过下端毛细管排出，待水流呈平抛线形状并稳定后，按动计时遥控器上的"开始"按钮，可见控制箱上电子秒表开始计时并显示。

5. 蓄水筒内的水位缓缓下降，当水位线与某一刻度线齐平时，迅速按下计时遥控器上的"记录"按钮，电源控制箱上的计时器会自动将数据记录并保存起来。

6. 当记录完 10 组以上数据时，按下计时遥控器上的"停止"按钮，停止计时，然后用排水口挡盖堵住排水口，停止实验。

7. 此时，可以通过按动电源控制箱上的"上翻"或者"下翻"按钮，查看实验所记录的数据，本实验装置最多可记录 15 组数据、五位数码管的显示内容，首位为数据的存储序号（代表记录的先后次序），后面四位显示的是每次按下"记录"按钮的时刻（有效数据）。将数据填入表 3.6-1 中相应位置。

表 3.6-1 实验数据记录表格

毛细管内径 $2a =$ ____mm　　　毛细管长度 $L =$ _____mm　　　蓄水筒内径 $2R =$ ____mm
待测液体种类：_____　　　液体温度 $T =$ _____℃

序号	液面高度 h/cm	液体有效体积 V/mL	时间 t/s
1			
2			
3			
4			
5			
6			
7			
8			
9			
10（A）			
11（B）			
12（C）			
13（D）			
14（E）			
15（F）			

液体在毛细管中的流速 $v =$ _____　　液体黏度 $\eta =$ _____　　液体雷诺数 $Re =$ _____

【数据处理】

1. 首先计算液体在毛细管中的流速。

（1）根据下面的公式计算出每个液面高度所对应的液体有效体积：

$$V_n = h_n \cdot \pi R^2$$

（2）在坐标轴上拟合出液体有效体积 V 与时间 t 的关系曲线 $V = V_0 \exp(-bt)$ 得到 b 值大小。

2. 将相关数据代入以下公式，计算待测液体的黏度 η 和雷诺数 Re。

（1）由式（3.6-5）可知

$$b = \frac{\rho g a^4}{8 \eta L R^2}$$

变换，得

$$\eta = \frac{\rho g a^4}{8 L R^2 b}$$

式中，ρ 为液体的密度；g 为当地的重力加速度；a 为毛细管半径；L 为毛细管长度；R 为蓄水筒内半径；b 之前已经由线性拟合得到。代入数值计算出液体的黏度 η。

（2）利用逐差法计算出液体的平均流量 $\overline{Q}$。

首先，由流量公式

$$Q_n = \frac{\Delta V}{\Delta t} = \frac{V_n - V_{n-1}}{t_n - t_{n-1}}$$

计算出各时刻的流量 Q_1，…，Q_{n-1}，再由公式

$$\overline{Q} = \frac{\sum Q_n}{n-1}$$

计算出平均流量 $\overline{Q}$；然后根据公式 $\overline{v} = \dfrac{\overline{Q}}{A}$，计算出液体在毛细管内的平均流速 $\overline{v}$。

最后，计算出雷诺数 $Re = \dfrac{\rho \overline{v} d}{\eta}$，式中，$\rho$ 为液体密度；$\overline{v}$ 为流速；d 为毛细管内径；η 为液体黏度。

【附录】

纯水在不同温度下的黏度

实验中的水温参考值可以查表得到，对于温度不是整数的情况，采用加权平均的方式得到参考值。例如：实际水温为 19.7℃，水在 19℃和 20℃时理论黏度分别为 $1.0299 \times 10^{-3} \mathrm{Pa \cdot s}$ 和 $1.0050 \times 10^{-3} \mathrm{Pa \cdot s}$，计算参考值是前者权重为 0.3，后者权重为 0.7，得到参考值为 $1.0125 \times 10^{-3} \mathrm{Pa \cdot s}$。

纯水在不同温度下的黏度

温度 T		黏度/Pa·s	温度 T		黏度/Pa·s
/℃	/K		/℃	/K	
0	273.16	1.7921×10^{-3}	9	282.16	1.3462×10^{-3}
1	274.16	1.7313×10^{-3}	10	283.16	1.3077×10^{-3}
2	275.16	1.6728×10^{-3}	11	284.16	1.2713×10^{-3}
3	276.16	1.6191×10^{-3}	12	285.16	1.2363×10^{-3}
4	277.16	1.5674×10^{-3}	13	286.16	1.2028×10^{-3}
5	278.16	1.5188×10^{-3}	14	287.16	1.1709×10^{-3}
6	279.16	1.4728×10^{-3}	15	288.16	1.1404×10^{-3}
7	280.16	1.4284×10^{-3}	16	289.16	1.1111×10^{-3}
8	281.16	1.3860×10^{-3}	17	290.16	1.0828×10^{-3}

（续）

温度 T		黏度/Pa·s	温度 T		黏度/Pa·s
/℃	/K		/℃	/K	
18	291.16	1.0559×10^{-3}	29	302.16	0.8180×10^{-3}
19	292.16	1.0299×10^{-3}	30	303.16	0.8007×10^{-3}
20	293.16	1.0050×10^{-3}	31	304.16	0.7840×10^{-3}
20.2	293.36	1.0000×10^{-3}	32	305.16	0.7679×10^{-3}
21	294.16	0.9810×10^{-3}	33	306.16	0.7523×10^{-3}
22	295.16	0.9579×10^{-3}	34	307.16	0.7371×10^{-3}
23	296.16	0.9358×10^{-3}	35	308.16	0.7225×10^{-3}
24	297.16	0.9142×10^{-3}	36	309.16	0.7085×10^{-3}
25	298.16	0.8937×10^{-3}	37	310.16	0.6947×10^{-3}
26	299.16	0.8737×10^{-3}	38	311.16	0.6814×10^{-3}
27	300.16	0.8545×10^{-3}	39	312.16	0.6685×10^{-3}
28	301.16	0.8360×10^{-3}	40	313.16	0.6560×10^{-3}

实验七 液体表面张力系数的测定

液体表面张力系数的测量是普通物理实验的基本项目之一，液体表面分子所处的条件与液体内部不同，液体内部每一分子被周围其他分子所包围，分子所受的合力为零。由于液体表面上方接触的是气体分子，其密度远小于液体分子密度，因此液面每一分子受到向外的引力比向内的引力要小得多，也就是说所受的合力不为零，力的方向垂直于液面并指向液体内部，该力使液体表面收缩，直至达到动态平衡。因此，从宏观上来看，液体表面好像一张拉紧的橡皮膜。这种沿着液体表面的、收缩表面的力称之为表面张力。表面张力能说明液体的许多现象，例如湿润现象、毛细管现象及泡沫的形成等。在工业生产和科学研究中常常要涉及液体特有的性质和现象。比如化工生产中液体的传输过程、药物制备过程及生物工程研究领域中关于动植物体内液体的运动与平衡等问题。因此，了解液体表面的性质和现象，掌握测定液体表面张力系数的方法是具有重要实际意义的。

测量方法一般有拉脱法、液滴法、拉平平板法及毛细管法，目前在教学实验中，通常采用的测定方法是拉脱法。本实验仪器是基于拉脱法测量液体表面张力系数的理论而开发的，仪器采用高精度拉力传感器作为测力模块，取消了传统拉脱法中通常采用的抬高吊环脱离液面，而是采用了平稳降低液面来使得吊环脱离液面。减少了抖动等误差的引入，使得测量结果更加精确。

【实验目的】

1. 了解拉脱法测量水的表面张力系数的实验原理。

2. 观察拉脱法测液体表面张力的物理过程和物理现象，并用物理学基本概念和定律进行分析和研究，加深对物理规律的认识。

3. 掌握拉力传感器数据定标的方法。

4. 了解纯水在不同温度下的表面张力系数。

【实验仪器】

实验仪器的主机部分如图 3.7-1a 所示，具体名称如下：

①微拉力计；②紧固螺钉；③吊环；④固定支架；⑤带刻度尺蓄水筒；⑥毛细排水管；⑦排水口挡盖；⑧亚克力接水盘；⑨可调底脚；⑩储物盒；⑪调平用水泡；⑫镊子；⑬定标砝码及砝码盒；⑭TFIM-TC 适配器；⑮遥控器。

其中，吊环的放大图如图 3.7-1b 所示。

热学综合实验仪的电源控制箱部分（见图 3.7-1c）的具体介绍参见实验十一。

吊环的水平调节（见图 3.7-2）

（1）将微拉力计安装在主机固定支架上，旋紧紧固螺钉；

（2）将吊环平放在桌面上，并将砝码托盘放置在吊环上；

（3）用镊子将调平用水泡轻轻放置在砝码托盘中央，观察此时调平水泡的位置；

（4）将放置好的吊环挂在主机固定支架的紧固螺钉上并观察此时水泡的位置，通过调节 3 个水平调节旋钮对吊环进行水平调节，使水泡中心位于正中心圆环内；

（5）由于主机固定支架严格平行于蓄水筒中心轴线，所以此时调平后的吊环与蓄水筒内的水面相平行。

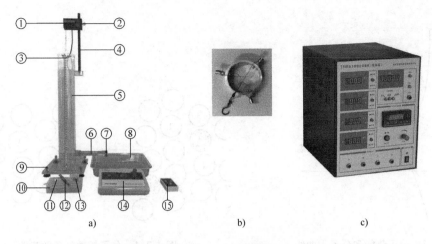

图 3.7-1　实验仪器

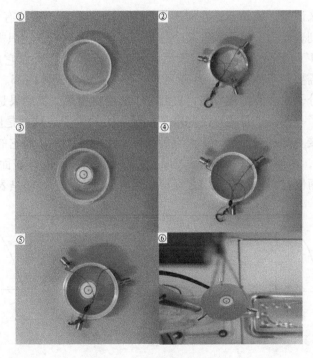

图 3.7-2　吊环的水平调节

【实验原理】

1. 计算表面张力系数

假设液体表面附近分子的密度和内部一样，它们的间距大体上在势能曲线的最低点，即相互处在平衡的位置上。由图 3.7-3 可以看出，分子间的距离从平衡位置拉开时，分子间的吸引力先增大后减小，这里只涉及吸引力加大的一段，如图 3.7-4 所示，设想内部某个分子 A 欲向表面迁徙，它必须排开分子 1、2，并克服两侧分子 3、4 和后面分子 5 对它的吸引力。

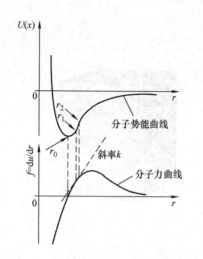

图 3.7-3　分子势能和分子力曲线

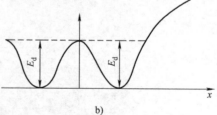

图 3.7-4　分子扩散的等效势能

用势能的概念来说明，就是它处在图 3.7-5a 所示的势阱中，需要有大小为 E_d 的激活能才能越过势垒，跑到表面去。然而表面某个分子 B 要想挤入内部，它只需排开分子 1′、2′ 和克服两侧分子 3′、4′ 的吸引力即可，因为后面没有分子拉它。所以它所处的势阱（见图 3.7-5b）较浅，只需要较小的激活能 E_d 就可越过势垒，潜入液体内部。这样，由于表面分子向内扩散比内部分子向表面扩散容易，表面分子会变得稀疏，其后果是它们之间的距离从平衡位置稍微拉开了一些，于是相互之间产生的吸引力加大了，这就是图 3.7-5b 所示的情况。此时分子 B 所要克服的分子 3′、4′ 对它的吸引力比刚才大，从而它的势阱也变深了，直到 E'_d 和 E_d 一样时，内外扩散达到平衡。所以在平衡状态下，液体表面层内的分子略微稀疏，分子间距比平衡位置稍大，在它们之间存在切向的吸引力，这便是表面张力的由来。

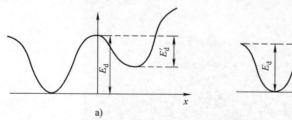

图 3.7-5　分子所处势阱示意图

在上述分析中未考虑液面外是否有气体。如果有，则在分子 B 背后会有气体分子拉它，这显然会使上述差距减小，从而减小表面张力。事实也确实如此。如果液面外指示它的饱和蒸汽，当温度逐步上升到临界点时，饱和蒸汽的密度增大到与液态的密度相等，液面两侧的不对称性消失，表面张力也就消失了。

设想在液面上作一长为 L 的线段，则表面张力的作用就表现在线段两边的液体以一定的力 F 相互作用，且作用力方向与 L 垂直，其大小与线段的长度成正比。即 $F=\alpha L$，式中 α 为液体表面张力系数，即作用于液面单位长度上的表面张力。

若将一个圆形薄铝环（前面提到的吊环）浸入被测液体内，然后慢慢地将它从液面中

拉出，可看到铝环带出一层液膜，如图 3.7-6 所示。设铝环的外
径为 d_1，内径为 d_2，拉起液膜将要破裂时的拉力为 F，液膜的
高度为 h。因为拉出的液膜有内、外两个表面，而且其中间有一
层液膜，液膜的厚度为铝环的壁厚，即 $(d_1 - d_2)/2$。这层液膜
有其自身的重量，所受重力为 $G = mg$，由

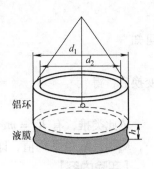

$$m = \rho \cdot V = \rho \cdot S \cdot h = \rho h \pi \frac{d_1^2 - d_2^2}{4}$$

可得

图 3.7-6　铝环拉脱液面
瞬间示意图

$$G = \frac{\rho g h \pi (d_1^2 - d_2^2)}{4}$$

式中，ρ 为液体密度；g 为当地重力加速度；d_1 为铝环外径；d_2 为铝环内径（由于铝环的壁
厚很小，所以这一项一般忽略不计），所受表面张力 $f = \alpha(d_1 + d_2)\pi$，故有拉力

$$F = f + Mg$$

式中，Mg 为铝环自重；f 为被测液体表面张力；F 为拉力。将 $f = \alpha(d_1 + d_2)\pi$ 代入上式，
有

$$F = \alpha(d_1 + d_2)\pi + Mg$$

变换，得

$$\alpha = \frac{F - Mg}{\pi(d_1 + d_2)}$$

因此，只要测定出拉力 F、铝环自重 Mg、铝环的外径 d_1 和内径 d_2，便可以计算出被测
液体的表面张力系数 α。

2. 拉力计定标原理

由于液体表面张力很小，因此本实验仪器中使用了灵敏度很高的微拉力计。本实验仪器
中的拉力计在不同拉力的作用下会输出成线性变化的电压值。因此，在实验过程中需要将所
测得的电压值进行换算，转换成我们所需要的拉力值。

假设拉力计在未受到拉力作用时输出的电压值为零，此时在拉力计上挂一个重力为 G
的铝环，则对于拉力计的输出电压 U，有

$$G = KU$$

其中，K 为拉力计的灵敏度；G 为悬挂物体的重力。

假设拉力计的线性度较好，即灵敏度 K 值为恒定的，则拉力计输出电压

$$U_x = G_x / K$$

其中，K 为拉力计灵敏度；G_x 为所挂重物的重力。将上式变换，得

$$G_x = KU_x$$

因此，只需知道拉力计输出电压与拉力计灵敏度 K 即可以计算出拉力计所受的拉力值。

U_x 可以通过仪器上的电压表头直接读出，拉力计的灵敏度 K，则可以通过逐次增加已知
重量的标准砝码来测算。初始状态，记录下悬挂铝环时拉力计的输出电压 U_0。然后增加质
量为 m 的砝码，记录下拉力计的输出电压 U_1。逐次增加砝码，并记录下拉力计的输出电压
U_2，U_3，…，U_{n-1}，U_n。

根据公式

$$U_x = G_x/K$$

可知

$$U_1 = mg/K_1 + U_0$$

变换后，得

$$K_1 = mg/（U_1 - U_0）$$

依此类推，有 $K_n = mg/(U_n - U_{n-1})$，其中 g 为当地重力加速度。然后计算 K_1，K_2，$\cdots$，K_{n-1}，K_n 的平均值，即为拉力计的灵敏度 K，这就是逐差法计算拉力计灵敏度的原理。

【实验内容】

1. 拉力计灵敏度测算

（1）将微拉力计安装在主机的固定支架上，旋紧紧固螺钉，然后将拉力计的电压输出接口接至 TFIM-TC 适配器相应的接口上，再将 TFIM－TC 适配器接至 TFIM 控制箱 D 号表头的输入端接口（D 号表头推推开关切换至"电压值"档）。

（2）将放置有砝码托盘的吊环悬挂在主机支架的紧固螺钉上，保持拉力计处于零拉力状态，打开控制箱电源、TFIM-TC 适配器电源开关，然后将"拉力保持/实时显示"开关打到"实时显示"。

（3）将铝环从挂钩上取下，使铝环自由悬挂在拉力计上，记录下此时的读数 U_0 填入表 3.7-1 中相应位置。

（4）用镊子将与实验仪器配套的标准砝码依次放在铝环上，每次放上砝码之后都需等待系统处于相对静止且输出电压值稳定后再读数。将拉力计读数和增加的砝码重量填入表 3.7-1 相应位置。

注：若放置砝码过程中出现表头溢出的情况，可适当减少放置砝码数量。

（5）根据所测数据，利用逐差法计算出拉力计的灵敏度 K。

（6）测试完毕后，将砝码取下并放回收纳盒中。

表 3.7-1　拉力计灵敏度测算实验数据记录

序号	$U_0 =$ _____ mV		
	拉力计输出电压 U_n/mV	增加的砝码质量 m_n/mg	灵敏度 K_n
1			
2			
3			
4			
5			
6			
7			
8			
9			
10			
平均灵敏度 $K =$ _____			

2. 水的表面张力系数测定

（1）按照前面介绍的步骤搭建好实验仪器，往蓄水筒中倒入蒸馏水（液面高度要求高于45cm，一般以47~49cm为宜）。

（2）用游标卡尺分别测出铝环的内径和外径，多测量几次取平均值填入表3.7-2相应位置。

（3）调节铝环外侧三个水平调节旋钮，使铝环的下表面与液面平行，此步骤需要耐心细致地调节，以尽量避免由于铝环与液面不平行而导致的测量误差（详细操作参照"实验仪器"中介绍的方法）。

（4）稍微松开拉力计紧固螺钉，调节拉力计高度，使铝环的约1/2浸入液面中。

注：严禁吊环上的3个调平螺钉接触液面，以免脱开水面时粘连水珠并对实验结果造成影响，进而影响最终实验精度。

（5）用温度计测量出水槽中的水温 T 并填入表3.7-2中相应位置。

（6）打开水槽上的排水阀门使蒸馏水缓慢排出，当输出电压的表头数值发生变化时，将"拉力保持/实时显示"开关打到"拉力保持"。

（7）仔细观察铝环在液面中的位置，可以观察到当铝环将要脱离液面时，会带起一层较为明显的液膜。

（8）当铝环脱离液面拉断液膜时，记下拉力计的输出示数，将其填入表3.7-2相应位置，并关闭排水阀门。之后将适配器打到"实时显示"档，相当于清零之前的拉力保持数值。

（9）重复步骤（4）~（8），多测量几组数据填入表3.7-2中并进行数据计算。

（10）在铝环处于悬空状态时，按下清零开关并松开，记录下此时的铝环重力所对应的拉力计输出电压 U_0。

表 3.7-2　实验数据记录表格

液体温度：____℃　铝环内径：_____mm　铝环外径：_____mm　液体名称：_____					
序号	1	2	3	4	5
电压值/mV					
平均值					

【数据处理】

1. 拉力计灵敏度计算。

（1）根据下面的公式利用逐差法计算出 K_n：

$$K_n = \frac{m_n}{U_n - U_{n-1}}$$

（2）计算出平均灵敏度 K，公式如下：

$$K = \frac{\sum_{n=1}^{10} K_n}{n}$$

2. 计算纯水的表面张力系数及测量误差。

（1）根据公式

$$\alpha = \frac{F - Mg}{\pi(d_1 + d_2)}$$

将 $F = KU$ 和 $Mg = KU_0$ 代入上式，得

$$\alpha = \frac{K(U - U_0)}{\pi(d_1 + d_2)}$$

将数据代入上式，计算出 α。对所有测量数据计算出 α 并取平均值。

（2）根据误差公式 $\eta = \dfrac{\alpha - \alpha_0}{\alpha_0} \times 100\%$，计算出测量误差。可以在表 3.7-3 或图 3.7-7 中查得不同温度下纯水对应的张力系数值 α_0。

表 3.7-3　纯水在不同温度下的表面张力系数

$t/℃$	$\sigma/(10^{-3}\text{N}\cdot\text{m}^{-1})$	$t/℃$	$\sigma/(10^{-3}\text{N}\cdot\text{m}^{-1})$
0	75.64	21	72.59
5	74.92	22	72.44
10	74.22	23	72.28
11	74.07	24	72.13
12	73.93	25	71.97
13	73.78	26	71.82
14	73.64	27	71.66
15	73.49	28	71.50
16	73.34	29	71.35
17	73.19	30	71.18
18	73.05	35	70.38
19	72.90	40	69.56
20	72.75	45	68.74

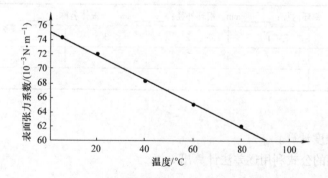

图 3.7-7　纯水表面张力系数随温度变化曲线

实验八 运动及动力学系列实验

Pasco 系统是 Pasco Scientific 公司（美国）开发的一套基于计算机的科学实验系统。它的主要优点是实验数据的采集和处理都是由计算机来完成的，这使得实验者进行实验时，在保证实验数据准确的前提下，可以很方便地获取实验数据，并可以以图表和表格等良好形式将实验数据输出。

本系列实验使用 Pasco 实验器材设计实验来验证牛顿第二定律、胡克定律、动量守恒定律等基本物理学定律。

【实验目的】

1. 验证一维系统下的牛顿第二定律，在轨道上对一个摩擦系数很小的小车施加外力。通过测量这个力和该力引起的加速度，验证定律。

2. 验证胡克定律，并通过弹簧的弹性势能与运动小车动能数值的比较，验证功能转化关系。

3. 研究两个小车发生弹性碰撞之前和之后的动量关系。

（一）牛顿第二定律

【实验原理】

牛顿第二定律的表达式为

$$\sum F = ma \tag{3.8-1}$$

合外力 F 作用于质量为 m 的物体上产生加速度 a。等式中合外力 F 和加速度 a 为矢量。由于限定在一维条件下进行实验，方向矢量可以取消，即

$$F = ma \tag{3.8-2}$$

进行该实验时，力 F 通过力传感器测量；加速度为速度的一阶导数，可以通过测量速度-时间曲线，并求斜率得到；质量 m 为系统的总质量。

【实验仪器】

Pasco 动力学小车系统、运动传感器、力传感器、Pasco 数据接口、计算机。

【实验内容】

1. 仪器的调节

（1）在轨道上固定滑轮及止挡装置，通过水平气泡确定轨道是否水平，由于轨道较长，选择三个不同的点调节水平。

（2）将力传感器固定于小车上，确定运动传感器的位置，通过绳子连接力传感器与砝码，连接传感器到 850 数据接口。此步骤应注意提前将力传感器清零，运动传感器选择为"cart"功能，即近距离测量。

（3）取 20g 小砝码 5 个，取黑色质量块 2 块，将黑色质量块放置在小车的槽内，此时将力传感器、装配的质量块，以及小车看作受力对象，将小砝码固定于绳子的另一端，通过依次增加砝码（挂重），对受力对象施加不同的力，砝码的重量从 20g 逐个增加至 100g，对应实验的次数为 5 次，如图 3.8-1 所示。

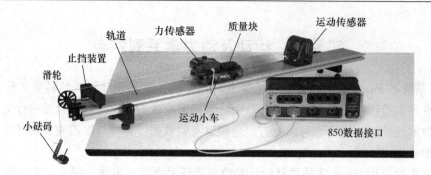

图 3.8-1　实验装置示意图

（4）减少小车上的黑色质量块（可放置 1 块或不放置），重复实验步骤（3）。

（5）步骤（3）、步骤（4）通过 Capstone 软件采集数据，此时将运动传感器的采样频率设置为 100Hz，选择软件右侧的图表功能，单击"记录"按钮，选择合适时机释放小车，小车撞倒止挡装置后结束记录，实验次数较多时，可以编辑每次记录的名称，以方便查阅数据。

（6）分别查阅速度-时间曲线、力-时间曲线，为保证一致性，应确保时间为同一段，可通过记录其中一条曲线的时间，以此对应确定另一条曲线的有效区间。

（7）在软件中查阅速度-时间曲线，进行直线拟合，其斜率即为加速度，对力-时间曲线在同一时间段取平均值，即为所受到的外力。

（8）将小车和力传感器作为整体称重，黑色质量块称重。

（9）作出两条曲线，计算斜率，并与步骤（8）中测量得到的质量大小进行比较，计算百分比。

2. 软件的操作使用

（1）打开速度曲线图形，在图形上方的工具栏，单击黑色三角图标选择需要处理的曲线。

（2）单击选择工具（图工具栏）并拖动选择框来选择运行的数据，数据要求是干净的初始加速部分（无毛刺）并且是线性的。记下所选择的时间范围。

（3）单击曲线拟合的黑色三角框，选择线性进行线性拟合。

（4）通过拟合曲线记录斜率，即为加速度值。精度保留两位小数，小数位的设置可通过曲线拟合的属性设置。

（5）在工具栏中选择显示统计结果，在下拉选项中选择平均值。同时改变其精度为 3 位。［改变精度，单击打开数据摘要（左屏幕），单击力，在出现的齿轮图标上单击，并选择 3 位固定的小数。因为是拉力传感器，故忽略负号。］尽管曲线毛刺很多，但用平均值所表示的力的大小仍具有相应的精度。记录力的大小。

3. 数据的记录与分析

分别在小车空载和加上 2 个质量块这两种情况下，在小车另一端分别加挂质量为 20g，40g，…，100g 的砝码时，利用运动传感器获得小车速度与时间的关系，通过 Pasco 软件求 v-t 曲线斜率，获得加速度，并记录在表 3.8-1 中，作拉力（F）-加速度（a）关系曲线并求斜率，获得小车质量实验值。利用电子秤测量小车和质量块的质量，计算两种情况的百分误差。

表 3.8-1　实验数据记录表

质量块（个数）	砝码 20g		砝码 40g		砝码 60g		砝码 80g		砝码 100g	
	F_1/N	$a_1/(m/s^2)$	F_2/N	$a_2/(m/s^2)$	F_3/N	$a_3/(m/s^2)$	F_4/N	$a_4/(m/s^2)$	F_5/N	$a_5/(m/s^2)$
2										
0										

【注意事项】

1. 注意小车的止挡装置，必要时可用手提前控制，避免直接撞击。
2. 运动传感器为超声反射式传感器，避免测量过程中间有其他障碍物。

【思考题】

1. 上述曲线是否满足牛顿第二定律？解释其中的不确定性。
2. 你的曲线是否与零点相交？解释其原因。
3. 请思考增大轨道倾角给实验带来的影响。

（二）胡 克 定 律

【实验原理】

胡克定律指出，在相同的张力情况下，两个弹簧储能相同。本实验通过力传感器来测量所施加的力，通过运动传感器来观测弹簧的拉伸与压缩，以此来计算弹簧的劲度系数。选用劲度系数确定的弹簧，通过能量转化关系，选择不同的位置释放小车，测量小车最终的动能，从而得到弹簧初始储能（即弹性势能）并与计算值比较。

当力作用于弹簧时，弹簧被拉伸或压缩的程度与所受的力呈线性关系，这种关系用方程表示就是胡克定律，即

$$F = -k\Delta x \tag{3.8-3}$$

式中，F 表示力；Δx 表示形变量；k 为弹簧的劲度系数。符号在弹簧被拉伸时为负，这也正是有外力拉升力传感器时，力传感器记录的数据为负的原因。

将弹簧系在小车上，测量小车的位置 X_1 和初始位置 X_0，即可间接测量 Δx，式（3.8-3）就被改写成如下形式：

$$F = +k(X_1 - X_0) = kX_1 - kX_0 \tag{3.8-4}$$

令

$$b = kX_0 \tag{3.8-5}$$

因为此时力传感器受到的是拉力，符号为负，因此式（3.8-4）右边的符号相应地改为正号，系数 k 和 b 分别为直线的斜率和截距，据此可将力与位置数据进行拟合，得到劲度系数 k 和斜率 b，再根据 b 值计算出初始位置。

弹簧存储的弹性势能由下式给出：

$$U_{弹簧} = \frac{1}{2}k\Delta x^2 \tag{3.8-6}$$

选取劲度系数 k 已知的弹簧，将小车从拉伸的位置（见图 3.8-2）释放，弹性势能转化为小车的动能。由能量转化关系知，当到达初始位置（见图 3.8-3）时，弹簧的弹性势能全部转化成小车的动能，动能由下式给出：

$$E_k = U_{弹簧} = \frac{1}{2}k\Delta x^2 = \frac{1}{2}mv^2 = \frac{1}{2}k(X_1 - X_0)^2 \tag{3.8-7}$$

图 3.8-2　拉伸状态

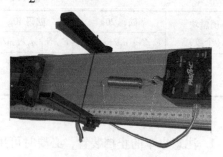

图 3.8-3　初始状态

k 与 X_0 由验证胡克定律时给出，选出 3 个不同位置释放小车，不同的位置对应不同的势能，通过测量经过 X_0 时的速度及小车的质量，即可计算出动能。可根据式（3.8-7）验证能量守恒定律。

【实验仪器】

Pasco 动力学小车系统、运动传感器、力传感器、Pasco 数据接口、弹簧组、计算机。

【实验内容】

1. 仪器操作

（1）调整轨道位置水平，可通过水平仪调节气泡至中间。力传感器接上挂钩，如图 3.8-2 中连接。

（2）注意轨道上要放置保护装置，将运动传感器置于轨道的另一端。

（3）通过 USB-Linker 连接传感器至计算机。

（4）选择弹簧进行实验。先拉伸弹簧，使小车与运动传感器的间距为 15cm，记为位置 X_1。保持数秒后释放，记录力对位置的变化。注意设置保险装置，不要让小车撞倒传感器，设置软件中实验记录的名称为"弹簧 1（位置 X_1）。"

（5）依次设置弹簧末端小车与运动传感器的间距为 30cm、45cm，并分别记录为位置 X_2、X_3。保持数秒后释放，记录力对位置的变化，设置软件中实验记录的名称为"弹簧 1（位置 X_2、X_3）"。

（6）另选一根弹簧重复步骤（4）~（5），记录相应的数据，并将实验记录的名称记为"弹簧 2（位置 X_1、X_2、X_3）"。

（7）可通过 zero 按钮对力传感器置零。

2. 软件操作（采样频率设置在 100Hz）

（1）在弹簧未拉伸且绳子放松状态测量初始位置 X_0，此时手应远离传感器，以免测到手的位置。

（2）单击"开始记录"按钮进行记录。

（3）将小车置于远离运动传感器 15cm 左右的 X_1 处，然后慢慢往回，直至初始位置后停止。据此可以得到线性的胡克定律的图像（F-x）。据此算出弹簧的劲度系数 k 及初始位置 X_0，将实验运行记录命名为"弹簧 1"。

（4）再次将小车拉至距运动传感器 15cm 的位置 X_1 处，单击"开始记录"按钮，保持小车几秒内不动，释放小车，当小车撞倒保险杆时停止记录。

（5）为了得到较为光滑的速度-时间曲线（v-t），需要注意运动传感器的角度，必要时可以多做几次。

（6）重命名此次运行记录为"弹簧1（位置 X_1）"。

（7）重复（4）~（6）的操作，依次使弹簧拉伸至距运动传感器30cm、45cm处，即位置 X_2、X_3 处。命名相应运行记录为"弹簧1（位置 X_2）""弹簧1（位置 X_3）"。

（8）选择另一根较硬的弹簧进行实验，重复（1）~（3），记录为"弹簧2"。

3. 数据分析处理

（1）分析劲度系数

1）单击三角形图标选择运行"弹簧1"，调整至合适大小，通过高亮显示删除数据，保留线性部分。

2）进行线性拟合，由前述式（3.8-4）、式（3.8-5）知，F-x 曲线的斜率即为劲度系数 k。

3）需要精确知道弹簧何时、何处首次处于既不拉伸也不压缩的状态，此时 $F=0$，通过坐标工具确定 X_0，拟合后通过计算得到的初始位置记为 X'_0。

4）关闭坐标工具和线性拟合，通过高亮功能保留曲线。

5）选择运行"弹簧1（位置 X_1）"，调整至合适大小，通过坐标工具找到想要的位置 X_1 的坐标，因为之前保持了几秒钟的静止时间，所以该点显著区别于其他点。依次找到 X_2 和 X_3（均通过坐标工具），填入表3.8-2。

表3.8-2 弹簧劲度系数

弹簧	初始位置 X_0/m	位置 X_1/m	位置 X_2/m	位置 X_3/m
1				
2				

（2）分析能量

1）选择运行"弹簧1（位置 X_1）"。

2）高亮选择 V-t 图像的第一个峰，调整至合适大小。

3）选择速度接近为常数的区域。

4）单击黑色三角形的统计图标选择的均值。单击统计图标和的平均值，将数值输入 V_1 对应表格。

5）同样方法处理运行"弹簧1（位置 X_2）"和"弹簧1（位置 X_3）"，记录 V_2、V_3；并将表3.8-2中的 X_1、X_2、X_3 写在表3.8-3中。

6）输入小车的质量和弹簧的质量到相应表格。

表3.8-3 能量分析数据记录表格

X_0/m	k/(N/m)	X_1/m	X_2/m	X_3/m	V_1/(m/s)	V_2/(m/s)	V_3/(m/s)	$M_车$/kg	$m_{弹簧}$/kg

7）将弹簧的劲度系数和初始势能与最终动能填入表3.8-4，并进行比较。

表 3.8-4　劲度系数与能量

E_{k1}/J	U_1/J	E_{k2}/J	U_2/J	E_{k3}/J	U_3/J

【注意事项】

1. 不要硬拉弹簧。

2. 运动传感器为超声反射式传感器，避免测量过程中间有其他障碍物。

【思考题】

1. 弹簧是否遵循胡克定律？给出解释。

2. 具有更大劲度系数的弹簧在受力时会表现出什么更明显的物理特性？

3. 考虑到势能 U 和动能 E_k 的不确定性，在大多数情况下 E_k 值是比相应的 U 值小的，为什么会出现这种情况？

（三）动量守恒

【实验原理】

一个物体的动量等于它的质量与速度的乘积。碰撞中动量是守恒的。根据动量守恒定律，碰撞（或其他相互作用）前一个系统中的动量之和等于碰撞后这个系统中的动量之和：

$$m_1 v_1 + m_2 v_2 = m_1 v_1' + m_2 v_2'$$

如果忽略外力（如摩擦力），碰撞前两个小车的动量之和与碰撞后这两个小车的动量之和应该相等。

【实验仪器】

Pasco 动力学小车系统、运动传感器、计算机。

【实验内容】

1. 调整轨道位置水平，可通过放置动力学小车至不动来调节。

2. 使用两个运动传感器，通过 USB-Linker 连接至计算机，使运动传感器处于工作状态。

3. 单击"开始记录"按钮，在下面三种情况下记录 v-t 曲线。

情况 1：把一个小车静止地放在导轨的中央。给另一小车一个初速度，速度方向朝静止的小车。

情况 2：把每个小车分别放在导轨的末端。给每个小车朝着对方大约相同的速度。

情况 3：把两个小车放在导轨的同一端，给第一个小车较小的速度，给第二个小车较大的速度，这样第二个小车可以赶上第一个小车。

4. 把两块砝码放在其中的一个小车上，这样这个小车的质量 $3M$ 为另一个小车质量 M 的 3 倍。单击"开始记录"按钮，计算机开始记录数据。在下面三种情况下，作出 v-t 图。

情况 1：把质量为 $3M$ 的小车静止地放在导轨的中央。给质量为 M 的小车一个初速度，速度方向朝静止的小车。

情况 2：把每个小车分别放在导轨的末端。给每个小车朝着对方大约相同的速度。

情况 3：把两个小车放在导轨的同一端，给第一个小车较小的速度，给第二个小车较大的速度，这样第二个小车可以赶上第一个小车。对两辆小车都要这样做：开始给质量为 M

的小车较小的速度，然后给质量为 $3M$ 的小车较大的速度。

5. 在每一个 v-t 图中，记下碰撞前一刻和碰撞后一刻的速度，用公式

$$m_1 \boldsymbol{v}_1 + m_2 \boldsymbol{v}_2 = m_1 \boldsymbol{v}_1' + m_2 \boldsymbol{v}_2'$$

验证动量是否守恒。

	$v_1/$ (m/s)	$v_2/$ (m/s)	$v_1'/$ (m/s)	$v_2'/$ (m/s)
情况 1				
情况 2				
情况 3				

【注意事项】

注意控制小车的速度，以免冲出轨道，造成损坏。

【思考题】

若两个小车具有相同的质量和速度，它们碰撞时都反弹回去，则两小车的总的末动量是多少？

实验九　用玻尔共振仪研究受迫振动

在机械制造和建筑工程等科技领域中，受迫振动所导致的共振现象引起了工程技术人员的极大注意。它既可产生破坏作用，同时也有许多应用价值。例如，众多的电声器件，就是运用共振原理设计制造的。此外，在微观科学研究中，"共振"也是一种重要的研究手段，如利用核磁共振和顺磁共振研究物质结构等。

共振性质是由受迫共振的振幅——频率特性和相位——频率特性（简称幅频和相频特性）表征的。

本实验中，采用玻尔共振仪定量测定机械受迫振动的幅频和相频特性，并利用频闪方法来测定动态的物理量——相位差。

【实验目的】

1. 研究玻尔共振仪中弹性摆轮受迫振动的幅频和相频特性。
2. 研究不同阻尼力矩对受迫振动的影响，观察共振现象。
3. 学习用频闪法测定运动物体的某些物理量，如相位差。

【实验原理】

物体在周期性外力的持续作用下发生的振动称为受迫振动，这种周期性的外力称为强迫力。如果外力是按简谐振动规律变化，那么稳定状态时的受迫振动也是简谐振动，此时，振幅保持恒定，振幅的大小与强迫力的频率、原振动系统无阻尼时的固有振动频率及阻尼系数有关。在受迫振动状态下，系统除了受到强迫力的作用外，同时还受到回复力和阻尼力的作用。所以，在稳定状态下，物体的位移、速度变化与强迫力变化不是同相位的，存在相位差。当强迫力频率与系统的固有频率相同时产生共振，此时振幅最大，相位差为90°。

实验采用摆轮在弹性力矩作用下自由摆动，在电磁阻尼力矩作用下做受迫振动来研究受迫振动的特性，可直观地显示机械振动中的一些物理现象。

实验所采用的玻尔共振仪的外形结构如图 3.9-3 所示。当摆轮受到周期性强迫外力矩 $M = M_0\cos\omega t$ 的作用，并在有空气阻尼的介质中运动时 $\left(\text{阻尼力矩为} -b\dfrac{\mathrm{d}\theta}{\mathrm{d}t}\right)$，其运动方程为

$$J\frac{\mathrm{d}^2\theta}{\mathrm{d}t^2} = -k\theta - b\frac{\mathrm{d}\theta}{\mathrm{d}t} + M_0\cos\omega t \tag{3.9-1}$$

式中，J 为摆轮的转动惯量；$-k\theta$ 为弹性力矩；M_0 为强迫力矩的幅值；ω 为强迫力的圆频率。

令 $\omega_0^2 = \dfrac{k}{J}$，$2\beta = \dfrac{b}{J}$，$m = \dfrac{M_0}{J}$，则式（3.9-1）变为

$$\frac{\mathrm{d}^2\theta}{\mathrm{d}t^2} + 2\beta\frac{\mathrm{d}\theta}{\mathrm{d}t} + \omega_0^2\theta = m\cos\omega t \tag{3.9-2}$$

式中，β 为阻尼系数；ω_0 为系统的固有频率。当 $m\cos\omega t = 0$ 时，式（3.9-2）即为阻尼振动

方程；当 $\beta = 0$，即在无阻尼情况时，式（3.9-2）变为简谐振动方程。

式（3.9-2）的通解为

$$\theta = \theta_1 e^{-\beta t} \cos(\omega_0 t + \alpha) + \theta_2 \cos(\omega t + \varphi) \tag{3.9-3}$$

由式（3.9-3）可见，受迫振动可分为两部分：

第一部分，$\theta_1 e^{-\beta t} \cos(\omega_0 t + \alpha)$ 表示阻尼振动，经过一定时间后衰减消失。

第二部分，说明强迫力矩对摆轮做功，向振动体传递能量，最后达到一个稳定的振动状态，其振幅为

$$\theta_2 = \frac{m}{\sqrt{(\omega_0^2 - \omega^2)^2 + 4\beta^2 \omega^2}} \tag{3.9-4}$$

它与强迫力矩之间的相位差 φ 为

$$\varphi = \arctan \frac{2\beta\omega}{\omega_0^2 - \omega^2} = \arctan \frac{\beta T_0^2 T}{\pi(T^2 - T_0^2)} \tag{3.9-5}$$

由式（3.9-4）和式（3.9-5）可看出，振幅 θ_2 与相位差 φ 的数值取决于强迫力矩 m、频率 ω、固有频率 ω_0 和阻尼系数 β 四个因素，而与振动起始状态无关。

由极值条件 $\frac{\partial}{\partial \omega}[(\omega_0^2 - \omega^2)^2 + 4\beta^2 \omega^2] = 0$ 可得出，当受迫力的圆频率 $\omega = \sqrt{\omega_0^2 - 2\beta^2}$ 时产生共振，θ 有极大值。若共振时的圆频率和振幅分别用 ω_r 和 θ_r 表示，则

$$\omega_r = \sqrt{\omega_0^2 - 2\beta^2} \tag{3.9-6}$$

$$\theta_r = \frac{m}{2\beta\sqrt{\omega_0^2 - 2\beta^2}} \tag{3.9-7}$$

式（3.9-6）和式（3.9-7）表示，阻尼系数 β 越小，共振时圆频率越接近于系统固有频率，振幅也越大。

以 $x = \frac{\omega}{\omega_0}$ 为自变量，式（3.9-4）化为

$$\theta_2 = \frac{m}{\omega_0^2 \sqrt{(1 - x^2)^2 + 4\frac{\beta^2}{\omega_0^2} x^2}} \tag{3.9-8}$$

式（3.9-5）化为

$$\varphi = \arctan \frac{2\frac{\beta}{\omega_0} x}{1 - x^2} \tag{3.9-9}$$

式（3.9-6）化为

$$\omega_r = \sqrt{1 - 2\frac{\beta^2}{\omega_0^2}} \tag{3.9-10}$$

因此，当 $\beta^2 \ll \omega_0^2$ 时，不同阻尼系数对应的幅频特性曲线都在 $x = \frac{\omega}{\omega_0} \approx 1$ 时取极值，如图 3.9-1所示；而相频特性曲线应相交于 $(1, \frac{\pi}{2})$，如图 3.9-2 所示。

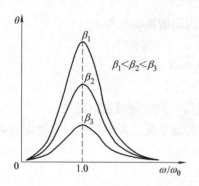

图 3.9-1 受迫振动的幅频特性

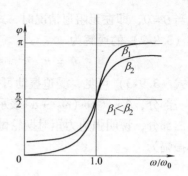

图 3.9-2 受迫振动的相频特性

【实验仪器】

BG-2 型玻尔共振仪由振动仪与电器控制箱两部分组成。振动仪部分如图 3.9-3 所示。铜质圆形摆轮 A 安装在机架上，弹簧 B 的一端与摆轮的轴相连，另一端可固定在机架支柱上，在弹簧弹性力的作用下，摆轮可绕轴自由往复摆动。在摆轮的外围有一卷槽缺口，其中一个长凹槽 C 比短凹槽 D 长出许多。在机架上对准长缺口处有一个光电门 H，它与电气控制箱相连接，用来测量摆轮的振幅（角度值）和摆轮的振动周期。在机架下方有一对带有铁心的线圈 K，摆轮 A 恰巧嵌在铁心的空隙中。利用电磁感应原理，当线圈中通过直流电流后，摆轮受到一个电磁阻尼力的作用，改变电流的数值即可使阻尼大小相应变化。为使摆轮做受迫振动，在电动机轴上装有偏心轮，通过连杆机构 E 带动摆轮 A。在电机轴上装有带刻线的有机玻璃转盘 F，它随电机轴一起转动，由它可以从角度读数盘 G 读出位相差 φ。调节控制箱上的十圈电机转速调节旋钮，可以精确改变加于电机上的电压，使电机的转速在实验范围（30～45r/min）内连续可调，由于电路中采用特殊稳速装置，电动机采用惯性很小的带有测速发电机的特种电机，所以转速极为稳定。电机的有机玻璃转盘 F 上装有两个挡光片。在角度读数盘 G 中央上方 90°处也装有光电门（强迫力矩信号），并与控制箱相连，以测量强迫力矩的周期。

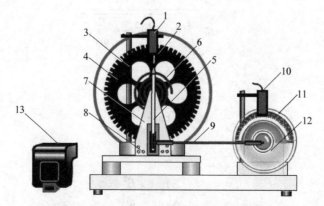

图 3.9-3 BG-2 型玻尔共振仪的振动仪部分

1—光电门 H   2—长凹槽 C   3—短凹槽 D   4—铜质摆轮 A   5—摇杆 M

6—蜗卷弹簧 B   7—支撑架   8—阻尼线圈 K   9—连杆 E   10—光电门 I

11—角度盘 G   12—有机玻璃转盘 F   13—闪光灯

受迫振动时摆轮与外力矩的相位差 φ 利用小型闪光灯来测量。闪光灯受摆轮信号光电门 H 控制，每当摆轮上的长凹槽 C 通过平衡位置时，光电门 H 便接受光，引起闪光。在稳定情况下，在闪光灯照射下可以看到有机玻璃转盘 F 上的指针好像一直"停在"某一刻度处，这一现象称为频闪现象，所以此数值可方便地直接读出，误差不大于 2°。

摆轮振幅是利用光电门 H 测出摆轮 A 外圈上凹型缺口个数，并由数显装置直接显示出此值，精度为 2°。

玻尔共振仪的电气控制箱部分的前面板和后面板分别如图 3.9-4 和图 3.9-5 所示。

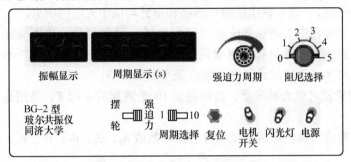

图 3.9-4　BG-2 型玻尔共振仪的电气控制箱的前面板

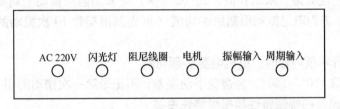

图 3.9-5　BG-2 型玻尔共振仪的电气控制箱的后面板

控制箱前面板的"振幅显示"窗上的三位数字显示摆轮的振幅。"周期显示"窗上的 5 位数字显示时间，计时精度为 10^{-3} s。利用面板上"摆轮，强迫力"和"周期选择"开关，可分别测量摆轮强迫力矩（即电机）的单次和 10 次周期所需时间。"复位"按钮仅在 10 个周期时起作用，测单次周期时会自动复位。

"强迫力周期"旋钮系带有刻度的十圈电位器，调节此旋钮时可以精确改变电机转速，即改变强迫力矩的周期。刻度仅供实验时做参考，以便大致确定强迫力矩周期值在多圈电位器上的相应位置。

"阻尼选择"开关可以改变通过阻尼线圈内直流电流的大小，达到改变摆轮系统的阻尼系数。选择开关分为 6 档，"0"档阻尼电流为零；"1"档阻尼电流最小，约为 0.3A；"5"档阻尼电流最大，约为 0.6A。阻尼电流由 15V 稳压装置提供，实验时选用位置根据情况而定（可先选择在"2"处，若共振振幅太小可用"1"，切不可放在"0"处），振幅不大于 150。

"闪光灯"开关用来控制闪光，当按下按钮时，摆轮长凹槽通过平衡位置时便产生闪光，由于频闪现象，可从相位差读数盘上看到刻度线似乎静止不动的读数（实际上有机玻璃转盘 F 上的刻度线一直在匀速转动），从而读出相位差数值。为使闪光灯管不易损坏，采用按钮开关，仅在测量相位差时才按下按钮。

"电机开关"用来控制电机是否转动，在测定阻尼系数 β 和摆轮固有频率 ω_0 与振幅关系时，必须将电机关断。

电气控制箱与闪光灯和玻尔共振仪之间通过各种专用电缆相连接，可避免接线错误。

【实验内容】

1. 测定阻尼系数 β

（1）将"阻尼选择"开关拨向实验时的档位（通常选取"2"档或"3"档，并在测量过程中保持档位不变），调节铜质摆轮长凹槽和指针均位于光电门中央。

注意： 在实验过程中不能任意改变"阻尼选择"开关档位，也不能随意将整机电源切断，否则由于电磁铁现象将引起 β 值变化，只有在某一阻尼系数 β 的所有实验数据测试完毕，要改变 β 值时才允许拨动此开关，这点是至关重要的。

（2）拨动摆轮使之做衰减振动，连续测量 10 个周期的 θ 与 T，并用逐差法求出阻尼系数 β。

从振幅显示窗读出摆轮做阻尼振动时的振幅数值 θ_0，θ_1，θ_2，…，θ_n，利用公式

$$\ln \frac{\theta_0 \mathrm{e}^{-\beta t}}{\theta_0 \mathrm{e}^{-\beta(t+nT)}} = n\beta T = \ln \frac{\theta_0}{\theta_n} \qquad (3.9\text{-}8)$$

对所测数据按逐差法处理，求出 β 值。式（3.9-8）中 n 为阻尼振动的周期次数；θ_n 为第 n 次振动时的振幅；T 为阻尼振动周期的平均值（可先测出摆轮 10 次振动的周期值，然后取其平均）。

注意： ①进行本项内容时，电机电源必须切断。

②θ_0 通常选取 $130° \sim 150°$。为避免手动误差，不记录第一次摆动的相关数据。

2. 测定受迫振动的幅频特性和相频特性曲线

保持"阻尼选择"开关在原挡位不变，打开电机开关，使电机带动摆轮做受迫振动。待振动稳定时，记录振幅值 θ 和周期值 T，并利用频闪法测定受迫振动时摆轮角位移与强迫力矩间的相位差 φ（$\Delta\varphi$ 应控制在 $10°$ 左右）。改变电机的转速，即改变强迫力矩频率 ω，逐点测出 θ、T、φ，从而得到该阻尼条件下的幅频特性曲线（$\theta - \omega/\omega_r$）和相频特性曲线（$\varphi - \omega/\omega_r$）。

注意： ①在共振点附近由于曲线变化较大，因此测量数据要相对密集些。

②"强迫力周期"旋钮上的读数是一参考数值，建议在不同 ω 时都记下此值，以供在实验中快速寻找要重新测量的数据时参考。

3. 测定摆轮的振幅 θ 与固有周期 T_0 之间的关系

切断电机电源，调节阻尼为 0，使摆轮做自由摆动，对应实验步骤 2 中的各振幅数据，测定铜质摆轮的固有周期 T_0。

（注：虽然在理论上，弹簧的劲度系数 k 为常数，与扭转振幅无关，但在实际中，由于制造工艺及材料性能的影响，k 值随角度的改变而略有微小的变化，因而造成在不同振幅时系统的固有周期 T_0 略有变化。）

【思考题】

1. 受迫振动的振幅和相位差与哪些因素有关？

2. 实验中采用什么方法来改变阻尼力矩的大小？它利用了什么原理？

3. 实验中是怎样利用频闪原理来测定相位差的?

【附录】

实验数据记录表

附表 3.9-1 阻尼系数 β 的测量

阻尼开关位置_____

	振幅（°）		振幅（°）	$\ln\dfrac{\theta_i}{\theta_{i+5}}$
θ_0		θ_5		
θ_1		θ_6		
θ_2		θ_7		
θ_3		θ_8		
θ_4		θ_9		
平均值				

$10T =$ _____ ; $\overline{T} =$ _____

$\beta = \ln\dfrac{\theta_i}{\theta_{i+5}} \cdot \dfrac{1}{5\overline{T}} =$ _____

附表 3.9-2 幅频特性和相频特性

阻尼开关位置_____

振幅 θ （°）	强迫力矩周期 T/s	弹簧对应固有周期 T_0/s	相位差测量值 φ （°）	相位差计算值 $\varphi = \arctan\dfrac{\beta T_0^2 T}{\pi(T^2 - T_0^2)}$	$\dfrac{\omega}{\omega_0} = \dfrac{T_0}{T}$
$\vdots$	$\vdots$	$\vdots$	$\vdots$	$\vdots$	$\vdots$

附表 3.9-3 摆轮振幅与周期关系

振幅 θ （°）	固有周期 T_0/s	固有 ω_0/s^{-1}
$\vdots$	$\vdots$	$\vdots$

实验十 力学实验——桥梁振动研究实验

Pasco 系统在实验八中已有介绍，这里不再重复。

【实验目的】

1. 熟悉 Pasco 科学实验系统，学会相关软件的使用。
2. 学会使用 ME-7003 大结构单元搭建各种结构。
3. 理解作用力与反作用力。
4. 验证机械能守恒定律。
5. 通过负载单元测量框架结构各部分的受力情况并进行分析。
6. 观察桥梁振动情况并利用负载单元测量桥梁的共振频率。

【实验原理】

1. 静力学

静力学是研究物体平衡或力系平衡规律的力学分支。静力学一词是 P. 伐里农在 1725 年引入的。按照研究方法，静力学分为分析静力学和几何静力学。分析静力学研究任意质点系的平衡问题，给出质点系平衡的充分必要条件。几何静力学主要研究刚体的平衡规律，得出刚体平衡的充分必要条件，又称刚体静力学。几何静力学从静力学公理（包括二力平衡公理、增减平衡力系公理、力的平行四边形法则、作用和反作用定律、刚化公理）出发，通过推理得出平衡力系应满足的条件，即平衡条件；用数学方程表示，就构成平衡方程。静力学中关于力系简化和物体受力分析的结论，也可应用于动力学。借助达朗贝尔原理，可将动力学问题化为静力学问题的形式。静力学是材料力学和其他各种工程力学的基础，在土建工程和机械设计中有广泛的应用。

静力学是力学的一个分支，它主要研究物体在力的作用下处于平衡的规律，以及如何建立各种力系的平衡条件。

平衡是物体机械运动的特殊形式，严格地说，物体相对于惯性参考系处于静止或做匀速直线运动的状态，即加速度为零的状态都称为平衡。对于一般工程问题，平衡状态是以地球为参考系确定的。静力学还研究力系的简化和物体受力分析的基本方法。

静力学相关公理：

（1）力的平行四边形法则

作用在物体上同一点的两个力，可合成一个合力，合力的作用点仍在该点，其大小和方向通过以此两力为边构成的平行四边形的对角线确定，即合力等于分力的矢量和，如图 3.10-1 所示：

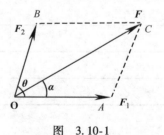

图 3.10-1

$$F = F_1 + F_2$$

此公理给出了力系简化的基本方法。

平行四边形法则既是力的合成法则，也是力的分解法则。

（2）二力平衡公理

作用在刚体上的两个力，使刚体平衡的必要和充分条件是：两个力的大小相等，方向相反，作用线沿同一直线。

此公理揭示了最简单的力系平衡条件。

只在两力作用下平衡的刚体称为二力体或二力构件。当构件为直杆时称为二力杆。

（3）加减平衡力系公理

在已知力系上加上或减去任意平衡力系，并不改变原力系对刚体的作用。

此公理是研究力系等效的重要依据。

由此公理可导出下列推理：

推理1　力的可传性　作用在刚体上某点的力，可沿其作用线移动，而不改变它对刚体的作用。由此可知，力对刚体的作用取决于：力的大小、方向和作用线。在此，力是有固定作用线的滑动矢量。

推理2　三力平衡汇交定理　当刚体受到同平面内不平行的三力作用而平衡时，三力的作用线必汇交于一点。

（4）牛顿第三定律

两物体间的相互作用力大小相等，方向相反，作用线沿同一直线。

此公理概括了物体间相互作用的关系，表明作用力与反作用力成对出现，并分别作用在不同的物体上。

（5）刚化公理

变形体在某一力系作用下处于平衡时，如将其刚化为刚体，其平衡状态保持不变。

此公理提供了将变形体看作刚体的条件。将平衡的绳索刚化为刚性杆，其平衡状态不变。

2. 机械共振

共振是指机械系统所受激励的频率与该系统的某个固有频率相接近时，系统振幅显著增大的现象。共振时，激励输入机械系统的能量最大，系统出现明显的振型，称为位移共振。此外，还有在不同频率下发生的速度共振和加速度共振。

在机械共振中，常见的激励有直接作用的交变力、支承或地基的振动与旋转件的不平衡惯性力等。共振时的激励频率称为共振频率，它近似等于机械系统的固有频率。对于单自由度系统，共振频率只有一个，当对单自由度线性系统做频率扫描激励试验时，其幅频响应图上会出现一个共振峰。对于多自由度线性系统，有多个共振频率，激励试验时会相应出现多个共振峰。对于非线性系统，共振区出现振幅跳跃现象，共振峰发生明显变形，并可能出现超谐波共振和次谐波共振。共振时激励输入系统的功同阻尼所耗散的功相平衡，共振峰的形状与阻尼密切相关。

在一般情况下共振是有害的，会引起机械和结构很大的变形和动应力，甚至造成破坏性事故，工程史上不乏实例。防共振的措施有：改进机械的结构或改变激励，使机械的固有频率避开激励频率；采用减振装置；机械起动或停车过程中快速通过共振区。另一方面，共振状态包含有机械系统的固有频率、最大响应、阻尼和振型等信息，在振动测试中常人为地再现共振状态，进行机械的振动试验和动态分析。此外，利用共振原理的振动机械，可用较小的功率完成某些工艺过程，如共振筛等。

3. 机械能守恒定律

在只有重力或弹力做功的物体系统内（或者不受其他外力的作用下），物体系统的动能和势能（包括重力势能和弹性势能）发生相互转化，但机械能的总能量保持不变。这个规律叫作机械能守恒定律。

【实验仪器】

Science Workshop Interface 850（传感器数据采集接口电路）、计算机、ME-7003 大结构单元、负载单元。

【实验内容】

1. 桥梁搭建

ME-7003 大结构单元是 Pasco 结构系统的一部分，它可以和其他的结构系统联合使用。通过大结构单元可以搭建各种形状的框架结构，同时实验者也可以把负载单元加入到框架结构中去，这样就可以测量任何一个地方的受力情况。

（1）组合梁的安装方法

所有梁和连接器件的连接方式都是一样的，需要使用附送的螺钉把梁和连接器件固定在一起，如图 3.10-2 所示。

图 3.10-2　梁和连接器的固定方法

（2）负载单元的添加

为了能够测量结构中任何一部分所受的拉力以及压力情况，可以在 Pasco 结构中单独添加负载单元以实现测量。替换方法是用两个短梁和一个负载单元替换一个较长的梁：

5 号梁 = 负载单元 + 两个 3 号梁；

4 号梁 = 负载单元 + 两个 2 号梁；

3 号梁 = 负载单元 + 两个 1 号梁。

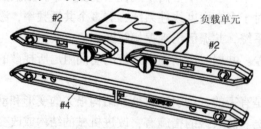

图 3.10-3　一个负载单元和两个 2 号梁的总长度与 4 号梁的长度相等

图 3.10-3 说明，连接时使用平头螺钉把两个梁连接在负载单元两端。使用负载单元进行测量时，要求进行结构组合时螺钉是松散的。这样可以简化分析过程，也可以保证实验对象只受到拉力和压力的作用，而没有其他力矩的引入。

（3）不同结构的静态负载测量

1）普通桥梁结构的静态负载测量

首先，按照图 3.10-4 所示结构，选用合适的组合梁搭建桥梁结构，同时把负载单元接入到桥梁结构中去，通过负载单元测量不同位置处的拉力或者压力。测量过程中可以通过挂钩悬挂不同的载重砝码来进行测量。测量时压力记为正值，拉力记为负值。最后，根据力的平衡原理对测量的几个力进行分析。

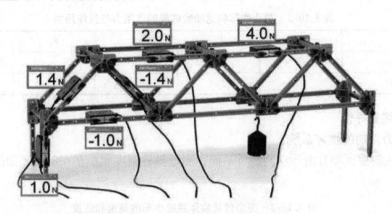

图 3.10-4　具有负载单元的桥梁结构

2）斜拉桥梁结构的静态负载测量

斜拉桥又称斜张桥，是将主梁用许多拉索直接拉在桥塔上的一种桥梁，是由承压的塔、受拉的索和承弯的梁体组合起来的一种结构体系，如图 3.10-5 所示。它可看作是拉索代替支墩的多跨弹性支承连续梁，可使梁体内弯矩减小，降低建筑高度，减轻结构重量，节省材料。斜拉桥由索塔、主梁、斜拉索组成。实验中可以利用负载单元测量任何一处结构的受力情况。

图 3.10-5　斜拉桥结构

2. 作用力与反作用力测量

（1）静止物体间的作用力与反作用力

将拉力传感器（1）固定在桥梁上，拉力传感器（2）轻微拉动传感器（1），记录拉力传感器（1）和（2）的数据到表 3.10-1，重复测量 6 次。

（2）运动物体间的作用力与反作用力

将拉力传感器（1）和（2）固定在小车上，并通过传感器把两个小车连接到一起，然后把小车放到桥梁轨道上，用一小车拉动另外一小车运动，记录拉力传感器（1）和（2）的数据到表 3.10-1，重复测量 6 次。

表 3.10-1　静止物体和运动物体间的作用力与反作用力

	F_1	F_2	...	F_1	F_2
静止物体					
运动物体					

3. 机械能量守恒

（1）重力做功的物体系统

将小车从斜桥顶端自由运动到斜桥平面，测量斜桥高度和小车在斜桥平面的速度，填入表 3.10-2。

表 3.10-2　重力做功物体系统小车的高度和速度

	H/m	$V/(m/s)$	...	H/m	$V/(m/s)$
重力做功					

（2）弹力做功的物体系统

在拱桥平面用弹簧将小车弹出，记录弹簧形变量和小车运动速度，填入表 3.10-3。

表 3.10-3　弹力做功物体系统弹簧形变量和小车速度

	X/m	$v/(m/s)$	...	X/m	$v/(m/s)$
弹力做功					

4. 桥梁振动实验

为了研究系杆拱桥的共振模式，可以先用锤子或者手敲击桥体，然后通过分析振动形式的傅里叶变换找出共振模式。之后可以用正弦形式的振动源驱动桥体，进而找出每一个共振频率。实验中利用 5 个负载单元作为传感器来检测桥体的振动形式。这些传感器沿着桥面逐次排开。对于任何一个共振态，单个负载单元可能会反应剧烈也可能会静止不动，这取决于震荡节点所处的位置。

振动源是由信号发生器驱动的起振器提供的，起振器通过橡皮筋和桥体连接在一起，这样它就可以在一个正弦运动周期中对桥体起到推拉作用。振动源的测量可以通过连接在桥体和橡皮筋之间的负载单元来完成。

首先，按照图 3.10-6 来搭建系杆拱桥，然后把 5 N 的负载单元连接在桥体上，并根据它们在桥体上的位置顺序分别连接到负载单元扩大器上。同时把 100N 的负载单元连接到扩大器插孔，并把扩大器连接到 850 接口上。把所有的负载单元置零，用锤子或者手敲击拱桥上方，观察所有负载单元的傅里叶变换图形，并找出每个负载单元处的共振频率。最后，打开由信号发生器驱动的起振器，观察在什么频率下桥梁产生共振，并记录下来。和前面的实验结果进行分析比较。

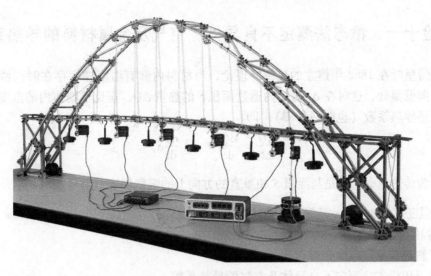

图 3.10-6　系杆拱桥的振动测量

【注意事项】

1. 实验过程中要保证仪器的成套性，不同实验台之间不得随意调换零器件。
2. 在使用负载单元时要注意它的量程。

实验十一 稳态法测定不良导体、空气及金属材料的导热系数

根据傅里叶在 1882 年建立的热传导理论，当材料内部有温度梯度存在时，就有热量从高温处传向低温处，这时在 Δt 时间内通过面积 S 的热量 ΔQ，正比于物体内的温度梯度，其比例系数是导热系数（也叫热导率），即

$$\frac{\Delta Q}{\Delta t} = \frac{\mathrm{d}Q}{\mathrm{d}t} = -\lambda \frac{\mathrm{d}T}{\mathrm{d}z}S \tag{3.11-1}$$

式中，$\frac{\mathrm{d}Q}{\mathrm{d}t}$ 为传热速率；$\frac{\mathrm{d}T}{\mathrm{d}z}$ 是与面积 S 相垂直的方向上的温度梯度，负号表示热量从温度高的地方传向温度低的地方；λ 是导热系数，在国际单位制中，导热系数的单位为 W/(m·K)。

【实验目的】

1. 了解热传导现象的物理过程。

2. 学习用稳态法测定不良导体及空气的导热系数。

3. 学习求冷却速率的方法。

【实验原理】

1. 稳态平板法测不良导体导热系数的原理

设圆盘 P 为待测样品，待测样品厚度为 $h/2$、散热盘厚度为 h，如图 3.11-1 所示，截面面积均为 S（$S = \pi D^2/4$），D 为圆盘直径，圆盘 P 上、下两面的温度分别为 T_1 和 T_2，保持稳定，侧面近似绝热，则根据式（3.11-1）可以知道传热速率为

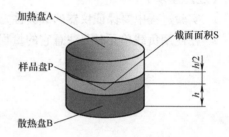

图 3.11-1 稳态法测量导热系数示意图

$$\frac{\Delta Q}{\Delta t} = \frac{\mathrm{d}Q}{\mathrm{d}t} = -\lambda \frac{T_2 - T_1}{h/2}S = \lambda \frac{T_1 - T_2}{h/2}S$$

$$\lambda = \frac{\Delta Q}{\Delta t} \cdot \frac{h/2}{T_1 - T_2} \cdot \frac{1}{S} \tag{3.11-2}$$

为了减小侧面散热的影响，圆盘 P 的厚度不能太大。由于待测圆盘 P 的上、下表面的温度 T_1 和 T_2 是用加热盘 A 的底部和散热盘 B 的顶部的温度来表示的，所以必须保证样品与加热盘 A 和散热盘 B 紧密接触。

所谓稳态法就是获得稳定的温度分布，这时温度 T_1 和 T_2 也就稳定了。当 T_1 和 T_2 的值稳定不变时，可以认为通过样品 P 的传热速率与散热盘 B 在温度为 T_2 时的散热速率相当。为了求出此时的传热速率，可以先求散热盘在温度 T_2 时的散热速率。实验中，在读出稳定的 T_1 和 T_2 时，即可将样品移出，然后将加热盘 A 与散热盘 B 直接接触，当 B 盘的温度上升了大约 10℃后，将加热盘 A 移开，让 B 盘自然冷却，每隔一定的时间间隔采集一个温度值，由此求出散热盘 B 在温度 T_2 附近的冷却速率。由于物体的冷却速率与它的散热面积成正比，考虑到散热盘散热时，其表面全部暴露在空气中，即散热面积是上、下表面与侧面，而实验中达到稳态散热时，散热盘的上表面却是被样品覆盖着的，故需对散热速率加以修正。

$$\left(\frac{\mathrm{d}Q}{\mathrm{d}t}\right)_{T_2} = mc\left(\frac{\mathrm{d}T}{\mathrm{d}t}\right)_{T_2} \cdot \frac{S_{\text{下}} + S_{\text{侧}}}{S_{\text{下}} + S_{\text{上}} + S_{\text{侧}}}$$

式中，$S_上 = S_下 = \dfrac{1}{4}\pi D^2$；$S_侧 = \pi Dh$。

修正后，散热盘 P 的散热速率为

$$\frac{\mathrm{d}Q}{\mathrm{d}t} = \frac{\dfrac{\pi D^2}{4} + \pi Dh}{\dfrac{\pi D^2}{2} + \pi Dh} \cdot \frac{\mathrm{d}Q_全}{\mathrm{d}t} \tag{3.11-3}$$

式中，$\dfrac{\mathrm{d}Q_全}{\mathrm{d}t}$表示在自然冷却时的散热速率，它和冷却速率$\dfrac{\mathrm{d}T}{\mathrm{d}t}$之间的关系为

$$\frac{\mathrm{d}Q_全}{\mathrm{d}t} = -cm\frac{\mathrm{d}T}{\mathrm{d}t} \tag{3.11-4}$$

式中，c 和 m 分别为散热盘的比热容和质量。根据式（3.11-2）~式（3.11-4）可以推出导热系数的公式为

$$\lambda = -cmh\frac{\dfrac{D}{4} + h}{\left(\dfrac{D}{2} + h\right)(T_1 - T_2)} \cdot \frac{2}{\pi D^2} \cdot \frac{\mathrm{d}T}{\mathrm{d}t} \tag{3.11-5}$$

式中，m、D、h、T_1、T_2都可由实验测出准确值；c 为散热盘的比热容。由此可见，只要求出稳态时散热盘的温度变化率，就可以求出导热系数 λ。

2. 测量金属导热系数的原理

设有一粗细均匀的金属圆柱体，其一端为高温端，另一端为低温端，测定时热量将从高温端流向低温端。高温端被加热一段时间之后，若圆柱体上各处的温度不变，而且向圆柱体侧面散失的热量也可以忽略时，则在相等的时间内，通过圆柱体各横截面的热量应该相等，这种状态称为热量稳定流动状态。如图

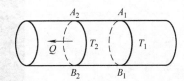

图 3.11-2　金属导热系数测定的原理图

3.11-2 所示，假设通过截面 A_1B_1 的热量多于通过截面 A_2B_2 的热量，则在两个截面之间的一段圆柱体上就有热量的积聚，温度就要升高，既然圆柱体上各处的温度不变，则说明通过各截面的热量必然相等。

在热量稳定流动状态下，沿圆柱体各截面流过的热功率$\dfrac{\mathrm{d}Q}{\mathrm{d}t}$按傅里叶热传导方程有

$$\frac{\mathrm{d}Q}{\mathrm{d}t} = \lambda S\frac{T_1 - T_2}{l} \tag{3.11-6}$$

式中，S 为圆柱体横截面面积；T_1、T_2 分别为横截面 A_1B_1、A_2B_2 处的温度；l 为两截面间的距离；比例系数 λ 即为被测材料的导热系数。

导热系数 λ 的大小表示物质单位长度内温度差为1℃时，在单位时间内通过单位截面所传导的热量，单位为 $W \cdot m^{-1} \cdot K^{-1}$。由式（3.11-6）可知，测定良导体导热系数的关键是维持热量稳定流动状态与测定从圆柱体棒中所传过的热功率$\dfrac{\mathrm{d}Q}{\mathrm{d}t}$。实验中达到稳态散热时，散热盘的上表面却是被样品覆盖着的，故需对散热速率加以修正：

$$\frac{dQ}{dt} = \frac{\frac{\pi D^2}{2} + \pi Dh - \pi d^2}{\frac{\pi D^2}{2} + \pi Dh} \cdot \frac{dQ_全}{dt} \tag{3.11-7}$$

式中，$\dfrac{dQ_全}{dt}$ 表示在自然冷却时的散热速率，它和冷却速率 $\dfrac{dT}{dt}$ 之间的关系为

$$\frac{dQ_全}{dt} = -cm\frac{dT}{dt}$$

将式（3.11-6）以及 $S = \pi d^2/4$（d 为圆柱体直径）代入上式便可求出 λ，即

$$\lambda = -cm \cdot \frac{2D^2 + 4Dh - d^2}{2D^2 + 4Dh} \cdot \frac{4l}{\pi d^2(T_1 - T_2)} \cdot \frac{dT}{dt} \tag{3.11-8}$$

式中，T_1、T_2 可用高精度的数字式温度传感器测量。

【实验仪器】

1. 热学综合实验仪的控制箱部分

热学综合实验仪的控制箱部分，如图 3.11-3 所示。

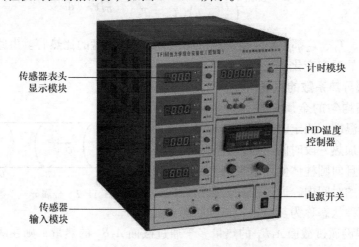

图 3.11-3　热学综合实验仪控制箱

（1）传感器表头显示模块区

A 表头：3 位半数显，显示由航空插座 A 输入的温度或电压值（由推推开关选择）；

B 表头：3 位半数显，显示由航空插座 B 输入的温度或电流值（由推推开关选择）；

C 表头：3 位半数显，显示由航空插座 C 输入的温度或压强值（由推推开关选择）；

D 表头：3 位半数显，显示由航空插座 D 输入的温度或电压值（由推推开关选择）。

所有四个表头都具有双功能。第一功能均为温度输入显示，使用标配的温度传感探头；第二功能分别为电压、电流或压强输入显示，此时要求使用额外的电压、电流或压强传感探头。

（2）计时模块

启动：轻触开关，按动可以启动计时；

停止：轻触开关，按动可以停止计时；

外接：用于外接控制计时器的记录、启动及停止（如光电门开关）；

功能按键：轻触开关，用于选择计时器表头的计时功能，有上翻、记录、下翻三档可选。

（3）PID 温度控制器（参见实验附录）

（4）传感器输入模块

A、B、C、D 四个航空插座可根据不同实验需求接入不同传感器。TFIM 热学综合实验仪在热学综合实验中所用到的为温度传感器，力学综合实验中所用到的为压力传感器。用户可以外接自己的传感器以拓展实验内容。

（5）电源开关

开关控制箱的电源。

2. 热学综合实验仪的组件部分（组件一）

热学综合实验仪的组件部分，如图 3.11-4 所示。

3. 热学综合实验仪中几个部件的操作方法

（1）升起加热盘到立杆顶端并固定

按图 3.11-5b 中箭头所示，用手托住立杆两侧黑色固定螺栓部分到立杆顶端，对准立杆上的定位孔后螺栓会自动弹入固定，即可将加热盘定位在立杆顶端（具体操作见图 3.11-5a～c），以方便下方加热盘、散热盘、样品的各项操作。

图 3.11-4　热学综合实验仪的组件部分
1—固定螺栓　2—加热盘紧固螺钉　3—加热盘　4—千分表固定螺母
5—支撑定位螺母（测量空气导热系数用）　6—千分表限位座　7—紧固螺栓
8—金属导热系数样品柱（铝）　9—铝柱中心定位片　10—不良导体（橡胶盘）
11—比热容样品（铜盘）　12—千分表散热盘（铝盘）　13—1mm 标准间隙测定板　14—千分表

（2）降下加热盘

按图 3.11-6b 中箭头所示，用手托住立杆两侧黑色固定螺栓部分，即可缓缓放下加热盘（具体操作见图 3.11-6a～c）。

（3）使用铝柱中心定位片将铝柱准确定位于散热盘中心

图 3.11-5　升起加热盘

图 3.11-6　降下加热盘

　　如图 3.11-7 所示，使铝柱中心定位片外边缘与散热盘外边缘对齐（见图 3.11-7a），铝柱外沿与中心定位片内边缘对齐（见图 3.11-7b）。实验时请撤掉铝柱中心定位片，该定位片仅用于辅助定位。

【实验内容】

1. 测量不良导体的导热系数

（1）接线：

1）用一根双5芯航空插座线连接控制箱的"温控插座"端和组件部分的"温控插座"端；

2）用两根双莲花插头线连接控制箱的"直流输出5V"端和组件部分的"DC5V"端；

3）将一根传感器-5芯航空插头线的5芯航空插头插在传感器输入模块（传感器接口区）的

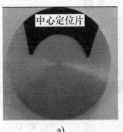

图3.11-7 铝柱中心定位

任意一路上，传感器端插入加热盘的小孔中（传感器端涂抹导热硅脂以降低导热部件间造成的误差），同时要求传感器完全插入小孔中，以确保传感器与加热盘和散热盘接触良好。相应地，显示表头的推推开关选择"温度"；

4）同样用另一根传感器-5芯航空插头线连接传感器输入模块（传感器接口区）的另一路和散热盘；

5）用电源线连接电源插座和控制箱的"交流输入"端。

（2）加热台上暂不放置橡胶样品盘，只留有加热盘和散热盘，并且将加热盘升到立杆的顶端。开启电源，选择PID加热方式（红色指示灯亮起），并设定加热温度（例如80℃），加热盘即开始加热。打开风扇，让加热均匀。此时控制箱上相应的传感器表头显示加热盘和散热盘的温度；

（3）当PID显示的温度上升到设置的温度时，降下加热盘，将橡胶样品放在加热盘与散热盘中间，橡胶样品要求与加热盘、散热盘完全对准；拧紧加热盘紧固螺钉使样品与加热盘、散热盘接触良好并固定，但注意不宜过紧或过松。

（4）此时开始记录散热盘的温度，可每隔1min记录一次，一般记录10min或更长的时间。最终加热盘和散热盘的温度值基本不变，可以认为已经达到稳定状态了。记下散热盘温度值 T_2 及加热盘的温度值 T_1。

（5）弹出PID加热按钮，停止加热，取走样品，关掉风扇，松开加热盘紧固螺钉使加热盘和散热盘接触良好，按下"PID/手动"按钮，再次开始加热，使散热盘温度上升到高于稳态时的 T_2 值10℃左右即可。

（6）弹出PID加热按钮，升起加热盘，打开风扇开关，让散热盘在风扇作用下冷却，加热散热盘温度超过50℃时，分离加热盘和散热盘并关闭PID。每隔30s记录一次散热盘的温度示值，共记录15组数据。开始每隔一定时间记录散热盘温度，直到散热盘冷却，数据记录参见表3.11-1。

表3.11-1 散热盘的温度与散热时间（不良导体）

散热时间/s															
散热盘温度/℃															
发热盘温度/℃															

2. 测量空气的导热系数

（1）接线方式如同实验内容测量不良导体的导热系数实验过程中的步骤（1）所述。

（2）拿出橡胶样品，将加热盘升至立杆顶端，在散热盘上放置1mm标准间隙测定板。

（3）放下加热盘，将加热盘靠近散热盘，刚好夹住1mm标准间隙测定板，拧紧支撑定位螺母和加热盘固定螺钉，使加热盘与散热盘之间的间距固定，此时抽出1mm标准间隙测定板。

（4）开启控制箱的电源后，按下PID加热按钮，指示灯亮，加热盘即开始加热，此时控制箱上对应的传感器表头显示加热盘和散热盘的温度，同时需打开风扇开关，均匀加热；当PID温度上升到设置的温度（如80℃），且加热盘和散热盘温度相对恒定时，进行实验。

（5）重复测量不良导体的导热系数实验过程中的步骤(4)~(6)，数据记录参见表3.11-2。

（6）计算空气的导热系数。

表 3.11-2　散热盘的温度与散热时间（空气）

散热时间/s										
散热盘温度/℃										

3. 测量金属的导热系数

在测量金属导热系数的实验中，样品铝柱的热容很小，加上散热有限；故在这个实验中，我们设置PID温度为65℃，在较低温度下完成测量。而且测量时对环境温度要求很高，请尽量减小实验环境的空气对流（不开风扇、空调等）。为了保证铝柱受热均匀，需要保持加热盘和散热盘表面干净，并且需要在铝柱两头均匀涂抹导热硅脂。可以带上塑料手套涂抹，厚度薄而透，如图3.11-8所示。

图 3.11-8　铝柱的导热硅脂涂抹厚度展示

在此实验中金属的导热系数是通过加热样品到稳态来读取温度差的，而样品铝柱的温度变化非常快，难以用之前的方法来读取稳态温度差。由于样品铝柱的热容很小，我们正好可以借助此来判断稳态。样品铝柱持续受热，上下孔温度差变化趋势由小到大再到小。当样品铝柱上下孔温度差明显变小时，可以认为样品铝柱在此前一段时间的状态即是稳态，由此读取稳态温度差。

（1）按照测量不良导体的导热系数实验过程中的步骤（1）所述方式接线。

（2）另取两根传感器线，将传感器端依次分别插在待测样品铝柱上的两个小孔中，此时传感器已被涂抹导热硅脂，要求传感器完全插入小孔中，以确保传感器与金属样品接触良好。记录未加热状态下样品铝柱的温度差 ΔT_0。

（3）待测样品铝柱暂时不放在加热台上，只留有加热盘和散热盘，并且将加热盘升到立杆的顶端。打开控制箱的电源，按下PID加热按钮，指示灯亮起，加热盘即开始加热，此时控制箱上对应的传感器表头显示加热盘和散热盘的温度，同时需打开风扇开关，均匀加热。

（4）当PID温度上升到设置的温度时（如65℃），降下加热盘，并将金属导热系数样品柱（铝）放入加热盘与散热盘之间。开始每隔 15s 记录样品铝柱上下孔温度（实际温差 = 测量温差 − ΔT_0），直到上下孔温度差明显变小，记下此时散热盘温度 T_2。

（5）弹出 PID 加热按钮，停止加热，取走样品，关掉风扇，拧紧加热盘紧固螺钉使加热盘和散热盘接触良好，按下"PID/手动"按钮，再次开始加热，使散热盘温度上升到高于在步骤（4）中最后记录的 T_2 值 10℃左右即可。

（6）弹出 PID 加热按钮，停止加热，升起加热盘，打开风扇开关，让散热盘在风扇作用下冷却，每隔 30s 记录一次散热盘的温度示值，共记录 10min 数据。数据记录参见表 3.11-3。

表 3.11-3 散热盘的温度与散热时间（金属）

散热时间/s											
散热盘温度/℃											

【数据处理】

1. 根据记录数据用 Origin 软件作散热时间与散热温度关系图，作冷却曲线，用镜尺法作曲线在 T_2 点的切线，根据切线斜率计算冷却速率。根据测量得到的稳态时的温度值 T_1 和 T_2，以及在温度 T_2 下的冷却速率，由公式

$$\lambda = - cmh \frac{\dfrac{D}{4} + h}{\left(\dfrac{D}{2} + h\right)(T_1 - T_2)} \cdot \frac{2}{\pi D^2} \cdot \frac{\mathrm{d}T}{\mathrm{d}t}\bigg|_{T = T_2}$$

计算不良导体样品的导热系数。

2. 数据的处理过程同 1，也是利用式（3.11-5）来计算空气的导热系数（其中 h 为空气隙的距离）。

3. 根据记录数据作冷却曲线，用镜尺法作曲线在 T_2 点的切线，根据切线斜率计算冷却速率。根据测量得到的稳态时的温度值 T_1 和 T_2，以及在温度 T_2 时的冷却速率，由公式

$$\lambda = - cm \cdot \frac{2D^2 + 4Dh - d^2}{2D^2 + 4Dh} \cdot \frac{4l}{\pi d^2(T_1 - T_2)} \cdot \frac{\mathrm{d}T}{\mathrm{d}t}$$

计算金属的导热系数。

【注意事项】

1. 取下加热后的样品盘时，由于样品盘温度较高，注意不要烫伤。

2. 在测量金属导热系数这个实验中，环境温度、导热硅脂厚度、稳态判断都会对实验的最终结果产生影响巨大，实验时务必小心仔细。

【思考题】

本实验中的传热速率是怎样测定的？

*热学拓展实验

（一）金属比热容的测量

【实验原理】

单位质量的物质，其温度升高或降低 1K（1℃）所需的热量，叫作该物质的比热容，

其值随温度而变化。根据牛顿冷却定律，用冷却法测定金属的比热容是量热学常用的方法之一。若已知标准样品在不同温度下的比热容，通过作冷却曲线就可测量各种金属在不同温度下的比热容。本实验以铜为标准样品，测定铝样品在 80℃ 或 100℃ 时的比热容。将质量为 M_1 的金属样品加热后，放到较低温度的介质（例如室温的空气）中，样品将会逐渐冷却。其单位时间的热量损失（dQ/dt）与温度下降的速率成正比，于是得到下述关系式：

$$\frac{dQ}{dt} = c_1 M_1 \frac{dT_1}{dt} \tag{3.11-9}$$

式中，c_1 为该金属样品在温度 T_1 时的比热容；$\dfrac{dT_1}{dt}$ 为金属样品在 T_1 时的温度下降速率，根据冷却定律，有

$$\frac{dQ}{dt} = a_1 S_1 (T_1 - T_0)^m \tag{3.11-10}$$

式中，a_1 为热交换系数；S_1 为该样品外表面的面积；m 为常数；T_1 为金属样品的温度；T_0 为周围介质的温度。由式（3.11-9）和式（3.11-10），可得

$$c_1 M_1 \frac{dT_1}{dt} = a_1 S_1 (T_1 - T_0)^m \tag{3.11-11}$$

同理，对质量为 M_2、比热容为 c_2 的另一种金属样品，可以有同样的表达式：

$$c_2 M_2 \frac{dT_2}{dt} = a_2 S_2 (T_2 - T_0)^m \tag{3.11-12}$$

由式（3.11-11）和式（3.11-12），可得

$$\frac{c_2 M_2 \dfrac{dT_2}{dt}}{c_1 M_1 \dfrac{dT_1}{dt}} = \frac{a_2 S_2 (T_2 - T_0)^m}{a_1 S_1 (T_1 - T_0)^m} \tag{3.11-13}$$

所以

$$c_2 = c_1 \frac{M_1 \dfrac{dT_1}{dt_1} a_2 S_2 (T_2 - T_0)^m}{M_2 \dfrac{dT_2}{dt_2} a_1 S_1 (T_1 - T_0)^m} \tag{3.11-14}$$

如果两样品的形状尺寸都相同，即 $S_1 = S_2$，两样品的表面状况也相同（如涂层、色泽等），而且周围介质（空气）的性质也不变，则有 $a_1 = a_2$。于是当周围介质温度不变（即室温 T_0 恒定，而样品又处于相同温度 $T_1 - T_2 = T$）时，式（3.11-14）可以简化为

$$c_2 = c_1 \frac{M_1 \left(\dfrac{dT}{dt}\right)_1}{M_2 \left(\dfrac{dT}{dt}\right)_2} \tag{3.11-15}$$

如果已知标准金属样品的比热容 c_1、质量 M_1，待测样品的质量 M_2 以及两样品在温度 T 时的冷却速率之比，就可以求出待测的金属材料的比热容 c_2。

【实验内容】

（1）按照测量不良导体的导热系数实验过程中步骤（1）所述的方式接线。

（2）降下加热盘，将加热盘靠近散热盘（铜盘），拧紧加热盘紧固螺钉使加热盘和散热盘接触良好。将传感器端插在散热盘（铜盘）小孔中，此时传感器涂抹导热硅脂，要求传感器完全插入小孔中，确保传感器与金属样品接触良好。按下 PID 加热按钮，指示灯亮起，加热盘开始加热，PID 端控制温度可设定为 120℃，加热到使散热盘温度上升到 90℃ 左右即可。

（3）按下 PID 加热按钮，指示灯灭，停止加热，松开加热盘紧固螺钉，升起加热盘，让散热盘自然散热。使用控制箱上的计时器，选择 0.01 计时范围。测量温度从 84℃ 降低到 80℃ 的冷却时间 t；

（4）将散热铜盘更换为铝盘，重复上述过程。铜、铝样品各做 5 次。因为各样品的温度下降范围相同（$\Delta T = dT = 84℃ - 80℃ = 4℃$），所以式（3.11-15）可以简化为

$$c_2 = c_1 \frac{M_1 t_2}{M_2 t_1} \tag{3.11-16}$$

式中，c_1 为散热铜盘的比热容，它是已知量。

（二）金属热膨胀系数的测量

【实验原理】

"热胀冷缩"现象是绝大多数物体的共性。在工程计算、材料的焊接和加工过程中都必须对物体的这种特性加以考虑，定量地分析它所引起的结构变化。各种材料的热膨胀系数是定量分析热膨胀问题的依据，用实验方法测定热膨胀系数，则是最简便的途径。

固体受热后长度增加的现象称为线膨胀。线膨胀系数（简称线胀系数）实验证明，长度为 L 的固体受热膨胀后，其相对伸长量 dL/L 与温度变化 dt 成正比，写成等式为

$$\frac{dL}{L} = \alpha dt \tag{3.11-17}$$

式中，比例系数 α 称为固体线膨胀系数。大量实验表明，不同材料的线胀系数不同（见表 3.11-4），塑料的线胀系数最大，金属次之，殷钢、熔凝石英的线胀系数很小。殷钢和石英的这一特性在精密测量仪器中有较多的应用。

表 3.11-4　几种材料的线胀系数

材料的线胀系数	铜、铁、铝	普通玻璃、陶瓷	殷钢（低膨胀铁镍合金）	熔凝石英
$\alpha/(℃)^{-1}$	$\approx 10^{-5}$	$\approx 10^{-6}$	$< 2 \times 10^{-6}$	$\approx 10^{-7}$

实验还发现，同一材料在不同温度区域，其线胀系数不一定相同。某些合金，在金相组织发生变化的温度附近，同时会出现线胀量的突变。因此测定线胀系数也是了解材料特性的一种手段。但是，在温度变化不大的范围内，线胀系数仍可认为是一常量。

为测量线胀系数，我们将材料做成条状或杆状。由式（3.11-17）可知，测量出温度为 T_1 时的杆长 L、受热后温度达 T_2 时的伸长量 ΔL，以及受热前后的温度 T_1 和 T_2，则该材料在 (T_1, T_2) 温区的线胀系数为

$$\alpha = \frac{\Delta L}{L(T_2 - T_1)} \tag{3.11-18}$$

其物理意义是固体材料在 (T_1, T_2) 温区内，温度每升高 1℃ 时材料的相对伸长量，其单位

为（℃）$^{-1}$。

测线胀系数的主要问题是如何测伸长量 ΔL。先粗估算出 ΔL 的大小，若 $L\approx250\text{mm}$，温度变化 $T_2-T_1\approx100℃$，金属线胀系数 α 的数量级为 10^{-5}（℃）$^{-1}$，则可估算出 $\Delta L\approx0.25\text{mm}$。对于这么微小的伸长量，用普通量具如钢尺或游标卡尺是测不准的，可采用千分表（分度值为 0.001mm）、读数显微镜、光杠杆放大法、光学干涉法。本实验中采用千分表测微小的线胀量。

【实验内容】

1. 按照测量不良导体导热系数实验过程中步骤（1）所述方式接线；

2. 降下加热盘，使加热盘和散热盘接触良好，并固定。将传感器端插在散热盘（铜盘）小孔中，此时传感器涂抹导热硅脂，要求传感器完全插入小孔中，确保传感器与金属样品接触良好然后将千分表固定在千分表限位座上，旋转锁紧螺母使其紧靠在散热盘上，调节千分尺使刻度，记录下此时散热盘温度 T_1 及千分尺刻度值 l_1；

3. 按下 PID 加热按钮，指示灯亮，加热盘开始加热，PID 端控制温度可设定为 120℃；

4. 加热开始时即开始记录对应温度和对应的膨胀量。当样品盘初始温度为 30℃ 时，读出千分表数值 L30，记录表中。接着在温度 40℃，45℃，50℃，55℃，60℃，65℃，70℃，75℃，…时，分别记录对应的千分表数值 L40，L45，L50，L55，L60，L65，L70，L75，…。一般数据记录为 10 组数据，若为精确测量，可多测几组数据。测得数据后，将数据整理，与未加热时比较，测出伸长量 Δl 及温差 ΔT。

5. 通过公式 $\alpha=\dfrac{\Delta L}{L\Delta T}$ 计算出铜盘的膨胀系数（其中 L 为铜盘的直径）。

6. 更换铝盘计算铝盘的膨胀系数。

附：

铝柱测温孔间距 $l=80\text{mm}$；铝的比热容 896J/（kg·℃）；铜的比热容 390J/（kg·℃）。

【附录】

附录一　PID 温度控制器说明

1. 主要技术指标

（1）输入：热电阻 Pt100。

（2）基本误差：输入满量程的 ±0.5% ±一个字节。

（3）分辨力：0.1℃。

（4）控制输出：0~10mA 输出。

（5）电源电压：AC85~264V（50/60Hz）。

（6）工作环境：温度 0~50℃，湿度 <85% 的无腐蚀性场合，功耗 <5V·A。

2. 面板各部件详细功能

（1）面板部件。

PV：测量值；　　　　　　　　　AT：自整定指示灯；

SV：设定值；　　　　　　　　　OUT1、OUT2：控制输出指示灯；

SET：设定键；　　　　　　　　ALM1、ALM2：报警输出指示灯；

A/M：自动、手动键；　　　　　︿、﹀：加数键、减数键。

（2）参数设定。

1）SV 的设定：按 SET 键，SV 显示器个位数码管闪烁，可用其余三键修改，按 SET 键确认并返回正常显示，如果超过 20s 无按键动作，则自动返回至正常模式。

2）按住 SET 键超过 3s 即进入参数层，要退出参数层也必须按住 SET 键超过 3s。需注意的是，一般参数的设定不需要进入参数层进行设定和更改，为了防止改动参数对实验可靠性和准确性的影响，学生在实验过程中应避免进入参数层设定。

3）设定值（SV）的设定顺序：

① 调至 SV 设定模式，按 SET 键进入 SV 设定状态，闪烁的数字可以被设置；

② 变更闪烁数位，按 A/M 键将闪烁数位移至百位；

③ 数值变更，按 UP 键增加数值，按 DOWN 键减小数值；

④ 输入设定值完毕，设定完成后按 SET 键，设定值数字停止闪烁并回至 PV 或 SV 显示状态。

（3）注意事项

在调节设定温度的过程中，应尽量避免进入参数层设定，如不慎改动初始参数，请按 PID 设定说明书对初始参数进行调整和设定。

3. 实例

例：将设定值（SV）设定在 80℃。

1）调至 SV 设定模式：按 SET 键进入 SV 设定状态，闪烁的数字可以被设置。

2）变更闪烁数位：按 A/M 键将闪烁数位移至十位。

3）数值变更：按上调键调至 8，按 UP 键增加数值，按 DOWN 键减小数值。

4）输入设定值完毕：设定完成后按 SET 键，设定值数字停止闪烁并回至 PV/SV 显示状态。

注：设定值（SV）以外的参数设定顺序。设定步骤同上例中的步骤一致，设定完成后按 SET 键变更至下一个参数，没有参数要设定，仪器返回 PV/SV 显示模式。

附录二　PID 各模式详细功能

符号	名称	设定范围	说明	出厂值
AL－1	第一报警	－1999 ～ ＋9999	第一报警设定值	10
AL－2	第二报警		第二报警设定值	10
At	自整定	OFF：自整定功能关闭 ON：自整定功能开启	自整定方式的选择	OFF
P	比例带（加热侧）	全量程的 0～1999.9%	执行 PI、PD 或 PID 控制时需设定此值	6.0
i	积分时间	0～9999s，设定为 0 时成 PD 控制	设定积分时间，以解除比例控制所发生之残余偏差	240
d	微分时间	0.0～999.9s，设定为 0 时成 PI 控制	设定微分时间，以防止输出的波动，提高控制稳定性	30
t	继电器的比例控制周期	1.0～999.0s	设定继电器控制的动作周期，加热/制冷 PID 动作时设定加热侧控制输出周期	20

（续）

符号	名称	设定范围	说明	出厂值
Hy	主输出的滞后宽度	1000 码	只有主控制输出为 ON/OFF 时才有	2
Hy－1	第一报警输出的回差	1000 码	用于报警触点输出的回差设定	2
Hy－2	第二报警的输出回差	1000 码	用于报警触点输出的回差设定	2
UStP	低 PV 值自整定修正值	设定值的 0～100%	自整定时用于减少温度的过冲	0
Filt	滤波系数	0.00～20.00s	时测量采样的软件滤波时间常数。常数大，测量值抗干扰能力强，但也会使测量速度和系统响应时间变慢	0.5
Sn	输入类型	按信号而定	具体见输入类型表	13
InPh	非标准信号输入最大值	10～100mV 10～400Ω 2～3500Hz	非标准毫伏输入最大值 非标准电阻输入最大值 非标准频率输入最大值	100
InPL	非标准信号输入最小值	－10～90mV 0～35Ω 1～3500Hz	非标准毫伏输入最小值 非标准电阻输入最小值 非标准频率输入最小值	0
P－Sh	高满度显示值设定	按具体需要	可设定输入信号的高满度显示值	400
P－SL	低满度显示值设定	按具体需要	可设定输入信号的低满度显示值	0
OUth	允许调节输出最大值	10.0%～100.0%	可实现输出高幅值，位式输出时无作用	100.0
OUtL	允许调节输出最小值	0.0～99.0%	可实现输出低幅值，位式输出时无作用	0.0
ALP1	第一报警输出定义	按具体需要	00 不报警　　　　04 下偏差报警 01 测量值上限报警　05 区间外报警 02 测量值下限报警　（上下偏差报警） 03 上偏差报警　　06 区间内报警	13
ALP2	第二报警输出定义	按具体需要		14
COOL	正反作用选择	ON/OFF	ON 正作用（制冷输出） OFF 反作用（加热输出）	OFF
OP－A	主控输出方式	按具体需要	0～10：0～10mA 电流输出 0～20：0～20mA 自定义电流输出 4～20：4～20mA 电流输出 SSr：SSR 驱动电平输出 SCr：可控硅移相触发脉冲输出 rLP：继电器输出 onoF：继电器二位式输出	rLP

（续）

符号	名称	设定范围	说明	出厂值
OP – b	变送输出方式	按具体需要	0 ~ 10：0 ~ 10mA 电流输出 0 ~ 20：0 ~ 20mA 自定义电流输出 4 ~ 20：4 ~ 20mA 电流输出	0 ~ 10
OPPO	开机输出功率	0.0 ~ 100.0%	首次上电后仪表的输出功率	100.0
Cf	测量单位显示	℃或°F	摄氏度或华氏度显示选择	℃
CP	热电偶冷端补偿	INT OC 45C 50C	INT：内部冷端补偿 0C：外部0℃冷端补偿 45C：外部45℃冷端补偿 50C：外部50℃冷端补偿	INT
Addr	本机通信地址	0 ~ 255		0
BAUd	通信波特率	600 ~ 1200kHz 2400 ~ 4800kHz 9600 ~ 19.2kHz	以 kHz 为单位	2400
PU – b	过程值偏置	±1000 码	传感器的测量值与此值相加作为PV 值	0

附录三 常见故障及报警发生的显示

故障名	PV 显示器	SV 显示器	指示灯	控制输出	变送输出
1. 以下致命故障	无测量数据可显示，PV 显示器长时间显示提示符				
温度补偿故障	– Cb –	Pout		故障功率	最大值
输入信号太大（正超量程）	HHHH	Pout		故障功率	最大值
输入信号太小（负超量程）	LLLL	Pout		故障功率	最大值
2. 以下一般故障	测量数据可显示，SV 显示器交替显示设定值/提示符（3s/0.5s）				
第一报警	测量值	AL – 1	ALM1	控制量	实际值
第二报警	测量值	AL – 2	ALM2	控制量	实际值
加热器电流太小（断线）	测量值	– Hb –	Hb	控制量	实际值
控制环断线	测量值	– Lb –	Lb	控制量	实际值
正在自整定运行中	测量值	– AT –	AT	控制量	实际值

附录四 实验数据处理方法

本实验有大量的数据要处理，在此推荐使用 Origin 数据处理软件。下面就测量不良导体的导热系数实验中的数据处理进行举例（主要是针对散热速率的处理）。

（1）打开软件，界面如附图 3.11-1 所示。

（2）在表格中输入实验数据，如附图 3.11-2 所示。

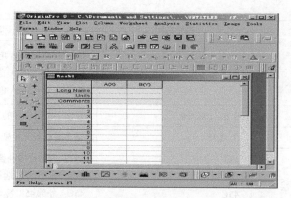

附图　3.11-1

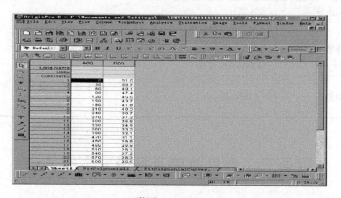

附图　3.11-2

（3）通过菜单选择 Plot→Symbol→Scatter，出现如附图 3.11-3 所示的界面。

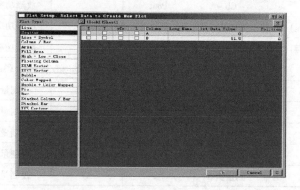

附图　3.11-3

（4）勾选 X 轴和 Y 轴数据（见附图 3.11-4）。

（5）生成散热时间与温度关系图（见附图 3.11-5）。

（6）选择 Analysis→Fitting→Fit Polynomial→Open Dialog，出现如附图 3.11-6 所示的界面。

（7）展开 Input Data，Polynomial Order 选择"2"（见附图 3.11-7a），Points 选择"1000"（见附图 3.11-7b）。

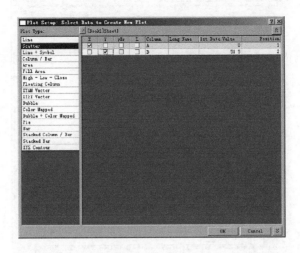

附图　3.11-4

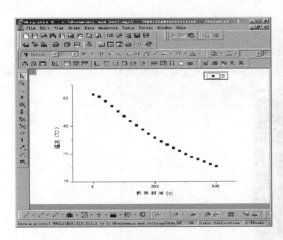

附图　3.11-5

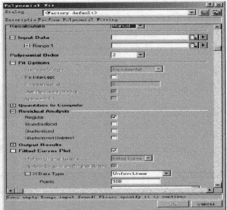

附图　3.11-6

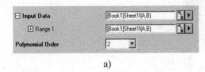

a)

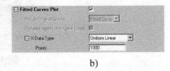

b)

附图　3.11-7

（8）拟合得到 $R^2 = 0.9987$（见附图 3.11-8），曲线符合二项式拟合。

（9）切换到 FitPolynomialCurves2 工作页面，并选择 B（Y1）列，如附图 3.11-9 所示。
选择 Analysis→Mathematics→differentiate→Open Dialog，出现如附图 3.11-10 所示的界面。
设置相应参数后，单击 "OK" 按钮，得到如附图 3.11-11 所示的界面。

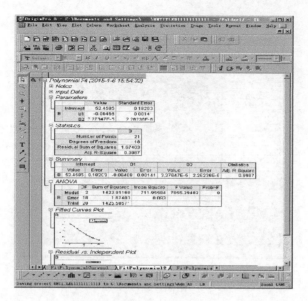

附图　3.11-8

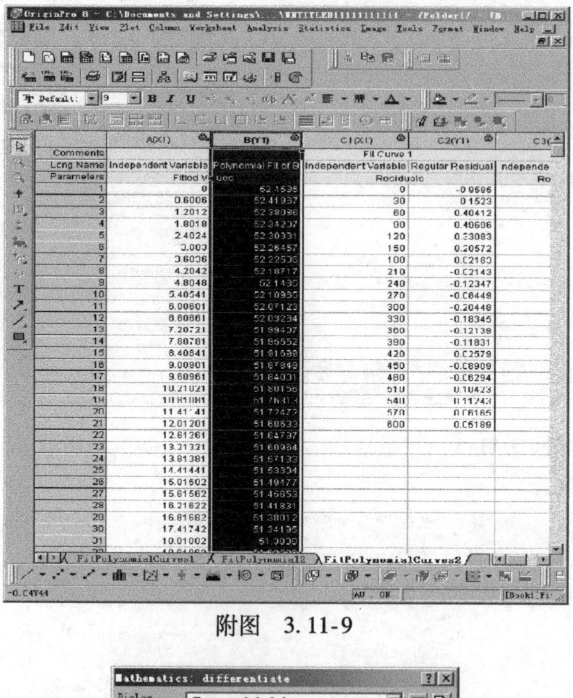

附图　3.11-9

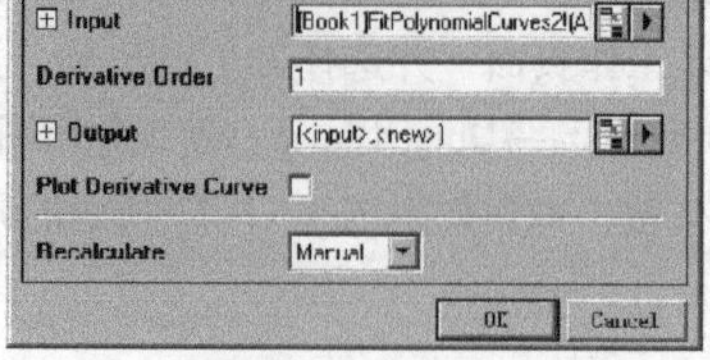

附图　3.11-10

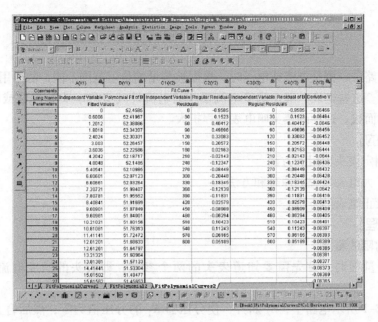

附图 3.11-11

(10) 在 B(Y1)列中，查找稳态时候的温度 T_2，C(Y3)列对应的则是散热速率 $\dfrac{\mathrm{d}T}{\mathrm{d}t}\bigg|_{T=T_2}$。

实验十二　电表的改装和校正

在直流电路中，测量电流或电压时，根据被测量的量值范围不同，需要用各种量程的电流表或电压表。这些电表一般由满度电流很小的电流计（又称表头）并联或串联上适当阻值的电阻改装而成。这种改装又叫电表量程扩大。

【实验目的】

1. 学会测定表头内阻的方法。
2. 掌握扩大电表量程的原理和方法。
3. 学会校正电表的方法。

【实验原理】

1. 表头内阻的测定

扩大电表量程时，首先需要知道表头的两个参量，即表头的满度电流 I_g 和表头内阻 R_g。

在图 3.12-1 所示电路中，S_2 断开，使分压器 R_1 的分压值为零，然后合上 S_1，调节分压器 R_1 使表头 μA 指针偏转满刻度，这时作为标准表（0.5 级微安表）的读数即为表头的满度电流 I_g。

合上 S_2，调节分压器 R_1 和电阻箱 R_2，要求维持标准表读数仍然为 I_g，而使表头 μA 的指针指向满度的一半。这时电阻箱 R_2 所示阻值即为表头内阻 R_g。这一方法叫作半偏法测内阻。

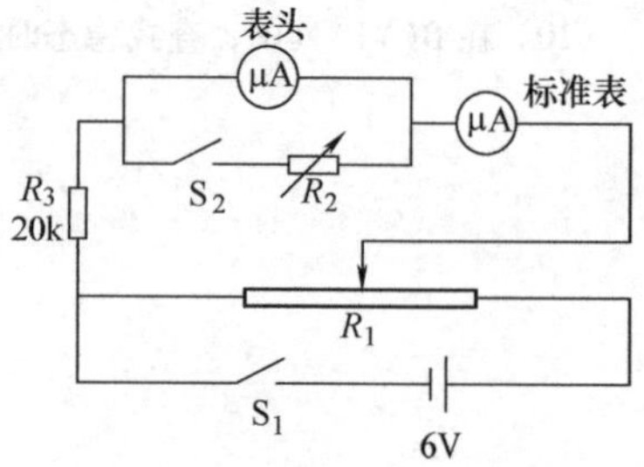

图 3.12-1　表头内阻的测定

2. 扩大表头的电流量程

表头的满度电流很小，若要测量较大的电流，就得扩大表头的电流量程，将表头改装成电流表。

在表头上并联一个分流电阻 R_P，如图 3.12-2 所示。表头及 R_P 作为一个整体，改装成已扩大了量程的电流表。其中 R_P 的作用是在改装表既定的量程范围内，使通过改装表的电流的绝大部分通过 R_P，而通过表头部分的电流甚小，不超过 I_g。

设改装后电表量程 I 为 I_g 的 n 倍，即 $I = nI_g$。由图 3.12-2 中并联电路的关系，有

$$I_g R_g = (I - I_g)R_P = (n-1)I_g R_P$$

由于通过改装表的电流与通过表头的电流成正比，所以表头指针偏转的大小就可以表示被测电流的量值。

根据改装表所要达到的量程，应并联的分流电阻 R_P 的值为

$$R_P = \frac{1}{n-1}R_g \tag{3.12-1}$$

因此，在表头上并联一个阻值为 $\frac{1}{n-1}R_g$ 的分流电阻，就能使表头的电流量程扩大到 I_g 的 n 倍。

3. 扩大表头的电压量程

表头的满度电压（$U_g = I_g R_g$）也很小，若要测量较大的电压，就得扩大表头的电压量

程，将表头改装成电压表。

在表头上串联一个分压电阻 R_S，如图 3.12-3 所示。表头及 R_S 作为整体，改装成大量程的电压表。加在改装表上的电压绝大部分降落在 R_S 上，而加在表头上的电压甚小，不超过 U_g。

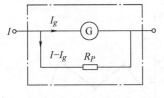 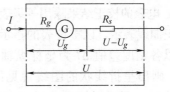

图 3.12-2　分流原理　　　　　　　　　图 3.12-3　分压原理

设改装后电压表的量程为 U，由图 3.12-3 串联电路的关系，有

$$U = (R_g + R_S)I_g$$

由于落在改装表上的电压与落在表头上的电压成正比，所以表头指针偏转的大小就可以表示被测电压的量值。

根据改装表所要达到的量程，应串联的分压电阻 R_S 的值为

$$R_S = \frac{U}{I_g} - R_g \qquad (3.12\text{-}2)$$

因此，在表头上串联一个阻值为 $\dfrac{U}{I_g} - R_g$ 的分压电阻，就能把表头改装成量程为 U 的电压表。

4. 电表的校正和最大允差的确定

通过与标准值比较来确定电表上每个刻度读数的正确值，称为"校准"。对于线性的电表，一般用调节元件等方法来校准零点和满刻度这两点，使之与标准值一致；其他各点的校准结果则用来确定该电表的最大允差。

（1）校准零点的方法是：先把电表的两接线柱短路，然后用旋具调节电表的调零螺钉，使电表的指针指向零点。

（2）校准满刻度的方法是：将电表接入相应的校准电路，使待校准的电表与标准电表（一般选用精度较高的电表）测量同一物理量（如电压、电流等）；然后调节输入物理量的大小，使标准电表的读数值恰好等于待校准电表的满刻度值，调节待校准电表中的元件（如可变电阻等）的值，使待校准电表的指针指到满刻度，即获得分流或分压电阻的实验值。

（3）其他各点的校准方法是：在校准电路中，调节输入物理量的大小使待校准的电表的指针指到某一刻度线，用标准电表测出该刻度线所对应的实际读数（设被校电表的指示值为 I，标准表读数为 I_0），求出两者的差值 $\Delta I_i = I_{0i} - I_i$。如此重复，得到电表各个刻度的差值。选取其中绝对值最大的一个即为该电表的仪器最大允差。将最大允差除以电表的量程，再乘 100，即得到电表的等级，即

$$\text{电表等级} = \frac{\text{电表最大允差}}{\text{量程}} \times 100$$

例如，一个满刻度为 1mA 的电流表，校准时得到各刻度值与标准电表的最大差值为

0.005mA，则其最大允差为0.005mA，电表的等级为0.5级；若最大差值为0.01mA，则为1.0级；最大差值为0.02mA，则为2.0级······（注意：电表的级别一般只以0.5级为阶，如算得的级别为1.2、1.3等，则取1.5级；算得的级别为1.6、1.7等，则取2.0级。）我国规定电表分为七个等级：0.1、0.2、0.5、1.0、1.5、2.5、5.0。

（4）电表的校正结果除用等级表示外，还经常用校正曲线表示。以被校表的指示值 I 为坐标横轴，以各刻度差值 ΔI 为坐标纵轴，根据数据 ΔI_i 和 I_i 画出呈折线状的图线（见图3.12-4）。使用电表时，可根据校正曲线查出指示值的偏差，对被校表的读数值进行修正，得到较为准确的结果。

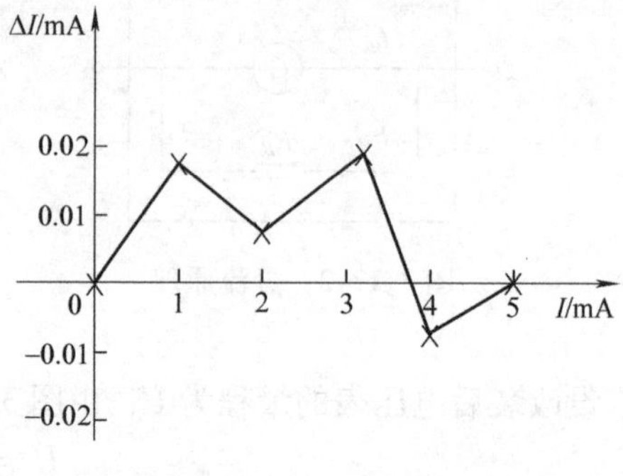

图3.12-4   电流表校正曲线

【实验仪器】

电源、表头（直流微安表）、电阻箱、滑线变阻器、0.5级直流微安表、0.5级多量程直流毫安表、0.5级多量程直流电压表、开关等。

【实验内容】

1. 测量表头内阻

按图3.12-1连接线路（电阻箱 R_2 的阻值调到2500Ω左右，方可合上电源，标准表 μA 的量程取100μA 或200μA，测量表头的满度电流 I_g，并用半偏法测量表头的内阻 R_g。

表头参数为：满度电流 I_g、表头内阻 R_g。

2. 将表头改装成量程为5mA的毫安表

（1）表头参数 I_g、R_g 及量程扩大倍数 n，计算分流电阻理论值 $R_P = \dfrac{R_g}{n-1}$，并按图3.12-2连接成改装表。实验中用电阻箱作为 R_P。

（2）按图3.12-5连接校正电路。

首先，校正电表指针指零，然后校正满度。调节 R_1，并对 R_P 稍加调节，使标准表的示值为5mA，同时改装表为满刻度。记下分流电阻实验修正值 R'_P，以后校正过程中保持 R'_P 不变。

（3）然后逐一改变 R_1 使改装表读数为4mA，3mA，2mA，1mA，读出标准表上相应读数，并作记录。

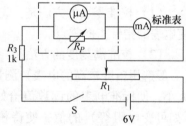

图3.12-5   毫安表改装和校正电路

改装表 I_i/mA						
标准表 I_{0i}/mA						
$\Delta I = (I_{0i} - I_i)$/mA						

$$电表等级 = \frac{电表最大允差}{量程} \times 100$$

作 ΔI-I 校正曲线。

3. 将表头改装成量程为 5V 的电压表

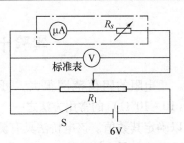

图 3.12-6　表头改装和校正电路

（1）按式（3.12-2）计算分压电阻理论计算值 $R_S = \dfrac{U}{I_g} - R_g$，按图 3.12-3 连接成改装表。实验中用电阻箱作为 R_S。

（2）按图 3.12-6 连接校正电路，并参照上述步骤［2 中的（2）、（3）］对改装的电压表进行校正。

分压电阻实验修正值为 R'_S。

改装表 U_i/V						
标准表 U_{0i}/V						
$\Delta U = (U_{0i} - U_i)/V$						

$$电表等级 = \frac{电表最大允差}{量程} \times 100$$

作 ΔU-U 校正曲线。

【注意事项】

1. 各电表在使用前要注意其机械零点的校正。

2. 使用多量程表时，量程选择由大而小，且使读数的有效位最多。

【思考题】

1. 还可用哪些方法测量表头内阻？试举几例。

2. 在各电路中电阻器 R_1 起什么作用？开始时活动端应放在什么位置？图 3.12-1 及图 3.12-5 中的 R_3 起什么作用？

实验十三　直流电桥与电阻的测量

电阻的阻值范围很大，可分为三大类型进行测量。惠斯通电桥法是测量中值电阻（$10 \sim 10^6\Omega$）的常用方法之一。它通过在电桥平衡条件下，将待测电阻与标准电阻进行比较以确定其数值。该电桥法具有测试灵敏、精确和使用方便等特点，已被广泛地应用于电工技术和非电量电测法中。

对于低值电阻（10Ω 以下），不能用通常的惠斯通电桥法测量，其主要原因是在接触处存在接触电阻（大小在 $10^{-2}\Omega$ 的数量级）。当待测电阻在 10Ω 甚至 $10^{-1}\Omega$ 以下时，显然接触电阻和引线电阻将使测量完全失去其正确性。因此，对于低值电阻，须采用可消除接触电阻和引线电阻的测量方法，四端接法是国际上通用的用于测量低值电阻的标准方法之一。它是通过测量待测电阻两端电压和流经的电流来确定其阻值的，具有测量直接及克服接触点电阻和引线电阻等特点，适用于各类电阻的测量，尤其是低值电阻的测量。

而对于高值电阻（$>10^7\Omega$）的测量，一般可利用兆欧表和数字万用表。

本实验利用惠斯通电桥法测量中值电阻，用四端接法测量低值电阻及待测金属丝的电阻率。

【实验目的】

1. 掌握惠斯通电桥测量电阻的原理和方法。
2. 掌握四端接法测量电阻的原理和方法。

【实验原理】

1. 惠斯通电桥的工作原理

惠斯通电桥的原理如图 3.13-1 所示，它是由电阻 R_1、R_2、R 和待测电阻 R_x，以及导线连成的封闭四边形 ABCDA 组成，其中对角线 AC 上接电源，对角线 BD 上接电压表。接入电压表的对角线称为"桥"，四个电阻 R_1、R_2、R 和 R_x 就称为"桥臂"。在一般情况下，电压表上有电压显示，若适当调节 R 的阻值，能使电压表的显示电压恰好为零，这时称为"电桥平衡"。

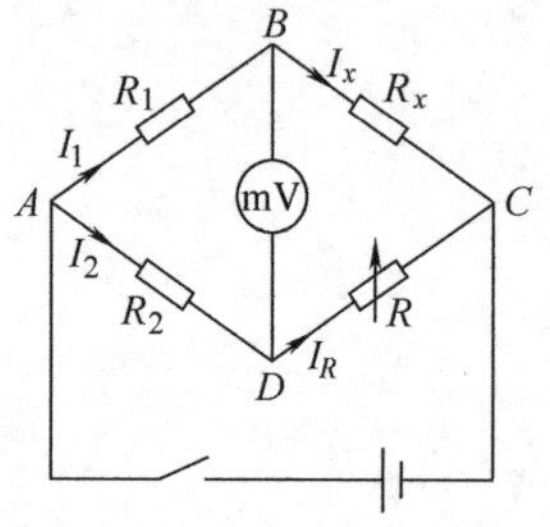

图 3.13-1　惠斯通电桥原理

电桥平衡时，表明 B、D 两点的电势相等，由此得到

$$U_{AB} = U_{AD}, \quad U_{BC} = U_{DC}$$

即
$$I_1 R_1 = I_2 R_2, \quad I_x R_x = I_R R \tag{3.13-1}$$

同时有

$$I_1 = I_x, \quad I_2 = I_R \tag{3.13-2}$$

由式（3.13-1）、式（3.13-2）可得

$$R_x = \frac{R_1}{R_2} R \tag{3.13-3}$$

由式（3.13-3）可以看出，当知道比率臂 R_1/R_2 及电阻 R 的数值后，就可算出 R_x。

2. 四端接法的工作原理

图 3.13-2 为四端接法电路图，如果已知通过待测电阻的电流 I，并通过测量得到了待测电阻上的电压 U_x 时，则待测电阻的阻值为

$$R_x = \frac{U_x}{I} \qquad\qquad (3.13\text{-}4)$$

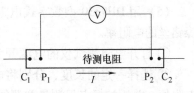

图 3.13-2　四端接法电路图

四端接法的基本特点是恒流电源通过两个电流引线极 C_1、C_2，将电流供给待测低值电阻，而数字电压表则通过两个电压引线极 P_1、P_2 来测量在待测电阻上所形成的电位差 U_x。由于两个电流引线极在两个电压引线极之外，因此可排除电流引线极接触电阻和引线电阻对测量的影响；又由于数字电压表的输入阻抗很高，电压引线极接触电阻和引线电阻对测量的影响可忽略不计。

3. 电阻率的测量

电阻 R 与电阻率 ρ 有如下关系：

$$R = \rho \frac{l}{S} \qquad\qquad (3.13\text{-}5)$$

式中，l 为待测电阻的长度；S 为待测电阻的横截面面积。如果待测电阻的直径为 d，则电阻率

$$\rho = \frac{\pi d^2}{4l} R \qquad\qquad (3.13\text{-}6)$$

通过测定 d、l 和 R，即可求得待测电阻的电阻率。

【实验仪器】

1. 电阻。

（1）精密电阻：100Ω、1kΩ 和 10kΩ 各 1 个；

（2）可变电阻箱；

（3）待测电阻：R_{x1}、R_{x2}、S-1（不锈钢丝）、S-2（镍铬丝）。

2. 电源与仪表：直流稳压电源（0 ~ 20 V）、直流恒流电源（0 ~ 100 mA）、数字万用表。

3. 镍铬丝、不锈钢丝、接线板、开关、螺旋测微器、游标卡尺等。

4. DH9330 型数字式电阻测试仪，该测试仪采用四端接法测量电阻，由四位 LED 数码管显示被测电阻的电阻值。

【实验内容】

1. 利用惠斯通电桥测量电阻

（1）参照图 3.13-1 自搭电桥测量装置。

（2）根据待测电阻量级适当选用 R_1/R_2，使可变电阻箱的最高位旋钮能用上，从而得到最多的有效数字位数。

（3）调节可变电阻箱的阻值 R，使电桥达到平衡，测量待测电阻 R_{x1}、R_{x2} 的电阻值。

2. 利用四端接法分别测量不锈钢丝和镍铬丝的电阻率

（1）连接四端接法测量电路。

（2）分别测量流经待测低值电阻 S-1（不锈钢丝）、S-2（镍铬丝）的电流 I 和 S-1、S-2 上的电压 U。

（3）作 S-1、S-2 的伏安特性曲线，利用图解法求出 S-1、S-2 的电阻值 R。

（4）测量 S-1、S-2 的直径 d（长度 $l = 21.00$ mm），求得不锈钢丝和镍铬丝的电阻率。

（5）用 DH9330 型数字式电阻测试仪测量不锈钢丝和镍铬丝的电阻值，并求不锈钢丝和镍铬丝的电阻率。

① 打开电阻测试仪的电源开关，根据待测电阻数量级大小选择适当的量程；

② 选择一定的长度，分别将电阻测试仪的两测线夹夹在不锈钢丝和镍铬丝上，测量其电阻值，并用游标卡尺测量两测线夹之间不锈钢丝和镍铬丝的长度；

③ 选择不同的不锈钢丝和镍铬丝的长度，重复步骤②的操作；

④ 任选 6 个不同位置用螺旋测微器测量不锈钢丝和镍铬丝的直径，并求直径的平均值；

⑤ 根据以上测量数据分别计算不锈钢丝和镍铬丝的电阻率的平均值。

【注意事项】

1. 用惠斯通电桥正式测量电阻前，首先观察改变电阻箱 R 时（增大或减小阻值），电压表读数变化的规律（向 " + " 或 " – " 方向趋于零），从而在测量过程中减少盲目性。

2. 调节可变电阻箱 R 时，应由高位到低位依次进行（低位值应先置零），当大阻值的旋钮转过一格，且电压表显示电压变向时（说明电桥平衡就在这一档数值内），再调节下一档小阻值的旋钮。

3. 调节可变电阻箱使电桥达到平衡时，电压表的量程应由高到低逐步切换，直至最低量程档。

【思考题】

1. 用惠斯通电桥测电阻时，如何适当选择比率臂 R_1/R_2？

2. 为什么四端接法能消除接触电阻和引线电阻的影响？

实验十四　*RLC* 电路特性的研究

电容、电感元件在交流电路中的阻抗是随着电源频率的改变而变化的。将正弦交流电压加到电阻、电容和电感组成的电路中时，各元件上的电压及相位也会随着变化，这称作电路的稳态特性；将一个阶跃电压加到 *RLC* 元件组成的电路中时，电路的状态会由一个平衡态转变到另一个平衡态，各元件上的电压会出现有规律的变化，这称为电路的暂态特性。

【实验目的】

1. 观测 *RC* 和 *RL* 串联电路的幅频特性和相频特性。
2. 了解 *RLC* 串联、并联电路的相频特性和幅频特性。
3. 观察和研究 *RLC* 电路的串联谐振和并联谐振现象。
4. 观察 *RC* 和 *RL* 电路的暂态过程，理解时间常数 τ 的意义。
5. 观察 *RLC* 串联电路的暂态过程及其阻尼振荡规律。

【实验仪器】

双踪示波器、数字存储示波器（选用）、低频功率信号源、十进制电阻器：SJ-006（$10 \times 10\Omega$，$10 \times 100\Omega$）、可调电容器：SJ-006-C5（$0.022\mu F$，$10\mu F$，$100\mu F$，$470\mu F$）、可调电感器：SJ-006-L5-1（$1mH$，$10mH$，$50mH$，$100mH$）、开关（SJ-001-1-钮子开关）、短接桥和连接导线（SJ-009，SJ-301，SJ-302）、九孔插件方板（SJ-010）。

【实验原理】

1. *RC* 串联电路的稳态特性

（1）*RC* 串联电路的频率特性。

在图 3.14-1 所示电路中，电阻 *R*、电容 *C* 的电压有以下关系式：

$$I = \frac{U}{\sqrt{R^2 + \left(\frac{1}{\omega C}\right)^2}} \tag{3.14-1}$$

$$U_R = IR \tag{3.14-2}$$

$$U_C = \frac{I}{\omega C} \tag{3.14-3}$$

$$\varphi = -\arctan\frac{1}{\omega CR} \tag{3.14-4}$$

式中，ω 为交流电源的角频率；U 为交流电源的电压有效值；φ 为电流和电源电压的相位差，它与角频率 ω 的关系如图 3.14-2 所示。

可见当 ω 增加时，I 和 U_R 增加，而 U_C 减小。当 ω 很小时，$\varphi \to -\frac{\pi}{2}$；当 ω 很大时，$\varphi \to 0$。

（2）*RC* 低通滤波电路如图 3.14-3 所示，其中 U_i 为输入电压，U_o 为输出电压，则有

$$\frac{U_o}{U_i} = \frac{1}{1 + j\omega RC} \tag{3.14-5}$$

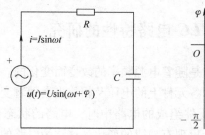 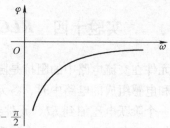

图 3.14-1 RC 串联电路   图 3.14-2 RC 串联电路的相频特性

上式是一个复数，其模为

$$\left|\frac{U_o}{U_i}\right| = \frac{1}{\sqrt{1 + (\omega RC)^2}} \tag{3.14-6}$$

设 $\omega_0 = \dfrac{1}{RC}$，则由上式可知：

$\omega = 0$ 时，$\left|\dfrac{U_o}{U_i}\right| = 1$；

$\omega = \omega_0$ 时，$\left|\dfrac{U_o}{U_i}\right| = \dfrac{1}{\sqrt{2}} = 0.707$；

$\omega \to \infty$ 时，$\left|\dfrac{U_o}{U_i}\right| = 0$。

可见 $\left|\dfrac{U_o}{U_i}\right|$ 随 ω 的变化而变化，并且当 $\omega < \omega_0$ 时，$\left|\dfrac{U_o}{U_i}\right|$ 变化较小；当 $\omega > \omega_0$ 时，$\left|\dfrac{U_o}{U_i}\right|$ 明显下降。这就是低通滤波器的工作原理，它使较低频率的信号容易通过，而阻止较高频率的信号通过。

（3）RC 高通滤波电路

RC 高通滤波电路的原理图如图 3.14-4 所示。

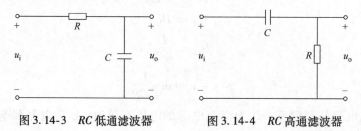

图 3.14-3 RC 低通滤波器   图 3.14-4 RC 高通滤波器

根据图 3.14-4 分析，有

$$\left|\frac{U_o}{U_i}\right| = \frac{1}{\sqrt{1 + \left(\dfrac{1}{\omega RC}\right)^2}} \tag{3.14-7}$$

同样令 $\omega_0 = \dfrac{1}{RC}$，则：

$\omega = 0$ 时，$\left|\dfrac{U_o}{U_i}\right| = 0$；

$\omega = \omega_0$ 时，$\left| \dfrac{U_o}{U_i} \right| = \dfrac{1}{\sqrt{2}} = 0.707$；

$\omega \to \infty$ 时，$\left| \dfrac{U_o}{U_i} \right| = 1$。

可见该电路的特性与低通滤波电路相反，它对低频信号的衰减作用较大，而使高频信号容易通过，衰减作用很小，通常称作高通滤波电路。

2. RL 串联电路的稳态特性

RL 串联电路如图 3.14-5 所示，可见电路中 I、U、U_R、U_L 有以下关系：

$$I = \dfrac{U}{\sqrt{R^2 + (\omega L)^2}} \tag{3.14-8}$$

$$U_R = IR, \quad U_L = I\omega L \tag{3.14-9}$$

$$\varphi = \arctan \dfrac{\omega L}{R} \tag{3.14-10}$$

可见 RL 电路的幅频特性与 RC 电路相反，当 ω 增加时，I、U_R 减小，U_L 则增大。它的相频特性如图 3.14-6 所示。

由图 3.14-6 可知，当 ω 很小时，$\varphi \to 0$；当 ω 很大时，$\varphi \to \pi/2$。

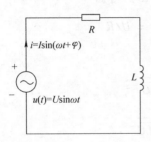

图 3.14-5　RL 串联电路　　　　图 3.14-6　RL 串联电路的相频特性

3. RLC 电路的稳态特性

在电路中如果同时存在电感和电容元件，那么在一定条件下会产生某种特殊状态，能量会在电容和电感元件中产生交换，我们称之为谐振现象。

（1）RLC 串联电路。

在如图 3.14-7 所示电路中，电路的总阻抗为 $|Z|$，电压 U、U_R 和 i 之间有以下关系：

$$|Z| = \sqrt{R^2 + \left(\omega L - \dfrac{1}{\omega C} \right)^2} \tag{3.14-11}$$

$$i = \dfrac{U}{\sqrt{R^2 + \left(\omega L - \dfrac{1}{\omega C} \right)^2}} \tag{3.14-12}$$

$$\varphi = \arctan \dfrac{\omega L - \dfrac{1}{\omega C}}{R} \tag{3.14-13}$$

图 3.14-7　RLC 串联电路

式中，ω 为角频率，可见以上参数均与 ω 有关，它们与频率的关系称为频响特性，如图

3. 14-8 所示。

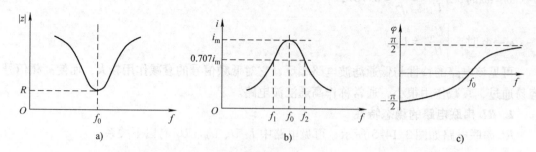

图 3.14-8 *RLC* 串联电路的阻抗特性、幅频特性、相频特性
a) *RLC* 串联电路的阻抗特性 b) *RLC* 串联电路的幅频特性 c) *RLC* 串联电路的相频特性

由图 3.14-8 可知，在频率 f_0 处阻抗 Z 的值最小，且整个电路呈纯电阻性，而当电流 i 达到最大值时，我们称 f_0 为 *RLC* 串联电路的谐振频率（ω_0 为谐振角频率）。从图 3.14-8 还可知，在 $f_1 \sim f_0 \sim f_2$ 的频率范围内 i 值较大，我们称为通频带。

下面我们推导出 $f_0(\omega_0)$ 和另一个重要的参数——品质因数 Q。

当 $\omega L = \dfrac{1}{\omega C}$ 时，由式（3.14-11）~式（3.14-13）可知

$$|Z| = R, \ \varphi = 0, \ i_{\mathrm{m}} = U/R$$

这时的

$$\omega = \omega_0 = \frac{1}{\sqrt{LC}} \tag{3.14-14}$$

$$f = f_0 = \frac{1}{2\pi\sqrt{LC}} \tag{3.14-15}$$

电感上的电压为

$$U_L = i_{\mathrm{m}} |Z_L| = \frac{\omega_0 L}{R} U \tag{3.14-16}$$

电容上的电压为

$$U_C = i_{\mathrm{m}} |Z_C| = \frac{1}{R\omega_0 C} U \tag{3.14-17}$$

U_C 或 U_L 与 U 的比值称为品质因数 Q：

$$Q = \frac{U_L}{U} = \frac{U_C}{U} = \frac{\omega_0 L}{R} = \frac{1}{R\omega_0 C} \tag{3.14-18}$$

可以证明 $\nabla f = \dfrac{f_0}{Q}$，$Q = \dfrac{f_0}{\nabla f}$。

（2）*RLC* 并联电路。

在图 3.14-9 所示的电路中有

$$|Z| = \sqrt{\frac{R^2 + (\omega L)^2}{(1 - \omega^2 LC)^2 + (\omega RC)^2}} \tag{3.14-19}$$

$$\varphi = \arctan \frac{\omega L - \omega C[R^2 + (\omega L)^2]}{R} \tag{3.14-20}$$

可以求得并联谐振角频率为

$$\omega_0 = 2\pi f_0 = \sqrt{\frac{1}{LC} - \left(\frac{R}{L}\right)^2} \qquad (3.14\text{-}21)$$

可见并联谐振频率与串联谐振频率并不相等（当 Q 值很大时才近似相等）。

图 3.14-10 给出了 RLC 并联电路的阻抗、电压和相位差随频率的变化关系。和 RLC 串联电路类似，品质因数 $Q = \dfrac{\omega_0 L}{R} = \dfrac{1}{R\omega_0 C}$。

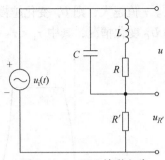

图 3.14-9　RLC 并联电路

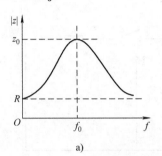 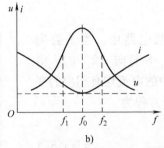 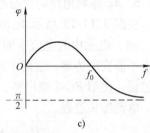

图 3.14-10　RLC 并联电路的阻抗特性、幅频特性、相频特性

由以上分析可知，RLC 串联电路及并联电路对交流信号都具有选频特性，在谐振频率点附近，有较大的信号输出，其他频率的信号则被衰减。这些在通信领域和高频电路中都得到了非常广泛的应用。

4. RC 串联电路的暂态特性

电压值从一个值跳变到另一个值称为阶跃电压。

在图 3.14-11 所示电路中，当开关 S 合向 "1" 时，设 C 中初始电荷为零，则电源 E 通过电阻 R 对 C 充电，充电完成后，把 S 打向 "2"，电容开始放电，其充电方程为

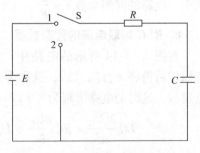

$$\frac{\partial U_C}{\partial t} + \frac{1}{RC} U_C = \frac{E}{RC} \qquad (3.14\text{-}22)$$

放电方程为

$$\frac{\partial U_C}{\partial t} + \frac{1}{RC} U_C = 0 \qquad (3.14\text{-}23)$$

图 3.14-11　RC 串联电路的暂态特性

可求得充电过程时

$$U_C = E\left(1 - e^{-\frac{t}{RC}}\right) \qquad (3.14\text{-}24)$$

$$U_R = E e^{-\frac{t}{RC}} \qquad (3.14\text{-}25)$$

放电过程时

$$U_C = E e^{-\frac{t}{RC}} \qquad (3.14\text{-}26)$$

$$U_R = - E e^{-\frac{t}{RC}} \qquad (3.14\text{-}27)$$

由上述公式可知 U_C、U_R 和 i 均按指数规律变化。令 $\tau = RC$，τ 称为 RC 电路的时间常

数。τ 值越大，则 U_C 变化越慢，即电容的充电或放电越慢。图 3.14-12 给出了不同 τ 值下的 U_C 变化情况，其中 $\tau_1 < \tau_2 < \tau_3$。

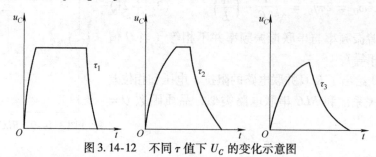

图 3.14-12　不同 τ 值下 U_C 的变化示意图

5. *RL* 串联电路的暂态过程

在图 3.14-13 所示的 *RL* 串联电路中，当 S 打向"1"时，电感中的电流不能突变，S 打向"2"时，电流也不能突变为零，这两个过程中的电流均有相应的变化过程。类似 *RC* 串联电路，电压方程为

电流增长过程

$$U_L = Ee^{-\frac{R}{L}t} \qquad (3.14\text{-}28)$$

$$U_R = E(1 - e^{-\frac{R}{L}t}) \qquad (3.14\text{-}29)$$

电流消失过程

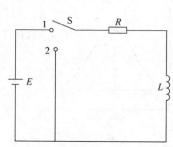

图 3.14-13　*RL* 串联电路的暂态过程

$$U_L = -Ee^{-\frac{R}{L}t} \qquad (3.14\text{-}30)$$

$$U_R = Ee^{-\frac{R}{L}t} \qquad (3.14\text{-}31)$$

式中，电路的时间常数 $\tau = \dfrac{L}{R}$。

6. *RLC* 串联电路的暂态过程

在图 3.14-14 所示的电路中，先将 S 打向"1"，待稳定后再将 S 打向"2"，这称为 *RLC* 串联电路的放电过程，这时的电路方程为

$$LC \frac{\partial^2 U_C}{\partial t^2} + RC \frac{\partial U_C}{\partial t} + U_C = 0 \quad (3.14\text{-}32)$$

初始条件为 $t = 0$，$U_C = E$，$\dfrac{\partial U_C}{\partial t} = 0$，这样方程的解一般按 R 值的大小可分为三种情况：

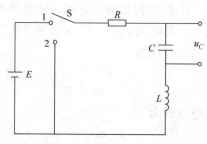

图 3.14-14　*RLC* 串联电路的暂态过程

（1）$R < 2\sqrt{L/C}$ 时，为欠阻尼

$$U_C = \frac{1}{\sqrt{1 - \dfrac{C}{4L}R^2}} Ee^{-\frac{t}{\tau}} \qquad (3.14\text{-}33)$$

式中，$\tau = \dfrac{2L}{R}$。此时，$\omega = \dfrac{1}{\sqrt{LC}}\sqrt{1 - \dfrac{C}{4L}R^2}$。

（2）$R > 2\sqrt{L/C}$ 时，为过阻尼

$$U_C = \frac{1}{\sqrt{\frac{C}{4L}R^2 - 1}} E e^{-\frac{t}{\tau}} \text{sh}(\omega t + \varphi) \tag{3.14-34}$$

式中，$\tau = \dfrac{2L}{R}$；$\omega = \dfrac{1}{\sqrt{LC}}\sqrt{\dfrac{C}{4L}R^2 - 1}$。

（3）$R = 2\sqrt{L/C}$ 时，为临界阻尼

$$U_C = \left(1 + \frac{t}{\tau}\right) E e^{-\frac{t}{\tau}} \tag{3.14-35}$$

图 3.14-15 为这三种情况下的 U_C 变化曲线，其中 1 为欠阻尼，2 为过阻尼，3 为临界阻尼。

如果当 $R \ll 2\sqrt{L/C}$ 时，则曲线 1 的振幅衰减很慢，能量的损耗较小。能够在 L 与 C 之间不断交换，可近似为 LC 电路的自由振荡，这时 $\omega \approx \dfrac{1}{\sqrt{LC}} = \omega_0$，$\omega_0$ 为 $R = 0$ 时 LC 回路的固有频率。

对于充电过程，与放电过程相类似，只是初始条件和最后平衡的位置不同。

图 3.14-16 给出了充电时不同阻尼的 U_C 变化曲线图。

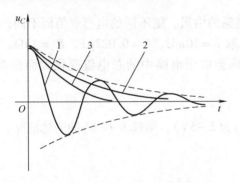
图 3.14-15　放电时的 U_C 曲线示意图

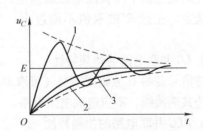
图 3.14-16　充电时的 U_C 曲线示意图

【实验内容】

对 RC、RL、RLC 电路的稳态特性的观测采用正弦波。对 RLC 电路的暂态特性观测可采用直流电源和方波信号，用方波作为测试信号时可用普通示波器方便地进行观测；以直流信号进行实验时，需要用数字存储示波器才能得到较好的观测效果。

注意：仪器采用开放式设计，使用时要正确接线，不要短路功率信号源，以防损坏。

1. RC 串联电路的稳态特性

（1）RC 串联电路的幅频特性

选择正弦波信号，保持其输出幅度不变，分别用示波器测量不同频率时的 U_R、U_C，可取 $C = 0.022 \mu\text{F}$，$R = 1\text{k}\Omega$，也可根据实际情况自选 R、C 参数。

用双通道示波器观测时可用一个通道监测信号源电压，另一个通道分别测 U_R、U_C，但需注意两通道的接地点应位于线路的同一点，否则会引起部分电路短路。

（2）RC 串联电路的相频特性

将信号源电压 U 和 U_R 分别接至示波器的两个通道，可取 $C = 0.022\mu F$、$R = 1k\Omega$（也可自选）。从低到高调节信号源频率，观察示波器上两个波形的相位变化情况，可用李萨如图形法观测，并记录不同频率时的相位差。

2. RL 串联电路的稳态特性

测量 RL 串联电路的幅频特性和相频特性与测量 RC 串联电路时的方法类似，可选 $L = 10mH$，$R = 1k\Omega$，也可自行确定。

3. RLC 串联电路的稳态特性

自选合适的 L 值、C 值和 R 值，用示波器的两个通道测信号源电压 U 和电阻电压 U_R，必须注意两通道的公共线是相通的，接入电路中时应在同一点上，否则会造成短路。

（1）幅频特性

保持信号源电压 U 不变（可取 $U_{P-P} = 5V$），根据所选的 L、C 值，估算谐振频率，以选择合适的正弦波频率范围。从低到高调节频率，当 U_R 的电压为最大时的频率即为谐振频率，记录下不同频率时的 U_R 大小。

（2）相频特性

用示波器的双通道观测 U 的相位差，U_R 的相位与电路中电流的相位相同，观测在不同频率下的相位变化，记录下某一频率时的相位差值。

4. RLC 并联电路的稳态特性

按图 3.14-9 进行连线，注意此时 R 为电感的内阻，随不同的电感取值而不同，它的值可在相应的电感值下用直流电阻表测量，选取 $L = 10mH$、$C = 0.022\mu F$、$R' = 1k\Omega$。也可自行设计选定。注意 R' 的取值不能过小，否则会由于电路中的总电流变化大而影响 U'_R 的大小。

（1）LC 并联电路的幅频特性

保持信号源的 U 值幅度不变（可取 U_{P-P} 为 2～5V），测量 U 和 U'_R 的变化情况。注意示波器的公共端接线，不应造成电路短路。

（2）RLC 并联电路的相频特性

用示波器的两个通道观测 U 与 U'_R 的相位变化情况，自行确定电路参数。

5. RC 串联电路的暂态特性

如果选择信号源为直流电压，观察单次充电过程要用存储式示波器。我们选择方波作为信号源进行实验，以便用普通示波器进行观测。由于采用了功率信号输出，故应防止短路。

（1）选择合适的 R 值和 C 值，根据时间常数 τ，选择合适的方波频率，一般要求方波的周期 $T > 10\tau$，这样能较完整地反映暂态过程，并且选用合适的示波器扫描速度，以完整地显示暂态过程。

（2）改变 R 值或 C 值，观测 U_R 或 U_C 的变化规律，记录下不同 R、C 值时的波形情况，并分别测量时间常数 τ。

（3）改变方波频率，观察波形的变化情况，分析相同的 τ 值在不同频率时的波形变化情况。

6. RL 电路的暂态过程

选取合适的 L 值与 R 值，注意 R 的取值不能过小，因为 L 存在内阻。如果波形有失真或自激现象，则应重新调整 L 值与 R 值进行实验，方法与 RC 串联电路的暂态特性实验类似。

7. RLC 串联电路的暂态特性

（1）先选择合适的 L 值与 C 值，根据选定参数，调节 R 值大小。观察三种阻尼振荡的波形。如果欠阻尼时振荡的周期数较少，则应重新调整 L、C 值。

（2）用示波器测量欠阻尼时的振荡周期 T 和时间常数 τ。时间常数 τ 反映了振荡幅度的衰减速度，从最大幅度衰减到最大幅度的 36.8% 处的时间即为 τ 值。

【数据处理】

1. 根据测量结果绘制 RC 串联电路的幅频特性和相频特性图。

2. 根据测量结果绘制 RL 串联电路的幅频特性和相频特性图。

3. 分析 RC 低通滤波电路和 RC 高通滤波电路的频率特性。

4. 根据测量结果绘制 RLC 串联电路、RLC 并联电路的幅频特性和相频特性图，并计算电路的 Q 值。

5. 根据不同的 R 值、C 值和 L 值，分别绘出 RC 电路和 RL 电路的暂态响应曲线，并分析它们有何区别？

6. 根据不同的 R 值绘出 RLC 串联电路的暂态响应曲线，并分析 R 值大小对充放电的影响。

实验十五　非线性元件伏安特性的研究

对于满足欧姆定律 $U = RI$ 的电阻，若加在其两端的电压 U 与通过该电阻的电流 I 呈线性关系，则这种电阻叫线性电阻。但是很多器件的电压与电流不满足线性关系，这种电阻叫非线性电阻。非线性元件的阻值用微分电阻表示，定义为

$$R = \frac{dU}{dI} \tag{3.15-1}$$

它表示电压随电流的变化率，又叫动态电阻或特性电阻。这个定义是电阻的普遍定义。

非线性电阻伏安特性总是与一定的物理过程相联系，如发热、发光、能级跃迁等。江崎玲於奈等人因研究与隧道二极管负电阻有关的隧穿现象而获得 1973 年的诺贝尔物理学奖。

【实验目的】

1. 针对所给各种非线性元件的特点，选择一定的实验方法，设计合理的检测电路，选用配套的实验仪器，测绘出它们的伏安特性曲线。

2. 学习从实验曲线获取有关信息的方法。

【实验原理】

要测绘各非线性元件的伏安特性曲线，一定要了解各非线性元件的特性，才能选择正确的实验方法和合理的检测电路，得出正确的实验结论。常用的非线性元件有：整流二极管、检波二极管、稳压二极管、发光二极管和光电二极管等。

1. 非线性元件的伏安特性

各种二极管都是由 PN 结构成的。在本征半导体硅中掺杂五价元素形成导电性更强的 N 型半导体，因为其中五价元素取代晶格中硅原子的位置，与周围的共价键结合时，多出一个电子，更容易变成自由电子，所以此类半导体中电子是多数载流子，空穴为少子。在本征半导体硅中掺杂三价元素则形成 P 型半导体，三价元素与周围的硅结合时多出一个空穴，空穴是多数载流子，电子为少子。当 P 型半导体和 N 型半导体接触时，由于接触面间的浓度差，使得 P 区的多数载流子空穴向 N 区扩散，同时 N 区的多数载流子电子向 P 区扩散，形成耗尽层和空间电荷区，空间电荷区的内建电场逐渐阻碍多子的扩散和加速少子的漂移，最后两者的运动达到动态平衡，电流为零，形成 PN 结，如图 3.15-1 所示。

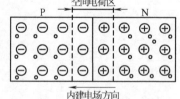

图 3.15-1　PN 结

在 PN 结两端加 P 高 N 低的正向电压时，产生的外电场削弱内建电场，漂移运动可以忽略，扩散运动逐渐不受阻碍，PN 结开启导电。加相反的电压时，只有很小的漂移电流，PN 结处于不导电状态。因此，PN 结具有正向导通、反向截止的单向导电性。

二极管与 PN 结一样具有单向导电性。但是由于二极管存在半导体体电阻和引线电阻，所以当外加正向电压时，在电流相同的情况下，二极管的端电压大于 PN 结上的压降；在大电流情况下，这种影响更为明显。在近似分析时，仍然用 PN 结的电流方程式

$$i = I_S \left(e^{\frac{U}{U_T}} - 1 \right) \tag{3.15-2}$$

来描述二极管的伏安特性，如图 3.15-2 所示。式中，I_S 为反向饱和电流；$U_T = k_B T/q$，k_B 为玻耳兹曼常数；T 为热力学温度。

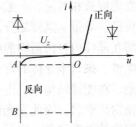

图 3.15-2 二极管的伏安特性曲线

实测二极管的伏安特性时发现，只有当正向电压足够大时，正向电流才从零开始随端电压按指数规律增大。使二极管开始导通的临界电压称为开启电压 U_{on}，硅和锗材料的开启电压分别近似为 0.5V 和 0.1V。它们的导通电压分别为 0.6 ~ 0.8V 和 0.1 ~ 0.3V。当二极管所加反向电压的数值足够大时，反向电流为 I_S。反向电压太大将会使二极管被击穿，不同型号二极管的击穿电压差别很大，从几十伏到几千伏。

在实际应用中应根据所用场合选择符合要求的二极管。

2. 几种常用的二极管

（1）检波和整流二极管

整流电路就是利用二极管的单向导电性把交流电变为单向直流电的电路，最简单的半波整流如图 3.15-3 所示，利用二极管将输入交流电的一个半周切除，使得输出的电压只有半周。

检波指的是从高频已调信号中检出调制信号的过程，实际上它是调制的相反过程。

例如，振幅检波就是从高频调幅波中检出一个低频信号的过程，这个低频信号的频率和形状都和高频调幅波的包络线一致，如图 3.15-4 所示。

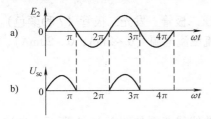

图 3.15-3 半波整流

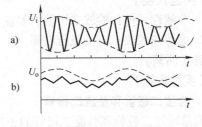

图 3.15-4 检波

检波过程主要是依靠二极管 PN 结的单向导电作用及电容器 C 的瞬态效应来实现的。

检波二极管和整流二极管都具有单向导电作用，它们的差别在于允许通过电流的大小和使用频率范围的高低。

（2）稳压二极管

稳压二极管有着与普通二极管相类似的伏安特性，其正向特性为指数曲线。当稳压二极管外加反向电压的数值大到一定程度时则击穿，其击穿区的曲线很陡，几乎平行于纵轴，稳压二极管两端的电压保持恒定，这个电压叫稳压二极管的工作电压。只要控制反向电流不超过一定值，稳压二极管就不会因过热而损坏。稳压二极管的反向击穿具有可逆性。

（3）发光二极管

发光二极管（Light Emitting Diode，以下简称 LED）指的是当在其正向施加电压时，有电流注入，电子与空穴复合，其一部分能量变换为光并发射的二极管。LED 的基本结构是将 LED 芯片置于导体框架上，连接引线后用透明树脂封装，做成显示灯。对于制作 LED 的材料，一是要求电子与空穴的输运效率高；二是要求电子与空穴复合时放出的能量应与所需要的发光波长相对应，一般多采用化合物半导体单晶材料。在半导体中，电子可能存在的能态有价带、导带、禁带之分。价带是参与原子间键合的电子可能存在的能带；导带是脱离原子束缚在晶体内自由运动的电子可能存在的能带；禁带则是位于价带与导带之间，不存在电子的能带。来自半导体的发光，是穿越这种材料固有禁带的电子与价带的空穴复合时所产生的现象。在能带结构中，由于导带和价带都为抛物线形状，因此发光谱两端都会有不同程度的加宽现象。实际 LED 的 PN 结处由于能垒的作用，会妨碍电子向 P 型区扩散或妨碍空穴向 N 型区扩散，但当在 PN 结上施加正向电压时，在电压的作用下，PN 结（见图 3.15-5）会使能垒降低，从而使穿越能垒的电子向 P 型区扩散，注入的少数载流子与多数载流子复合从而发光。与材料的禁带宽度所对应的电压叫发光二极管的开启电压。当加在发光

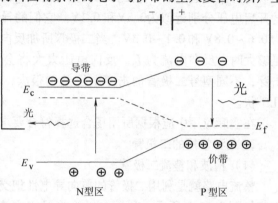

图 3.15-5　电压作用下的 PN 结

二极管两端的电压小于开启电压时，发光二极管不会发光，其中也没有电流流过。电压一旦超过开启电压，电流急剧上升，二极管处于导通状态并发光，此时电流与电压呈线性关系，直线与电压坐标的交点可以认为是开启电压。

【实验仪器】

1. 非线性元件：检波二极管、整流二极管、稳压二极管、发光二极管（7 种颜色）。

2. 电源与仪表：直流稳压电源（0~20V）、直流恒流电源（0~2mA，0~20mA）、数字万用表（两只）。

【实验内容】

1. 检波二极管和整流二极管

测量检波二极管和整流二极管的正向伏安特性曲线线路图如图 3.15-6 所示。检波二极管最大正向电流≤20mA，整流二极管的正向电流≤20mA。每条曲线的实验点不得少于 20 个。

2. 稳压二极管

测量稳压二极管的反向伏安特性曲线，线路图如图 3.15-7 所示。稳压二极管的最大反向电流≤20mA，工作电压约为 5V。每条曲线的实验点不得少于 20 个。解释稳压二极管的工作原理，并给出工作电压。

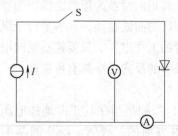

图 3.15-6　检波（整流）二极管实验线路图

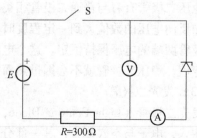

图 3.15-7　稳压二极管实验线路图

3. 发光二极管

要求测量 3 个发光二极管的正向伏安特性，线路图同检波二极管。利用伏安特性曲线和实验中的观察（红外除外）找到开启电压，并根据公式

$$eU = h\frac{c}{\lambda} \tag{3.15-3}$$

计算 3 个发光二极管所发出的光的波长。其中，h 为普朗克常量，$h = 6.626 \times 10^{-34}$ J·s；c 为光速，$c = 2.998 \times 10^8$ m·s^{-1}；$e = 1.602 \times 10^{-19}$ C；λ 为光的波长。在测量发光二极管的伏安特性时，电流源最大正向电流 $I < 20$ mA。每条曲线的实验点不得少于 15 个。

【注意事项】

1. 实验开始时要检查所配置的器件数目及其是否正常，二极管可用万用表的二极管挡来检查正向导通、反向截止。

2. 接线时，开关要处于断开的状态。测量时，电压和电流一定要从零开始，由小到大增加！实验点应均匀分布在实验曲线上。

3. 在整个测量过程中，要保证电流表的量程不变。

4. 实验完成后对每一元件进行检查。

【思考题】

1. 总结各非线性元件的伏安特性。

2. 试回答 PN 结为何会具有单向导电性？

实验十六　太阳电池伏安特性的测量

太阳电池（Solar Cell），也称为光伏电池，是将太阳光辐射能直接转换为电能的器件。由这种器件封装成太阳电池组件，再按需要将一块以上的组件组合成一定功率的太阳电池方阵，经与储能装置、测量控制装置及直流-交流变换装置等相配套，即构成太阳电池发电系统，也称之为光伏发电系统。它具有不消耗常规能源、无转动部件、寿命长、维护简单、使用方便、功率大小可任意组合、无噪声、无污染等优点。世界上第一块实用型半导体太阳电池是美国贝尔实验室于1954年研制的。经过人们半个多世纪的努力，太阳电池的研究、开发与产业化已取得巨大进步。目前，太阳电池已成为空间卫星的基本电源和地面无电、少电地区及某些特殊领域（通信设备、宇宙飞船、气象台站、航标灯等）的重要电源。随着太阳电池制造成本的不断降低，太阳能光伏发电将逐步地部分替代常规发电。近年来，在美国和日本等发达国家，太阳能光伏发电已进入城市电网。从地球上石化燃料资源的渐趋耗竭和大量使用石化燃料必将使人类生态环境污染日趋严重的战略观点出发，世界各国特别是发达国家对于太阳能光伏发电技术十分重视，并将其摆在可再生能源开发利用的首位。因此，太阳能光伏发电有望成为21世纪的重要新能源。有专家预言，在21世纪中叶，太阳能光伏发电将占世界总发电量的15%～20%，成为人类的基础能源之一，在世界能源构成中占有一定的地位。

【实验目的】

1. 了解太阳电池的工作原理及其应用。
2. 测量太阳电池的伏安特性曲线。

【实验原理】

1. 太阳电池的结构

以晶体硅太阳电池为例，其结构示意图如图3.16-1所示。晶体硅太阳电池通过硅半导体材料制成的大面积PN结进行工作。一般采用N^+/P同质结的结构，如在约$10cm \times 10cm$面积的P型硅片（厚度约$500\mu m$）上用扩散法制作出一层很薄（厚度约$0.3\mu m$）的经过重掺杂的N型层。然后在N型层上面制作金属栅线，作为正面接触电极。在整个背面也制作金属膜，作为背面欧姆接触电极。这样就形成了晶体硅太阳电池。为了减少光的反射损失，一般在整个表面上再覆盖一层减反射膜。

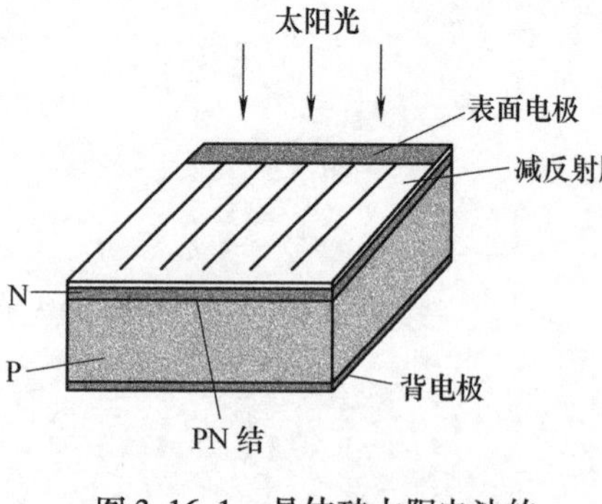

图3.16-1　晶体硅太阳电池的结构示意图

2. 光伏效应

当光照射在距太阳电池表面很近的PN结时，只要入射光子的能量大于半导体材料的禁带宽度E_g，则在P区、N区和结区光子就会被吸收并产生电子-空穴对。那些在结附近N区中产生的少数载流子由于存在浓度梯度而要扩散。只要少数载流子离PN结的距离小于它的扩散长度，就总会有一定的概率扩散到结界面处。在P区与N区交界面的两侧即结区，存在一空间电荷区，也称为耗尽区。在耗尽区中，正、负电荷间形成一电场，电场方向由 N 区指向 P 区，这个电场称为内建电场。这些扩散到结界面处的少数载流子（空穴）在内建电场的作用下被拉向 P 区。同样，如果在结附近 P 区中产生的少数载流子（电子）扩散到结界面处，也会被内建电场迅速被拉向 N 区。结区内产生的电子-空穴对在内建电场的作用下分别移向 N 区和 P 区。如果外电路处于开路状态，那么这些光生电子和空穴积累在 PN 结附近，使 P 区获得附加正电荷，N 区获得附加负电荷，这样在 PN 结上产生一个光生电动势。这一现象称为光伏效应（Photovoltaic Effect，缩写为 PV）。

3. 太阳电池的表征参数

太阳电池的工作原理是基于光伏效应。当光照射太阳电池时，将产生一个由 N 区到 P 区的光生电流 I_{ph}。同时，由于 PN 结二极管的特性，存在正向二极管电流 I_D，此电流方向从 P 区到 N 区，与光生电流相反。因此，实际获得的电流 I 为

$$I = I_{ph} - I_D = I_{ph} - I_0\left[\exp\left(\frac{qU_D}{nk_BT}\right) - 1\right] \tag{3.16-1}$$

式中，U_D 为结电压；I_0 为二极管的反向饱和电流；I_{ph} 为与入射光的强度成正比的光生电流，其比例系数是由太阳电池的结构和材料的特性决定的；n 称为理想系数，是表示 PN 结特性的参数，其值通常在 $1 \sim 2$ 之间；q 为电子电荷；k_B 为玻耳兹曼常数；T 为温度。

如果忽略太阳电池的串联电阻 R_s，U_D 即为太阳电池的端电压 U，则式（3.16-1）可写为

$$I = I_{ph} - I_0\left[\exp\left(\frac{qU}{nk_BT}\right) - 1\right] \tag{3.16-2}$$

当太阳电池的输出端短路时，$U = 0$（$U_D \approx 0$），由式（3.16-2）可得到短路电流

$$I_{sc} = I_{ph} \tag{3.16-3}$$

即太阳电池的短路电流等于光生电流，与入射光的强度成正比。当太阳电池的输出端开路时，$I = 0$，由式（3.16-2）和式（3.16-3）可得到开路电压

$$U_{oc} = \frac{nk_BT}{q}\ln\left(\frac{I_{sc}}{I_0} + 1\right) \tag{3.16-4}$$

当太阳电池接上负载 R 时，所得伏安特性曲线如图 3.16-2 所示。负载 R 可以从零到无穷大。当负载 R_m 使太阳电池的功率输出为最大时，它所对应的最大功率 P_m 为

$$P_m = I_m U_m \tag{3.16-5}$$

式中，I_m 和 U_m 分别为最佳工作电流和最佳工作电压。将 U_{oc} 与 I_{sc} 的乘积与最大功率 P_m 之比定义为填充因子 FF，则

$$FF = \frac{P_m}{U_{oc}I_{sc}} = \frac{U_m I_m}{U_{oc}I_{sc}} \tag{3.16-6}$$

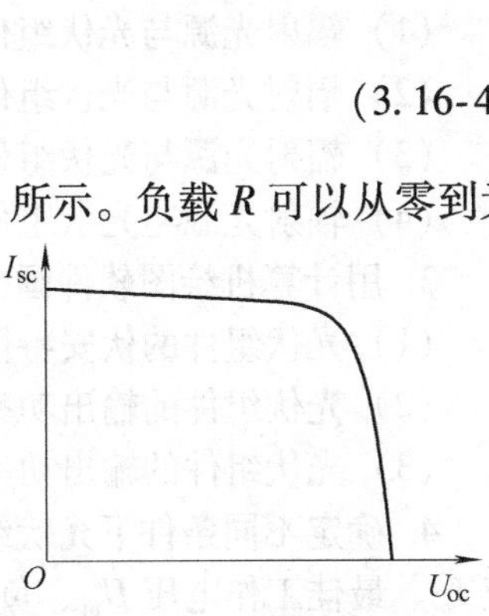

图 3.16-2 太阳电池的伏安特性曲线

FF 为太阳电池的重要表征参数，FF 愈大则输出的功率愈高。FF 取决于入射光强、材料的禁带宽度、理想系数、串联电阻和并联电阻等。

太阳电池的转换效率 η 定义为太阳电池的最大输出功率与照射到太阳电池的总辐射能 P_{in} 之比，即

$$\eta = \frac{P_m}{P_{in}} \times 100\% \tag{3.16-7}$$

4. 太阳电池的等效电路

太阳电池可用 PN 结二极管 VD、恒流源 I_{ph}、太阳
电池的电极等引起的串联电阻 R_s 和相当于 PN 结泄漏电
流的并联电阻 R_{sh} 组成的电路来表示，如图 3.16-3 所
示，该电路为太阳电池的等效电路。由等效电路图可以
得出太阳电池两端的电流和电压的关系为

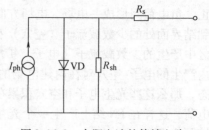

图 3.16-3　太阳电池的等效电路

$$I = I_{ph} - I_0\left[\exp\left(\frac{q(U+R_sI)}{nk_BT}\right)-1\right]-\frac{U+R_sI}{R_{sh}}$$

$$(3.16\text{-}8)$$

为了使太阳电池输出更大的功率，必须尽量减小串联电阻 R_s，增大并联电阻 R_{sh}。

【实验仪器】

1. 光伏组件，功率为 5W。

2. 辐射光源，300W 卤钨灯。

3. 数字万用表两个。

4. 接线板，负载电阻等。

【实验内容】

1. 按图 3.16-4 将太阳能光伏组件、数字万用
表、负载电阻通过接线板连接成回路，改变负载电
阻 R，测量流经负载的电流 I 和负载上的电压 U，即
可得到该光伏组件的伏安特性曲线。测量过程中辐

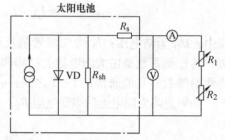

图 3.16-4　太阳电池伏安特性实验线路图

射光源与光伏组件的距离要保持不变，以保证整个测量过程是在相同光照强度下进行的。

2. 分别测量以下几种条件下光伏组件的伏安特性曲线：

（1）辐射光源与光伏组件的距离为 60cm；

（2）辐射光源与光伏组件的距离为 80cm；

（3）辐射光源与光伏组件的距离为 80cm，将两组光伏组件串联；

（4）辐射光源与光伏组件的距离为 80cm，将两组光伏组件并联。

3. 用计算机绘图软件画出不同条件下：

（1）光伏组件的伏安特性曲线；

（2）光伏组件的输出功率 P 与负载电压 U 的关系曲线；

（3）光伏组件的输出功率 P 与负载电阻 R 的关系曲线。

4. 确定不同条件下光伏组件的短路电流 I_{sc}、开路电压 U_{oc}、最大功率 P_m、最佳工作电
流 I_m、最佳工作电压 U_m、负载电阻 R_m 及填充因子 FF，并将这些实验数据列在同一表格内
进行比较。

【注意事项】

1. 辐射光源的温度较高，应避免与灯罩接触。

2. 辐射光源的供电电压为 220V，用电时应注意安全。

【思考题】

1. 分析光生电流 I_{ph} 与入射光强度的关系。

2. 结合实验结果分析填充因子的意义。

3. 如何获得高电压、大电流输出的光电池？

实验十七　电子示波器的原理实验

示波器是一种综合性的电信号测试仪器，它能把眼睛看不见的电信号转换成能直接观察的波形，展现于显示屏上。示波器实际上是一种时域测量仪器，用来观察信号随时间的变化关系，也可用来测量电信号波形的形状、幅度、频率和相位等。凡是能转化为电信号的电学量和非电学量都可以用示波器来观察。示波器种类很多，有通用示波器、双踪示波器、数字示波器等。用双踪示波器还可以测量两个信号之间的时间差，数字示波器甚至可以将输入的电信号存储起来以备分析和比较。因此，学习使用示波器在物理实验中具有非常重要的意义。本实验以电子示波器为例介绍示波器的原理。

【实验目的】

1. 了解示波器的工作原理，熟悉示波器和信号发生器的基本使用方法。

2. 学会用示波器观察电信号的波形，测量交流信号的峰-峰值电压和周期。

3. 通过观察李萨如图形，学会一种测量正弦波信号频率的方法，并加深对互相垂直振动合成理论的理解。

【实验原理】

不论何种型号和规格的示波器都包括了如图 3.17-1 所示的几个基本组成部分：示波管（又称阴极射线管）、垂直放大电路（Y 放大）、水平放大电路（X 放大）、扫描信号发生电路（锯齿波发生器）、自检标准信号发生电路（自检信号）、触发同步电路、电源等。

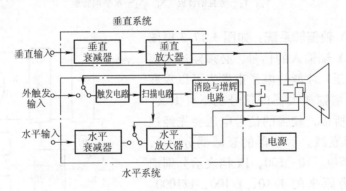

图 3.17-1　示波器的基本结构简图

1. 示波管的工作原理

（1）电子示波管：如图 3.17-2 所示，它是个喇叭状的大电子管，管内包含有电子枪、X 轴和 Y 轴偏转板、荧光屏等三部分。电子枪发射电子束到荧光屏上，使荧光屏上的荧光物质膜受激发光，显示一个光点，光点的亮度依电子流的速度和密度而变化，受电子枪控制器控制。在电子束的通道旁装有两对相互垂直的平行板，当它们加有电压时，每对平行板之间就会产生相应的电场，使电子流受电场力作用而偏转，其中一对能使电子束沿水平方向偏转，称为 X 轴偏转板；另一对平行板能使电子束沿竖直方向偏转，称为 Y 轴偏转板。电子束偏转大小（荧光屏上光点移动大小）和偏转板电压大小成正比；当两对偏转板上所加的是随时间变化的电压时，电子束将同时按两种电压变化规律偏转，荧光屏上的光点相应地形成两种运动叠加的图像，这就是示波管的原理。

（2）电子枪控制电路：如图 3.17-2 所示，电子枪由加热灯丝 F、发射电子的阴极 K、控制栅极 G 以及第一阳极 A_1 和第二阳极 A_2 组成，各电极引到管外接有不同的电压。栅极相对阴极为负电势，用于控制电子流的密度，从而控制光点亮度，控制栅极对阴极的电压通常用符号 U_G 表示，在示波器面板上称为"辉度"的旋钮是用来调节 U_G 的。第一阳极和第二阳极相对阴极接有正高压，除了加速电子的作用外，还在 A_1、A_2 之间形成聚焦电场（电子透镜），使电子束在荧光屏上聚合成一个点，达到光点聚焦或图形清晰。聚焦可用仪器面板上"聚焦"旋钮及"辅助聚焦"旋钮进行调节。

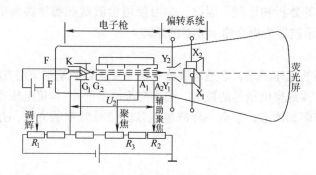

图 3.17-2　示波管结构图

F—灯丝　K—阴极　G_1、G_2—控制栅极　A_1—第一阳极　A_2—第二阳极

Y_1、Y_2—竖直偏转板　X_1、X_2—水平偏转板

（3）X 轴、Y 轴偏转系统：如图 3.17-3 框图所示，由 X 轴、Y 轴输入的信号，必须经过增幅放大获得较高电压，才能使电子束发生可以观察的偏转，但输入增幅放大器的信号也不可太大，以防放大失真，所以，较强的信号电压要先经过一个分压器进行衰减。示波器的衰减器分有 1，10，100，1k 等档位。10，100，1k 档表示分别把信号电压衰减为原来的 1/10，1/100，1/1000。"Y 轴放大器"和"X 轴放大器"增幅放大是连续可调的，以便荧光屏得到大小合适的图像。

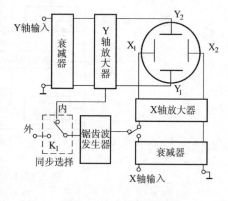

图 3.17-3　示波器框图

（4）扫描、同步：任何一种随时间迅速变化的信号电压，不管是从 X 轴还是 Y 轴单独输入，经增幅放大后，在荧光屏上只会相应地出现一条水平的或竖直的亮线，而不能看到信号电压随时间变化的过程——波形，如图 3.17-4b 所示。因此，为了观察波形，所有示波器都装有一个锯齿波振荡器，以产生一个电压随时间线性增加的周期性电振动，如图 3.17-5a 所示。它的特点是，在一个电压周期内（如 $t_0 \sim t_1$，或 $t_1 \sim t_2$），电压随时间由负最大值到正最大值正比地增加，然后，突然回到负最大值，周期性地重复。把这锯齿波电振动经 X 轴增幅放大后，加到 X 偏转板上能使光点沿 X 轴方向做周期性的匀速扫动（总是从 $-X \rightarrow +X$）叫作扫描，相当于给波形观察提供了

一个时间轴，如图 3.17-4a 所示。在荧光屏 X 轴有了扫描的情况下，若把一个正弦振动信号由 Y 轴输入，则荧光屏上的光点将同时参与 X 轴、Y 轴两个方向上的运动，形成叠加运动的波形，即 U_y 的振动曲线。如果 Y 轴的信号频率 f_y 恰为扫描频率 f_x 的 n 整数倍，即 $f_y = nf_x$，则荧光屏上将出现 n 个完整的信号波形。

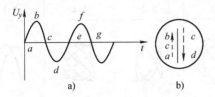

图 3.17-4　仅有 Y 轴信号的波形

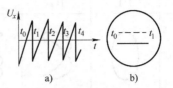

图 3.17-5　仅有 X 轴扫描信号的波形

图 3.17-6 所示为 $n = 1$ 的情形：X 轴上扫描一次，Y 方向做正弦振动一次，光点显示一个正弦波形。为了适应观察各种频率的波形，扫描频率是可调的，示波器面板上设有"扫描范围"（粗调）和"扫描微调"两个旋钮；但是，由于扫描频率常有微小变动，或者信号频率和扫描频率不同步，会使波形走动、不能固定显示，给观测带来困难，为此示波器还设有一个"同步（整步）"装置，通常是从放大后的被测信号取出一部分电压经同步增幅后加到扫描振荡器中来影响扫描频率，强制性地使其达到 $f_y =$

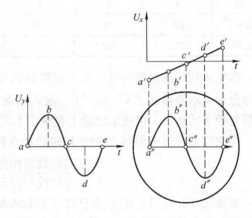

图 3.17-6　X 轴和 Y 轴分别有扫描和交流信号

nf_x，从而获得稳定的波形，这称"内同步"；也可以由示波器外部接入一个特定的电压来控制扫描使其同步，这称"外同步"。使用同步时，先不接入"同步（整步信号）"，待仔细地微调扫描频率，使其十分接近 $f_y = nf_x$ 关系（即出现 n 个完整波，且波形移动很慢）时再加上"同步（整步）信号"，即可使波形稳定不动。

（5）电源：示波器框图中未画出，示波器使用 $220(1 \pm 5\%)$V，50Hz 市电，经内部变压、整流、稳压产生各种高、低压电源，供各部件使用。

2. 用示波器观察未知信号的波形

示波器的一个主要功能就是用来观察未知信号的波形。用示波器观察未知信号的波形时，首先要在示波管的 X 轴输入一个周期性的锯齿波信号，以此作为时间轴。然后再从 Y 轴输入随时间变化的未知信号，适当调整锯齿波的扫描频率，使其与 Y 轴输入信号的频率成某一整数倍，屏幕上就可出现未知信号的波形。如果出现的波形过大或过小，还须调整 Y 轴放大器的增益，使屏幕上图形的大小适宜。

如果用双踪示波器，有两路 Y 输入端，则可同时观察两路不同信号的波形，并将这两路的信号波形进行比较。

3. 用示波器观察李萨如图形的原理

当示波器的"X""Y"输入端同时输入周期性电压信号时，荧光屏上的亮点的移动同时受来自 X 轴和 Y 轴方向偏转电场的作用，因而亮点的运动是两个相互垂直振动的合成。X 方向振动频率 f_x 与 Y 方向振动频率 f_y 相同时，亮点合成运动的轨迹一般是一个椭圆。一般地，如果频率比值 $f_y:f_x$ 为整数比，合成运动的轨迹将是一个封闭的图形，称为李萨如图形，见表 3.17-1。

表 3.17-1　李萨如图形举例表

f_y/f_x	1:1	1:2	1:3	2:3	3:2	3:4	2:1
李萨如图形							
N_x	1	1	1	2	3	3	2
N_y	1	2	3	3	2	4	1
f_y/Hz	100	100	100	100	100	100	100
f_x/Hz	100	200	300	150	66.7	133	50

本实验把外部的低频信号发生器提供的交流信号和示波器本身提供的一路 50Hz 的交流信号分别从示波器的"X"和"Y"输入端输入，通过改变 X 信号频率与 Y 轴的 50Hz 的交流信号频率的比值，可在示波器上观察到不同的李萨如图形。

李萨如图形与 X 轴或 Y 轴相切时的切点数与振动频率之间有如下的简单的关系：

$$\frac{\text{X 方向切线与图形的切点数 } N_x}{\text{Y 方向切线与图形的切点数 } N_y} = \frac{f_y}{f_x} \tag{3.17-1}$$

如果式（3.17-1）中 f_y 为已知（即标准频率），则可由李萨如图形的切点数之比来计算未知频率 f_x。表 3.17-1 中列举了比值 f_y/f_x 等于不同整数比时的李萨如图形及有关数字。

【实验仪器】

1. 多波信号源（参见实验四附录二）。

2. 双踪示波器（参见实验四附录一）。

3. LB-EB4 型电子束实验仪。

LB-EB4 型电子束实验仪可以做电子束和示波器的原理等多项实验，仪器的面板布置如图 3.17-7 所示。

在仪器面板右边中部有一个仪器的"功能转换"按钮，按下此按钮即可做示波器的实验。在仪器面板的左边是电子枪控制电路，调节有关的旋钮可改变电子束的聚焦和辉度情况；在仪器面板的右下方，有 Y 信号放大-衰减系统、X 信号放大-衰减系统和锯齿波发生器系统。按照示波器的框图 3.17-2 将此三个系统与偏转系统中的 X 偏转板和 Y 偏转板相连接，就可以和仪器面板上的示波器一起组成一个通用的小型示波器。

【实验内容】

1. 对照上面所介绍的内容观察熟悉仪器的面板和使用方法，了解仪器各部分的功能。

2. 调整电子枪的有关旋钮，使示波管光点聚焦、亮度适中。

3. 把仪器的"功能转换"按钮按到"示波器"位置，把"Y 信号"的输出端的两根线分别与"偏转系统"的"Y_2"和"Y_1"偏转板相连；再把"锯齿波发生器"的输出端的两根线

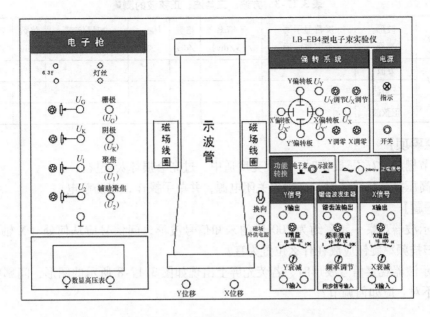

图 3.17-7　LB-EB4 型电子束实验仪面板

分别与"偏转系统"的"X_1"和"X_2"偏转板相连，这样就可用来观察外接信号的波形。

4. 分别把"Y 信号"的输入端与"多波信号源"的方波、锯齿波和正弦波输出端相连，观察这些波的波形，并做描绘记录。要求把信号源的频率调到 200Hz，峰-峰值电压为 5V，并在屏幕上稳定地显示出两个完整的波形。（提示：须加同步信号。）

5. 把"偏转系统"的"X_1"和"X_2"偏转板改与"X 信号"的输出端相连，这样就变成了"X-Y"测量方式，可以用来观察李萨如图形。

6. 把仪器面板上自带的 250mV 正弦信号加到"Y 信号"的输入端，再把"多波信号源"的正弦信号引入到"X 信号"的输入端，调整"多波信号源"正弦信号的频率，按表 3.17-2 测定和记录李萨如图形。

7. 将多波信号源接入双踪示波器，按照表 3.17-3 要求进行测量。

表 3.17-2　观察李萨如图形结果

$f_y:f_x$	1:1	2:1	3:1	1:2	1:3
李萨如图形					
N_x					
N_y					
f_y/Hz	50	50	50	50	50
f_x/Hz					

表 3.17-3　方波、三角波、正弦波的测量

多波信号源	波形选择	屏幕显示两个完整波形	Y 倍率 /(V/div)	格数 /div	$U_{峰-峰}$ /V	扫描倍率 /(ms/div)	格数 /div	T /ms	f /kHz
$U_{峰-峰}=10V$ $f=1000Hz$	方波								
	三角波								
	正弦波								

【注意事项】

1. 调节栅压"U_G"旋钮时，应使亮度适中，过亮会损坏荧光屏。

2. 在高压接线柱接线时，必须先关闭电源，并单手操作，以防触电。

【思考题】

1. 用示波器观察一频率约为 200Hz 的未知信号波形，问信号应从何处（X 轴或 Y 轴）输入？X 扫描频率旋钮应放在什么位置为宜？

2. 用示波器观察信号波形时，若荧光屏上出现如图 3.17-8 所示的图形，问哪些旋钮的位置可能不对，应如何调节？

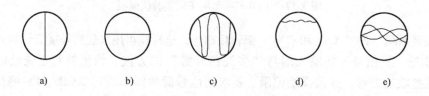

a)　　　　　b)　　　　　c)　　　　　d)　　　　　e)

图　3.17-8

3. 在图 3.17-9 所示的李萨如图形中的 f_x/f_y 各是多少？

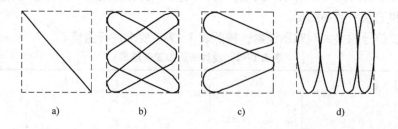

a)　　　　　b)　　　　　c)　　　　　d)

图　3.17-9

实验十八　霍尔效应及其应用

霍尔效应是电磁效应的一种，于 1879 年由美国物理学家霍尔（E. H. Hall）在研究金属导电时发现。给处于匀强磁场中的板状金属导体，通以垂直于磁场方向的电流时，在金属板的上下两表面间会产生一个横向电势差，这一现象称为霍尔效应。这个电势差也被称为霍尔电势差。霍尔效应不仅可以在金属导体中产生，在半导体或导体中同样也能产生，且在半导体中的霍尔效应更加显著。利用半导体材料制成的霍尔元件，又称为霍尔传感器，已在现代汽车上得到广泛应用：如防抱死制动系统（Antilock Brake System，ABS）中的速度传感器、汽车的速度表和里程表等。霍尔效应及其元件在磁场研究中同样也扮演重要角色，利用它观测磁场更加直观、效果明显、灵敏度高。

【实验目的】

1. 了解霍尔效应实验的原理以及有关霍尔元件对材料的要求。

2. 学习用"对称测量法"消除副效应的影响，测量霍尔元件的输出特性。了解霍尔电势差 U_H 与霍尔元件电流 I_H，磁感应强度 B 与励磁电流 I_m 之间的关系。绘制 $U_H - I_H$ 和 $U_H - I_m$ 曲线。

3. 零磁场下，确定霍尔元件的电导率。

4. 确定试样的导电类型、载流子浓度以及迁移率。

5. 绘制螺线管轴线上磁感应强度分布。

6. 手动更换亥姆霍兹线圈，测量单个载流线圈中心轴线上的磁场分布；测量亥姆霍兹线圈中心轴线上的磁场分布；验证磁场叠加。

7. （选做）改变双载流线圈距离，当 $d = R/2$、$d = R$、$d = 2R$ 时分别测量双载流双线圈中心轴线各点的磁感应强度 B。

【实验原理】

1. 霍尔效应

霍尔效应从本质上讲是运动的带电粒子在磁场中受洛伦兹力作用而引起的偏转。

假定在如图 3.18-1 所示的金属块中，通以水平向右的、沿 x 轴正方向的电流 I，外加沿 z 轴正方向的、磁感应强度为 B 的磁场。由于金属中形成电流的是电子，电子的定向移动方向与电流方向相反，即沿 x 轴负方向。此时电子在磁场中受洛伦兹力 f_B，方向向下，则电子向金属块的下板聚集，相应正电荷则在上板聚集。这样形成由上向下的电场 E_B，使后来的电子在受到向下的洛伦兹力 f_B 的同时，还受到向上的电场力 f_E，最终两个力平衡，上下板的电荷达到稳定状态。这时上下板之间的电压称为霍尔电压，这种效应叫霍尔效应。

设电子电荷量为 q，并以速度 v 匀速向图中 x 轴负方向运动，单位体积中自由移动的电荷数——载流子浓度为 n，霍尔片的厚度为 d，高度为 b。则电子在磁场作用下，所受洛伦兹力为 $f_B = -qvB$；同时，电子受到的电场力为 $f_E = qE_H$。当平衡时，$f_B = -f_H$：

$$vB = E_H = U_H/b \Rightarrow U_H = vBb$$

此时霍尔元件的工作电流为 $\qquad I_S = neSv = nebdv$

由上可得

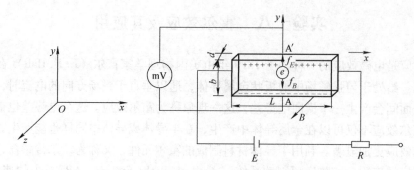

图 3. 18-1　霍尔效应原理

$$U_{H} = E_{H}b = \frac{1}{ne} \cdot \frac{I_{S}B}{d} = R_{H} \cdot \frac{I_{S}B}{d} = K_{H} \cdot I_{S}B$$

其中，U_{H} 为霍尔电压（A′与 A 之间的电压），它与 $I_{S}B$ 成正比；R_{H} 为霍尔系数，其大小取决于导体的载流子浓度；比例系数 $K_{H} = 1/(ned)$ 称为霍尔灵敏度，它是反映材料的霍尔效应强弱的重要参数，表示该元件在单位磁感应强度和单位工作电流时霍尔电压的大小：

$$K_{H} = \frac{U_{H}}{I_{S}B} \quad (\text{V} \cdot \text{A}^{-1} \cdot \text{T}^{-1})$$

公式中各量引用国际单位：U_{H}（伏），I_{S}（安），B（特），长度（米）。

（1）根据霍尔灵敏度 K_{H} 可进一步确定以下参数

1）由 K_{H} 的符号（或霍尔电压的正负）判断样品的导电类型。

霍尔片一般由半导体组成，而半导体又有 N 型和 P 型之分，由 K_{H} 的符号可以判断其类型。方法：按图 3. 18-1 中所示的 I_{S} 和 B 的方向，若测得的 $U_{H} < 0$（即点 A′的电位低于点 A 的电位），则 K_{H} 为负，样品属 N 型；反之，则为 P 型。

2）由 K_{H} 求载流子浓度 $n = \dfrac{1}{|K_{H}|ed}$。（这里应该指出，此关系式是通过假定所有的载流子都具有相同的漂移速度而得到的，如果严格些，应考虑载流子的速度的统计分布，需引入 $3\pi/8$ 修正因子，即：$n = \dfrac{3\pi}{8|K_{H}|ed}$。）

3）霍尔片的电导率 σ：霍尔片的电导率为

$$\sigma = \frac{I_{S}}{U_{\sigma}} \cdot \frac{L}{bd}$$

式中，I_{S} 是流过霍尔片的工作电流，单位是 A；U_{σ} 是霍尔片长度 L 方向的电压降，单位是 V；长 L、宽度 b 和厚度 d 的单位均为 m；则 σ 的单位为 S·m^{-1}（1S = 1Ω^{-1}）。

4）载流子的迁移率 μ：单位电场作用下载流子的迁移速度。电导率 σ 与载流子浓度 n 和迁移率 μ 之间的关系为 $\sigma = ne\mu$，即 $\mu = |K_{H}|d\sigma$。

（2）霍尔效应中的副效应

在使用霍尔元件测量磁感应强度，产生霍尔效应的同时，还会伴随一些由于热磁副效应、电极不对称等因素所引起的附加电压叠加在霍尔电压 U_{H} 上。

1）不等势电压降 U_{0}。如图 3. 18-2 所示的不等势电压降 U_{0}，这是由于测量霍尔电压的电极 A 和 A′的位置难以在一个等势面上，因此当有电流 I_x 通过时，即使不加磁场也会产生附加的电压 $U_0 = I_x R_0$，其中 R_0 为 A 和 A′之间的电阻，U_0 的方向只与电流的方向有关。

2）埃廷斯豪森（Ettingshausen）效应。当在试样 x 方向通电流 I_x，z 方向加上磁场 B 时，由于载流子的速度服从统计分布，有快有慢，大于和小于平均速度的载流子在洛伦兹力和霍尔电场力的

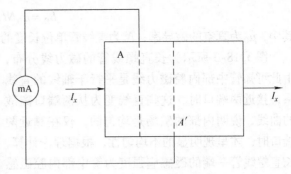

图 3.18-2　不等势电压降

作用下，沿 y 轴的两个相反方向偏转，其动能将转化为热能，使两侧产生温差。由于电极和试样不是同一种材料，电极和试样形成热电偶[*]，并产生温差电动势 U_E：

$$U_E \propto I_x \cdot B_z$$

这就是埃廷斯豪森效应，其温差电动势方向与电流及磁场的方向有关。

3）能斯特（Nernst）效应。由于在 x 方向存在热流 Q_x（如在埃廷斯豪森效应中，x 方向通以电流，由于两端电极与样品材料不一样，接触电阻不同而产生不同的焦耳热，所以 x 方向两端的温度不同），沿着温度梯度方向扩散的载流子受到 B_z 作用而偏转，在 y 方向上产生电势差 U_N：

$$U_N \propto Q_x \cdot B_z$$

这就是能斯特效应，y 方向的电势差只与磁场方向相关。

4）里吉－勒迪克（Righi－Leduc）效应。当有热流 Q_x 沿着 x 方向流过试样时，载流子将由温度高端扩散到温度低端，这与埃廷斯豪森效应相仿，在 y 方向产生温差，此温差将产生温差电动势 U_{RL}，这一效应称为里吉－勒迪克效应：

$$U_{RL} \propto Q_x \cdot B_z$$

U_{RL} 的方向只与磁场方向相关。

通过对称测量法，即改变 I_S 和磁场 B 的方向来加以消除。具体来说，就是在规定了电流和磁场的正、反方向后，分别测量由下列四组不同方向的 I_S 和 B 组合的 $U_{A'A}$：

$$+B + I_S：U_1 = +U_H + U_E + U_N + U_{RL} + U_0 + U_T$$
$$-B + I_S：U_2 = -U_H - U_E - U_N - U_{RL} + U_0 + U_T$$
$$-B - I_S：U_3 = +U_H + U_E - U_N - U_{RL} - U_0 + U_T$$
$$+B - I_S：U_4 = -U_H - U_E + U_N + U_{RL} - U_0 + U_T$$

然后求 U_1，U_2，U_3，U_4 的平均值：

$$U_H \approx U_H + U_E = \frac{U_1 - U_2 + U_3 - U_4}{4}$$

虽然通过上述方法的测量不能消除所有的副效应，但其引入的误差不大，可以略而不计。

2. 螺线管

螺线管是由绕在圆柱面上的导线构成的，对于密绕的螺线管，可以看成是一列有共同轴线的圆形的并排组合，因此一个载流长直螺线管轴线上某点的磁感应强度，可以通过对各圆形电流在轴线上对该点所产生的磁感应强度进行积分来得到，对于一无限长的螺线管，在距离两端等远的中心点，磁感应强度为最大，为

$$B_0 = \mu_0 N I_m$$

其中，μ_0 为真空的磁导率；N 为螺线管单位长度的线圈匝数；I_m 为线圈的励磁电流。

图 3.18-3 所示为长直螺线管的磁力线分布，由此可知管中部内腔磁力线是平行于轴线的直线系，接近两端口时，这些直线变为从两端口离散的曲线，说明内部的磁场是均匀的，仅在靠近两端口时，才呈现明显的不均匀性，根据理论计算，长直螺线管一端的磁感应强度为管中部内腔磁感应强度的 $1/2$。

3. 亥姆霍兹线圈

亥姆霍兹线圈是由一对匝数和半径相同、薄厚程度也相同的圆线圈共轴平行放置而成。相对于单线圈的磁感应强度的计算公式为

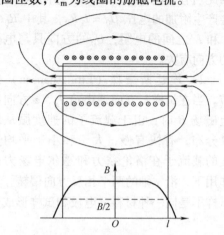

图 3.18-3　螺线管磁场分布图

$$B = \frac{\mu_0 R^2}{2(R^2 + x^2)^{3/2}} NI$$

式中，I 为通过线圈的电流；N 为线圈的匝数；R 为线圈的平均半径；x 为轴线上一点与圆线圈中心的距离；μ_0 为真空磁导率。可知磁感应强度关于 y 轴对称，基本呈正态分布。当两通电线圈的通电电流方向一致时，它们内部形成的磁场方向也一致，将两磁场叠加在两线圈之间就形成均匀磁场，理论计算公式如下：

$$B = \frac{1}{2}\mu_0 NIR^2 \left\{ \left[R^2 + \left(\frac{R}{2} + x \right)^2 \right]^{-3/2} + \left[R^2 + \left(\frac{R}{2} - x \right)^2 \right]^{3/2} \right\}$$

图 3.18-4a、b 分别为单线圈和亥姆霍兹线圈轴线上的磁场分布曲线。

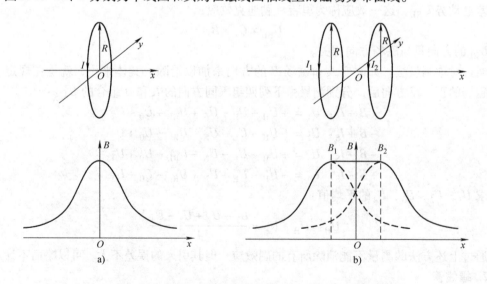

图 3.18-4　单线圈和亥姆霍兹线圈轴线上的磁场分布曲线

亥姆霍兹线圈是一对匝数和半径均相同的共轴平行放置的圆线圈，两线圈间的距离 d 正好等于圆形线圈的半径 R，在其轴线中心点可以产生较广的均匀磁场。

【实验仪器】

本实验使用 LB – HL 霍尔效应综合实验仪，该实验仪由线圈组（见图 3.18-5）和控制箱（见图 3.18-6）组成。LB – HL 霍尔效应综合实验仪利用霍尔片测量霍尔电压，了解霍尔电压与霍尔电流，以及霍尔电压与励磁电流的关系。

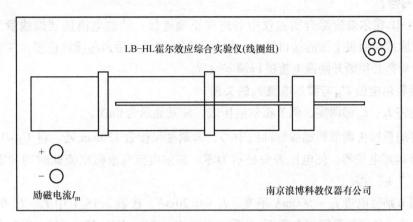

图 3.18-5　霍尔效应综合实验仪（线圈组）面板

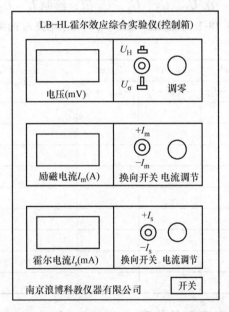

图 3.18-6　霍尔效应综合实验仪（控制箱）面板

仪器主要技术参数：

1. 霍尔元件参数：$d = 0.095\text{mm}$，$b = 0.235\text{mm}$，$L = 0.27\text{mm}$。

2. 螺线管参数：管长 260mm，有效直径 31.5mm，匝数 3000 匝 ±20 匝。

3. 双线圈参数：宽度 10mm，有效直径 100mm，匝数 250 匝。

4. 双线圈刻度

对于图 3.18-7 中所示的刻度，当双线圈的读数面分别指向 A、B、C 所在的刻度线时，AA 对应双线圈间距 R，BB 对应双线圈间距 $R/2$，CC 对应双线圈间距 $2R$。

图 3.18-7 双线圈刻度

【实验内容】

将 LB – HL 霍尔效应综合实验仪中各连线正确连接：励磁电流接到螺线管 I_m 输入端，测量探头数据线与面板上面的接口接上，控制箱与线圈组箱用六芯插线连接。注意，每次磁感应强度测量都必须断开励磁电流进行调零设置。

1. 测量霍尔电压 U_H 与霍尔电流 I_S 的关系

（1）先将 I_S、I_m 都调零，调节霍尔电压表，使其显示为 0mV。

（2）将测量探头调节到螺线管轴线中心，即刻度尺读数 130mm 处。将 U_H-U_σ 开关置于 U_H 档。调节调零电位器，使电压表头显示为零。霍尔电流与励磁电流此时均为零，且换向开关均置于 "＋" 档。

（3）调节励磁电流 $I_m = 600\text{mA}$ 不变，$I_S = 0.20\text{mA}$，按表 3.18-1 中 I_S、I_m 的正负情况切换换向开关，分别测量霍尔电压 U_H 的值（U_1、U_2、U_3、U_4）填入表 3.18-1 中。以后 I_S 每次递增 0.20mA，就测量一次 U_1、U_2、U_3、U_4 值，绘制 I_S – U_H 曲线，验证线性关系。

表 3.18-1 测量霍尔电压 U_H 与霍尔电流 I_S 的关系

励磁电流 $I_m = 600\text{mA}$

I_S/mA	U_1/mV $+I_S$, $+I_m$	U_2/mV $+I_S$, $-I_m$	U_3/mV $-I_S$, $-I_m$	U_4/mV $-I_S$, $+I_m$	$U_H = \dfrac{(U_1 - U_2 + U_3 - U_4)}{4}$/mV
0.20					
0.40					
0.60					
0.80					
1.00					
1.20					
1.40					
1.60					
1.80					

2. 霍尔电压 U_H 与励磁电流 I_m 的关系

（1）先将 I_S、I_m 都调零，调节霍尔电压表，使其显示为 0mV。

（2）将测量探头调节到螺线管轴线中心，即刻度尺读数 130mm 处。将 U_H-U_σ 开关置于 U_H 档。调节调零电位器，使电压表头显示为零。霍尔电流与励磁电流此时均为零，且换向开关均置于 "＋" 档。

（3）调节霍尔电流 $I_S = 1.50\text{mA}$ 不变，$I_m = 100\text{mA}$，按表 3.18-2 中 I_S、I_m 的正负情况切换换向开关，分别测量霍尔电压 U_H 的值（U_1、U_2、U_3、U_4）填入表 3.18-2 中。以后 I_m 每次递增 50mA，就测量一次 U_1、U_2、U_3、U_4 的值，绘制 I_S-U_H 曲线，验证线性关系。

表 3.18-2 测量霍尔电压 U_H 与励磁电流 I_m 的关系

霍尔电流 $I_S = 1.50\text{mA}$

I_m/mA	U_1（mV） $+I_S,\ +I_m$	U_2（mV） $+I_S,\ -I_m$	U_3（mV） $-I_S,\ -I_m$	U_4（mV） $-I_S,\ +I_m$	$U_H = \dfrac{(U_1 - U_2 + U_3 - U_4)}{4}/\text{mV}$
100					
150					
200					
250					
300					
350					
400					
450					

3. 确定霍尔元件的电导率 σ 及其导电类型

（1）将测量探头调节到螺线管轴线中心，即刻度尺读数 130mm 处。将 U_H-U_σ 开关置于 U_σ 档。调节调零电位器，使电压表头显示为零。换向开关均置于"＋"档，且励磁电流 I_m 为零，或者断开。调节工作电流 $I_S = 0.2\text{mA}$，测量 U_σ 值。以后 I_S 每次递增 0.20mA，就测量一次对应的 U_σ 值，填入表 3.18-3 中。

表 3.18-3 测量不同工作电流下霍尔片长度 L 方向的电压降

I_S/mA	0.2	0.4	0.6	0.8	1.0	1.2	1.4	1.6
U_σ/mV								

霍尔元件的电导率 σ 为

$$\sigma = \frac{I_S}{U_\sigma} \cdot \frac{L}{bd}$$

式中，I_S 是流过霍尔片的工作电流，单位是 A；U_σ 是霍尔片长度 L 方向的电压降，单位是 V；长 L、宽 b 和厚度 d 的单位均为 m。则 σ 的单位为 $S \cdot m^{-1}$（$1S = 1\Omega^{-1}$）。根据所测数据，绘出 U_σ-I_S 的线性关系图，并根据其斜率计算霍尔元件的电导率。

（2）根据前面的理论推导，结合实验数据确定霍尔元件的导电类型，求出霍尔系数 R_H、载流子浓度 n 和载流子的迁移率 μ。

4. 绘制螺线管轴线上的磁感应强度分布曲线

（1）螺线管接入励磁电流。调节励磁电流 $I_m = 600\text{mA}$，霍尔元件工作电流 $I_S = 1.50\text{mA}$。在螺线管轴线上 $x = 0 \sim 260\text{mm}$ 的刻度范围内进行测量，每次移动 10mm，测量各位置对应的霍尔电压 U_H，填入表 3.18-4 中。

（2）根据理论推导，得磁感应强度 $B = \dfrac{U_H}{I_S} \cdot \dfrac{1}{K_H} = \dfrac{U_H}{I_S} \cdot \dfrac{d}{R_H}$，填入表 3.18-4 中，并绘制螺线管内轴线上磁感应强度分布的曲线图 B-x。

表 3.18-4　测量螺线管内磁感应强度 B 与位置刻度 x 的关系

励磁电流 $I_m = 600\text{mA}$，霍尔元件工作电流 $I_S = 1.50\text{mA}$

霍尔探头位置 x/mm	U_1/mV	U_2/mV	U_3/mV	U_4/mV	各位置对应的霍尔电压 U_H/mV	螺线管内轴线磁感应强度 B/mT
	$+I_S$，$+I_m$	$+I_S$，$-I_m$	$-I_S$，$-I_m$	$-I_S$，$+I_m$		
0						
20						
40						
60						
⋮						
220						
240						
260						

5. 亥姆霍兹线圈

（1）断开螺线管，接入亥姆霍兹线圈进行磁感应强度的测量。首先，测量单个载流线圈中心轴线上磁感应强度的分布。将单个载流线圈接入励磁电流，调节励磁电流 $I_m = 600\text{mA}$，霍尔元件工作电流 $I_S = 1.50\text{mA}$。测量载流线圈中心轴线上各位置对应的霍尔电压 U_{H1}。保持励磁电流 $I_m = 600\text{mA}$，霍尔元件工作电流 $I_S = 1.50\text{mA}$。测量另一个载流线圈中心轴线上各位置对应的霍尔电压 U_{H2}，填入表 3.18-5 中。

（2）调节励磁电流 $I_m = 600\text{mA}$，霍尔元件工作电流 $I_S = 1.50\text{mA}$。测量亥姆霍兹线圈在中心轴线上各位置对应的霍尔电压 U_{H1+2}，填入表 3.18-5 中。

（3）根据理论推导，得磁感应强度 $B = \dfrac{U_H}{I_S} \cdot \dfrac{1}{K_H} = \dfrac{U_H}{I_S} \cdot \dfrac{d}{R_H}$。由此绘制各载流线圈中心轴线上磁场感应强度分布的曲线图 B_1-x、B_2-x，以及亥姆霍兹线圈中心轴线上磁感应强度分布的曲线图 B_{1+2}-x，并将三条曲线绘制在同一坐标系下。最后，与理论值比较，验证磁场叠加。

表 3.18-5　测量亥姆霍兹线圈轴线不同位置处对应的霍尔电压和磁感应强度 B

励磁电流 $I_m = 600\text{mA}$，霍尔元件工作电流 $I_S = 1.50\text{mA}$

霍尔探头位置 x/mm		U_1/mV	U_2/mV	U_3/mV	U_4/mV	各位置对应的霍尔电压/mV	载流线圈中心轴线磁感应强度/mT
		$+I_S$，$+I_m$	$+I_S$，$-I_m$	$-I_S$，$-I_m$	$-I_S$，$+I_m$		
右载流线圈	30						
	40						
	50					U_{H1}	B_1
	⋮						
	160						
	170						

（续）

霍尔探头位置 x/mm		U_1/mV $+I_S$，$+I_m$	U_2/mV $+I_S$，$-I_m$	U_3/mV $-I_S$，$-I_m$	U_4/mV $-I_S$，$+I_m$	各位置对应的霍尔电压/mV	载流线圈中心轴线磁感应强度/mT
左载流线圈	80						
	90						
	100					U_{H2}	B_2
	⋮						
	210						
	220						
亥姆霍兹线圈	30						
	40						
	50					U_{H1+2}	B_{1+2}
	⋮						
	210						
	220						

（4）（选做）改变双线圈间距，分别测量间距为 $d=R/2$ 和 $d=2R$ 时，双线圈中心轴线上磁感应强度分布，填入表3.18-6中。固定励磁电流 $I_m=600$mA，霍尔元件工作电流 $I_S=1.50$mA。验证 $d=R$ 时，双线圈中间匀强磁场范围最大。

表3.18-6 间距为 $R/2$ 和 $2R$ 时双线圈中心轴线上的磁感应强度分布

励磁电流 $I_m=600$mA，霍尔元件工作电流 $I_S=1.50$mA

霍尔探头位置 x/mm		U_1/mV $+I_S$，$+I_m$	U_2/mV $+I_S$，$-I_m$	U_3/mV $-I_S$，$-I_m$	U_4/mV $-I_S$，$+I_m$	双载流线圈各位置对应的霍尔电压/mV	双载流线圈轴线磁感应强度/mT
间距为 $R/2$	30						
	40						
	50					U_{H1+2}	B_{1+2}
	⋮						
	210						
	220						
间距为 $2R$	30						
	40						
	50					U'_{H1+2}	B'_{1+2}
	⋮						
	210						
	220						

【实验数据处理】

1. 根据表3.18-1中的实验数据作图，得霍尔电压 U_H 与霍尔电流 I_S 关系图。

2. 根据表 3.18-2 中的实验数据作图，得霍尔电压 U_H 与励磁电流 I_m 关系图。

3. 由表 3.18-3 中的实验数据计算霍尔元件的电导率 σ，确定其导电类型，求出霍尔系数 R_H、载流子浓度 n 和载流子的迁移率 μ。

（1）计算霍尔元件的电导率 σ：

$$\sigma = \frac{I_S}{U_\sigma} \cdot \frac{L}{bd} \Rightarrow I_S = \frac{U_\sigma bd}{L}\sigma$$

作出 U_σ-I_S 线性关系图，根据其斜率计算霍尔元件电导率。

（2）根据前面的理论推导，结合实验数据确定霍尔元件导电类型，求出霍尔系数 R_H、载流子浓度 n 和载流子的迁移率 μ。

1）计算霍尔系数

在零磁场下，即励磁电流为零时，将换向开关均置为"＋"，调节霍尔电流 $I_S =$ 1.50mA，此时若霍尔电压 $U_H < 0$，则霍尔元件为 N 型，K_H 为负。

由 $K_H = \dfrac{U_H}{I_S B}$ 知，$U_H = K_H B I_S$。根据步骤 1 中所绘制的 I_S-U_H 曲线，得到斜率为 $a = K_H B$。

$$B = \frac{\mu_0 N I_m}{L}, \quad K_H = \frac{a}{B}$$

故霍尔系数 $$R_H = K_H \cdot d$$

2）载流子浓度

$$n = \frac{3\pi}{8|K_H|ed}$$

3）载流子的迁移率

$$\mu = |K_H| d\sigma$$

4. 根据表 3.18-4 中的实验数据绘制螺线管轴线上的磁感应强度分布 B-x 曲线。

根据理论推导，得磁感应强度

$$B = \frac{U_H}{I_S} \cdot \frac{1}{K_H} = \frac{U_H}{I_S} \cdot \frac{d}{R_H}$$

并绘制螺线管内轴线上磁感应强度分布 B-x 曲线。

5. 根据理论推导，得磁感应强度

$$B = \frac{U_H}{I_S} \cdot \frac{1}{K_H} = \frac{U_H}{I_S} \cdot \frac{d}{R_H}$$

由此绘制亥姆霍兹线圈各载流线圈中心轴线上磁场感应强度分布的曲线图 B_1-x、B_2-x 以及亥姆霍兹线圈中心轴线上磁感应强度分布曲线图 B_{1+2}-x，并将三条曲线绘制在同一坐标系下。最后，与理论值比较，验证磁场叠加。

6.（选做）改变双线圈间距，分别测量间距为 $d = R/2$、$d = 2R$ 时，双线圈中心轴线上磁感应强度分布。固定励磁电流 $I_m = 600$mA，霍尔元件工作电流 $I_S = 1.50$mA。验证 $d = R$ 时，双线圈中间匀强磁场范围最大。

【思考题】

1. 交流电源可以作为霍尔元件的工作电源吗？

2. 根据霍尔系数与载流子浓度的关系，为何金属不宜制作霍尔元件？

3. 若磁场 B 不恰好与霍尔元件表面垂直，对测量结果会有何影响？

4. 如果螺线管在绕制过程中，单位长度的匝数不相同或绕制不均匀，在实验中会出现什么情况？

5. 如果改变双线圈之间的距离会对双线圈形成的磁场有什么影响？

【附录】

实 验 拓 展

1. 霍尔元件与霍尔传感器对比，了解 SS495A 的多种应用。

在使用霍尔元件测量磁感应强度，产生霍尔效应的同时，还会伴随一些由于热磁副效应、电极不对称等因素所引起的附加电压叠加在霍尔电压 U_H 上：如不等势电压降 U_0、埃廷斯豪森（Ettingshausen）效应、能斯特（Nernst）效应、里吉 – 勒迪克（Righi – Leduc）效应等。

而本实验则使用 SS495A 型高灵敏度集成线性霍尔传感器代替一般霍尔元件来测量弱磁场。附图 3.18-1 为 SS495A 型高灵敏度集成线性霍尔传感器的内部结构和接口。

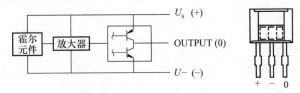

附图 3.18-1　SS495A 的内部电路结构图和表面封装图

SS495A 由霍尔元件、放大器和薄膜电阻制成的剩余电压补偿器组成。SS495A 实际测量时输出信号大；不必考虑剩余电压的影响；在标准状态下（电源电压为 5V，磁感应强度为 0 时，输出电压为 2.5V），传感器的输出电压 U_{out} 与磁感应强度 B 的关系如附图 3.18-2 所示。

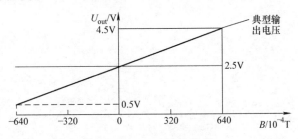

附图 3.18-2　输出曲线图

该关系可以表示为

$$B = (U - 2.500)/K_H$$

附上 SS495A 型高灵敏度集成线性霍尔传感器基本参数：

- 低功耗 7mA · 5V，DC；
- 磁感应强度范围 – 67 ~ +67mT；
- 零点电压（2.500 ± 0.075）V；
- 灵敏度 K_H =（31.25 ± 1.25）mV/mT；
- 测量精度线性误差 – 1%，温度误差 ± 0.06%/℃。

2. 线圈应用：电磁感应加热线圈等，如电磁炉。

3. 双线圈的应用：线圈靶测速等。

线圈靶是利用电磁感应原理制作的区截装置。用一对线圈靶与一台计时仪配合使用时，可以构成测速系统。当弹丸通过第一个线圈靶 1 时，线圈内磁通量发生变化产生区截信号 e1，计时仪在此信号的激励下开始计时；当弹丸穿过第二个线圈靶时，产生区截信号 e2，计时仪停止工作。计时仪所记录的时间即为弹丸经过间距为 x 的双靶的时间，则弹丸的平均速度为 $v = \dfrac{\Delta x}{\Delta t}$。

4. 霍尔效应的实际应用：微小位移测量、霍尔开关等。

实验十九　霍尔传感器测量铁磁材料的磁滞回线和磁化曲线

铁磁材料的磁特性测量在科研和工业中有着广泛的应用。随着传感器技术和数字电路技术的发展，一种以霍尔元件为传感器的高精度数字式磁感应强度测定仪（数字式特斯拉计）应运而生，为磁性材料磁特性测量提供了准确度高、稳定可靠、操作简便的测量手段。本实验用数字式特斯拉计，测量绕有线圈的环形磁路极窄间隙中均匀磁场区的磁感应强度，观察磁性材料的磁滞现象，测定材料的磁滞回线和磁化曲线，学习和掌握材料剩磁的消磁方法。

【实验目的】

1. 掌握用霍尔传感器法测量磁场的方法。
2. 学习对被测磁性样品的退磁，测量样品的初始磁化曲线。
3. 学习在待测样品达到磁饱和时，进行磁锻炼，测量样品材料的磁滞回线。
4. 理解饱和磁感应强度、矫顽磁力和剩磁等物理概念，并了解安培环路定理在磁测量中的应用。

【实验原理】

1. 自发磁化的本质

铁磁质内部的原子磁矩，在没有外场的作用下，已经以某种方式排列起来，就是已经达到一定程度的磁化。研究表明，自发磁化是分小区域的，在一个区域中，原子磁矩按同一方向排列，这一小区域叫磁畴，由于物体中磁畴自发磁化的取向各不相同，所以对外效果相抵消。同时由量子力学可知，物质内部相邻原子的电子之间有一种来源于静电的交换作用，它迫使各原子的磁矩平行或反平行排列，这样能量最低，体系才最稳定，这就是自发磁化的本质。

2. 技术磁化

铁磁质技术磁化的两个基本过程：一是磁畴磁矩一致转动，二是畴壁的位移。中性状态时，在外加磁场作用下，各磁畴的磁矩整体地逐渐转向磁场方向或靠近磁场方向，那些磁矩方向同磁场方向一致的或比较接近的磁畴体积逐渐扩大，而同这些磁畴邻近但其磁矩方向同磁场方向相差较远的磁畴体积则逐渐缩小。因此，扩大的磁畴和缩小的磁畴之间的畴壁向一方移动。以上两个过程，前者为磁矩的转动，后者为畴壁位移。通过这两种方式来使磁场方向上的磁矩或磁矩分量增加。

3. 起始磁化过程

起始磁化过程分 4 个阶段。第一阶段是畴壁的可逆位移，在外磁场较小时，通过畴壁的位移，使某些畴壁的体积扩大，造成样品磁化如图 3.19-1 所示（Ⅰ）的磁化曲线的起始部分，若去掉外磁场，畴壁又会退回原地，整个样品回到磁中性状态。第二个阶段是不可逆磁化。随外磁场的增大，磁化曲线很快上升，即样品磁化强度急剧增加。这是因为畴壁的移动是跳跃式的或磁畴结构突变，这两个过程都是不可逆过程，即外磁场退到原数值，畴壁的位置或结构回不到原样，如图 3.19-1 所示（Ⅱ）。第三个阶段是磁畴磁矩的转动，随外磁场的进一步增大，样品的畴壁位移已经基本完毕，这时只有靠磁畴磁矩的转动，才能使磁化强度增加，也就是说磁畴磁矩的方向从远离外磁场方向，逐渐向外磁场靠近，结果在外磁场方向的磁化强度便增加了。磁畴磁矩的转动，既可以是可逆的，也可以是不可逆的。一般情况下，两种过程同时发生于这一阶段，参见图3.19-1（Ⅲ）。第四个阶段是趋近饱和阶段，这一阶段磁化强度的增加都是由磁畴磁矩的可逆转动造成的，参见图3.19-1（Ⅳ）。

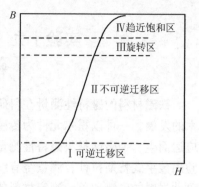

图 3.19-1　起始磁化过程

4. 剩磁的形成

从磁化过程的讨论中我们知道，当磁化达到饱和时，磁畴的磁矩都集中在磁场方向上，外磁场减到零后，由于磁晶的各向异性的相互作用，磁矩转到离磁场方向最近的易磁化方向，而不是分散在各个方向的易磁化方向，因此在磁场方向上仍有分量，这就是形成剩磁的原因。

5. 反磁化过程

当加反向磁场后，磁化强度要从剩磁状态减小，进一步加大反向磁场，磁化强度反向增加以致反向饱和。在这个过程中，畴壁位移（以下简称壁移）和磁矩转动（以下简称转动）都可能发生，二者所占的分量在各种材料中有所区别，每个过程又有可逆与不可逆过程，下面我们将逐步讨论。

（1）以畴壁位移为主的反磁化过程

在反向磁场的作用下，那些磁化方向同现在的磁场方向的夹角大于90°的磁畴要缩小，磁化方向同磁场方向的夹角小于90°的磁畴要扩大，在这个过程中表现为后一类磁畴的界壁向前一类磁畴位移，磁性物体的磁化达到饱和后，磁矩都向着磁场的方向。当磁场强度较低时，壁移是可逆的，当磁场增加到所谓临界场时，壁移就转入了不可逆阶段，这时壁移可能经过几个跳跃，最后为一大跳跃，壁移过程完成之后便是磁矩转动到外磁场方向达到反向饱和。

（2）反磁化过程中的磁矩转动

在反磁化过程中，壁移和转动这两种过程都存在，但磁化强度大幅度改变发生在壁移起作用阶段，壁移是使磁化容易减退的途径。但要使壁移不发生，就要做到畴壁不存在。这样起作用的就是磁矩的转动。当材料的颗粒小到一临界大小以下时，它便成为单畴，那样就无畴壁，自然也就无壁移了，磁化或退磁都可以通过磁矩转动进行。

6. 初始磁化曲线和磁滞回线

铁磁性物质的磁化过程很复杂，这主要是由于它具有磁滞的特性。一般都是通过测量磁化场的磁场强度 H 和磁感应强度 B 之间的关系来研究其磁化规律的。

如图3.19-2所示，当铁磁物质中不存在磁场时，H 和 B 均为零，在 B-H 图中则相当于坐标原点 O。随着磁场 H 的增加，B 也随之增加，但两者之间不是线性关系，如曲线 OA 所示，该曲线称为材料的初始磁化曲线。当 H 增加到一定值时，B 不再增加或增加得十分缓慢，这说明该物质的磁化已接近或达到饱和状态。H_m 和 B_m 分别为此时的磁场强度和磁感应强度（对应于图中 A 点）。如果再使 H 逐步退到零，则与此同时 B 也逐渐减小。但其轨迹并不沿原曲线 AO，而是沿另一曲线 AR 下降到 B_r，这说明当 H 下降为零时，铁磁物质中仍保留一定的磁性。将磁化场反向，再逐渐增加其强度，直到 $H = -H_m$，这时曲线达到 A' 点，然后，先使磁化场退回到 $H = 0$；再使正向磁化场逐渐增大，直到达到饱和值 H_m 为止。如

此就得到一条与 ARA' 大致对称的曲线 $A'R'A$，而自 A 点出发又回到 A 点的轨迹为一闭合曲线，则称该曲线为铁磁物质的磁滞回线，若 A、A' 点为饱和点，则称该曲线为饱和磁滞回线。其中，回线和 H 轴的交点所对应的磁场强度 H_c 和 H_c' 称为矫顽力，回线与 B 轴的交点所对应的磁感应强度 B_r 和 B_r' 称为剩余磁感应强度，即剩磁。

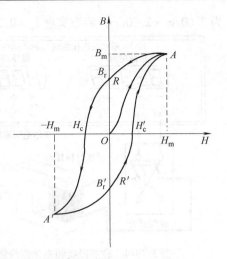

图 3.19-2　初始磁化曲线和磁滞

7. 基本磁化曲线

将待测的铁磁材料制成环形样品，并开一个极窄的均匀空气隙，在气隙中放入小型霍尔传感器，在样品上绕一组磁化线圈，并通以不同的磁化电流 I，测量其气隙均匀磁场区中间部位的磁感应强度 B，即可得到该磁性材料的磁滞回线。若 A 点的值不同（未达到饱和值），则可得到一簇磁滞回线，如图 3.19-3 所示。把各个磁滞回线的顶点和坐标原点 O 连接起来，得到的曲线称为基本磁化曲线。

8. 退磁与磁锻炼

测量基本磁化曲线或初始磁化曲线都必须由原始状态（$H=0$，$B=0$）开始，因此测量前必须对测量样品进行退磁，以消除剩磁。退磁的方法是使磁化电流不断反向，从而使剩磁逐渐减小，最终使样品的 H 和 B 均为零。

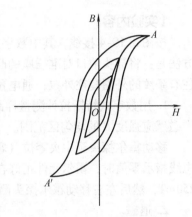

图 3.19-3　基本磁化曲线

基本磁化曲线和初始磁化曲线是不同的。为了得到基本磁化曲线，必须测量许多稳定的磁滞回线，才能得到它们的顶点，而为了得到每一个稳定的磁滞回线，就必须对样品进行反复磁化，即"磁锻炼"。磁锻炼可以使磁畴壁停留在最稳定的状态，即能量最低态。这可以通过保持磁化电流大小不变而使磁化电流方向不断改变的方法来实现。

9. 磁场强度的计算和磁感应强度的测量

如果在环形样品的磁化线圈中通过的电流为 I，则磁化场的磁场强度为

$$H = \frac{N}{\bar{l}} I \tag{3.19-1}$$

式中，N 为磁化线圈的匝数；$\bar{l}$ 为样品平均磁路长度；H 的单位为 A/m。

为了从间隙中间部位测得样品的磁感应强度 B 值，根据一般经验，截面为方形的样品的长和宽的线度应大于或等于间隙宽度的 8～10 倍，且铁心的平均磁路长度 $\bar{l}$ 也应远大于间隙宽度 l_g，这样才能保证间隙中有一个较大区域的磁场是均匀的，所测到的磁感应强度 B 的值才能真正代表样品中的磁场在中间部位的实际值。

【实验仪器】

实验仪器如图 3.19-4 所示，有直流稳流源、数字电流表、数字式特斯拉计（以霍尔传感器为探测器，并有螺旋装置移动，霍尔传感器及其原理详见实验十八：霍尔效应及其应用）、待测环形磁性材料（外形如图 3.19-5 所示，上面绕有 2000 匝线圈，样品的截面尺寸

为 $2.00\text{cm} \times 2.00\text{cm}$，间隙宽度 $l_g = 0.2\text{cm}$）、双刀双掷开关等。

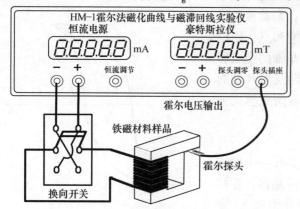

图 3.19-4　磁滞回线和磁化曲线测量装置

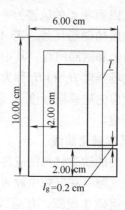

图 3.19-5　环形磁性材料外形图

【实验内容】

按图 3.19-4 接线，其中数字式特斯拉计同轴电缆插座与霍尔探头同轴电缆插头的连接方法是：将插头缺口对准插座的凸出口，拿住插头的圆柱体往插座方向推入即可，卸下时按住有条纹的外圈套往外拉；通电预热 5min。

1. 用数字式特斯拉计测量样品间隙中剩磁的磁感应强度 B 与位置 X 的关系，求得间隙中磁感应强度 B 的均匀区范围。

移动霍尔探头至中央零位（霍尔元件在探头离笔尖的 3mm 左右处，而不是在笔尖。标志线指示零值时，霍尔元件正好在间隙中央位置），闭合换向开关，调节恒流电源使 B 约为 250mT，然后左右移动霍尔探头测量各位置 X 所对应的 B。

2. 退磁。

在测量样品的起始磁化曲线之前必须先对样品进行退磁处理。

将霍尔探头移至远离磁性材料样品处，调节磁化电流为零，并调节特斯拉计的调零电位器，使之读数为零，作为相对零磁场点。

将霍尔探头移至磁性材料样品中央，使磁化电流不断反向，且幅值由最大值逐渐减小至零，最终使样品的剩磁 B 为零。（如电流值由 0 增至 600mA 再逐渐减小至 0，然后将双刀换向开关换为反向电流由 0 增至 500mA，再由 500mA 调至零，这样磁化电流不断反向，最大电流值每次减小 100mA，当剩磁减小到 100mT 时，每次最大电流减小量还需小些，最后将剩磁消除。）退磁过程如图 3.19-6 所示。为保证实验质量需重复上述步骤 1、2 多次，最终使探头在样品内外范围处处满足 $B = 0$。

3. 测量模具钢的初始磁化曲线。

由退磁状态（$H = 0$，$B = 0$）开始测量间隙中央位置处 B 与 H 的对应关系，磁化电流每隔 30mA 测一个 B 的值，直至 B 增加得十分缓慢，此时磁化线圈通过的电流值为 I_m，

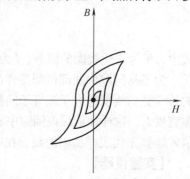

图 3.19-6　样品的退磁过程

注意磁化电流上升过程中必须严格单调上升，不可倒退。

4. 磁锻炼。

测量磁滞回线前必须进行磁锻炼。保持上述电流 I_m 不变，把双刀换向开关来回拨动30次，进行磁锻炼。注意在拉动开关时，应使触点从接触到断开的时间长些。

5. 测量模具钢的磁滞回线。

通过磁化线圈的电流从饱和电流 I_m 开始逐步减小到0，然后用双刀换向开关使电流换向，电流又从0变为 $-I_m$，重复上述过程，即 $(H_m, B_m) \rightarrow (-H_m, -B_m)$，再从 $(-H_m, -B_m) \rightarrow (H_m, B_m)$。每隔约 50mA 测一组 (I_i, B_i) 值。同样在各过程中，磁化电流必须保持严格单调不可倒退。

【数据记录及处理】

1. 记录测量样品间隙中各位置 X 处的磁感应强度 B，填入表3.19-1。

表　3.19-1

X/mm	-10.0	-9.0	-8.0	-7.0	-6.0	-5.0	-4.0	-3.0	-2.0	-1.0	-0.0
B/mT											
X/mm	1.0	2.0	3.0	4.0	5.0	6.0	7.0	8.0	9.0	10.0	
B/mT											

（1）绘出 B-X 曲线；

（2）从图中求得间隙中磁感应强度 B 的均匀区范围。

2. 记录模具钢在初始磁化过程中的磁化电流 I 与磁感应强度 B 的关系，填入表3.19-2。

表　3.19-2

I/mA	B/mT	H/(A/m)	I/mA	B/mT	H/(A/m)
⋮	⋮	⋮	⋮	⋮	⋮

注：表格不少于6行。

（1）按图3.19-5尺寸计算平均磁路 $\bar{l}$，并按式（3.19-1）计算各 H 值填入表3.19-2。

（2）根据 B 与 H 的对应关系在毫米方格纸上绘制模具钢的初始磁化曲线 B-H 图（或用计算机绘图），分析并说明初始磁化曲线的变化规律。

3. 记录磁滞回线测量的各 (I_i, B_i) 值，填入表3.19-3。

表　3.19-3

I/mA	B/mT	H/(A/m)	I/mA	B/mT	H/(A/m)
⋮	⋮	⋮	⋮	⋮	⋮

注：表格不少于24行。

（1）由式（3.19-1）求出 H_i 值。用作图纸绘制模具钢材料的磁滞回线，从图中得出模具钢的饱和磁感应强度 B_m、剩磁 B_r，以及矫顽力 H_c。

（2）试分析并说明磁滞回线的特征。

4. 选做内容。

根据附录中介绍的式（3.19-6）对 H_c 和 H_m 值进行修正，得到精确的矫顽力 H_c 和材料饱和时的磁场强度 H_m 值。

【注意事项】

1. 恒流电源输出切不可短路。

2. 霍尔探头请勿用力拉动，以免损坏。

3. 霍尔探头的位置可借助移动架上指示的标尺读数记录。霍尔元件是在探头离笔尖的 3mm 左右处，而不是在笔尖。标志线指示零值时，霍尔元件正好在间隙中间位置。

4. 绝大多数情况下，仪器均能退磁到零（0mT），但个别学生因种种原因可能只能退磁到 2mT 以下，可以认为"基本退磁"。

5. 在测量磁化曲线的过程中，应保证磁化电流依次单调增加，否则应立即退磁，并重新开始测量 B-H 关系。

6. 磁锻炼时，线圈通以 600mA 电流。此时拉动双刀换向开关的动作要慢些，这样做既延长了开关的使用寿命，又可避免产生火花。

【思考题】

1. 什么是基本磁化曲线？它和起始磁化曲线间有何区别？

2. 在测量磁滞回线时，如果测量的操作顺序发生了错误，应该怎样操作才能继续测量？

3. 还有什么方法可以用来测量磁滞回线？

4. 在什么条件下，通过环形铁磁材料间隙测得的磁感应强度能代表磁路中的磁感应强度？

【附录】

霍尔传感器是一种基于霍尔效应的磁电传感器，如附图 3.19-1 所示，若电流 I 流过厚度为 d 的半导体薄片，且磁场 B 垂直作用于该半导体，则电子流方向由于洛伦兹力作用而发生改变，在达到平衡后，薄片两个横面 a、b 之间产生电势差，这种现象称为霍尔效应。在与电流 I、磁场 B 垂直方向产生的电势差称为霍尔电势差，通常用 U_H 表示。U_H 的表达式为

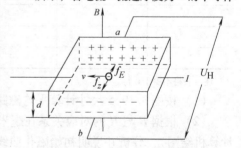

附图 3.19-1　霍尔效应原理图

$$U_H = (R_H/d)IB = K_H IB \qquad (3.19-2)$$

式中，K_H 称为霍尔元件灵敏度；R_H 是由半导体本身电子迁移率决定的物理常数，称为霍尔系数；B 为磁感应强度；I 为电流。由式（3.19-2）可知，当控制电流 I 不变时，霍尔传感器的输出电压 U_H 与磁感应强度 B 的大小成正比，所以测得电压便可以测量霍尔传感器周围的磁感应强度。

用霍尔传感器测量铁心材料初始磁化曲线和磁滞回线，铁心中的缝隙对实验测量的影响：

若铁心磁路中有 1 个小平行间隙 l_g，铁心中平均磁路长度为 $\bar{l}$，而铁心线圈匝数为 N，通过电流为 I，那么由安培回路定理，有

$$H\bar{l} + H_g l_g = NI \qquad (3.19-3)$$

式中，H_g 为间隙中的磁场强度。一般来说，铁心中的磁感应强度不同于缝隙中的磁感应强度。但是在缝隙很窄的情况下，即正方形铁心截面的长和宽都远远大于 l_g，且铁心中平均磁路长度 $l \gg l_g$，此时

$$B_g S_g = BS \qquad (3.19-4)$$

式中，S_g 是缝隙中磁路截面；S 为铁心中磁路截面。在上述条件下，$S_g \approx S$，所以 $B = B_g$。即霍尔传感器在间隙中间部位测出的磁感应强度 B_g 就是铁心中间部位的磁感应强度 B。又，在缝隙中

$$B_g = \mu_0 \mu_r H_g \qquad\qquad (3.19\text{-}5)$$

式中，μ_0 为真空磁导率；μ_r 为相对磁导率，在间隙中，$\mu_r = 1$。所以 $H_g = B/\mu_0$，这样，铁心中磁场强度 H 与铁心中磁感应强度 B 及线圈安培匝数 NI 满足（安培环路定理）：

$$H\bar{l} + \frac{1}{\mu_0} B l_g = NI \qquad\qquad (3.19\text{-}6)$$

在实际科研测量时，应使待测样品满足 $H\bar{l} \gg \dfrac{1}{\mu_0} B l_g$ 的条件，即线圈的安培匝数 NI 保持不变时，平均磁路总长度 $\bar{l}$ 必须足够大，间隙 l_g 则应尽可能小，这样，$H\bar{l} \approx NI$。如果 $\dfrac{1}{\mu_0} B l_g$ 对 Hl 不可忽略时，可利用式（3.19-6）对初始磁化曲线中的 H 值进行修正，得出 H 值的准确结果。

实验二十　磁性材料基本特性的研究

磁性材料在电力、通信、电子仪器、汽车、计算机和信息存储等领域有着十分广泛的应用，近年来已成为促进高新技术发展和当代文明进步不可替代的材料，因此在大学物理实验课程中开展关于磁性材料基本性质的研究就显得尤为重要。居里温度是表征磁性材料基本特性的物理量，它反映了磁性材料由铁磁性转变为顺磁性的相变温度。

本实验根据铁磁物质磁矩随温度变化的特性，采用电桥法测量铁磁物质自发磁化消失时的温度。该方法具有系统结构简单、性能稳定可靠等优点，采用铂电阻温度传感器记录温度，数字电压表读取电压，画出 U-T 曲线，并从中定出居里温度 T_C，通过对软磁铁氧体材料居里温度的测量，加深对这一磁性材料基本特性的理解。

【实验目的】

1. 了解铁磁物质由铁磁性转变为顺磁性的微观机理。
2. 利用电桥法测定软磁铁氧体材料的居里温度。

【实验原理】

1. 铁磁质的磁化规律

由于外加磁场的作用，物质中的原子状态发生变化，产生新的磁场的现象称为磁性，物质的磁性可分为反铁磁性（抗磁性）、顺磁性和铁磁性三种。一切可被磁化的物质叫作磁介质。在铁磁质中相邻电子之间存在着一种很强的"交换耦合"作用，在无外磁场的情况下，它们的自旋磁矩能在一个个微小区域内"自发地"整齐排列起来而形成自发磁化小区域，称为磁畴。在未经磁化的铁磁质中，虽然每一磁畴内部都有确定的自发磁化方向，有很大的磁性，但大量磁畴的磁化方向各不相同，因而整个铁磁质不显磁性。如图 3.20-1 所示，给出了多晶磁畴结构示意图。当铁磁质处于外磁场中时，那些自发磁化方向和外磁场方向成小角度的磁畴其体积随着外加磁场的增大而扩大，并使磁畴的磁化方向进一步转向外磁场方向。另一些自发磁化方向和外磁场方向成大角度的磁畴其体积则逐渐缩小，这时铁磁质对外呈现宏观磁性。当外磁场增大时，上述效应相应增大，直到所有磁畴都沿外磁场排列好，介质的磁化就达到饱和。由于在每个磁畴中元磁矩已完全排列整齐，因此具有很强的磁性。这就是铁磁质的磁性比顺磁质强得多的原因。介质里的掺杂和内应力在磁化场去掉后阻碍着磁畴恢复到原来的退磁状态，这是造成磁滞现象的主要原因。铁磁性与磁畴结构是分不开的。

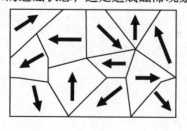
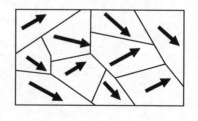

a)　　　　　　　　　　　　　　　　b)

图 3.20-1　磁畴

a）未加磁场时多晶磁畴结构　b）加磁场时多晶磁畴结构

当铁磁体受到强烈的震动，或在高温下由于剧烈运动的影响，磁畴便会瓦解，这时与磁畴联系的一系列铁磁性质（如高磁导率、磁滞等）就会全部消失。对于任何铁磁物质都有这样一个临界温度，高过这个温度铁磁性就消失，变为顺磁性，这个临界温度叫作铁磁质的居里点。

在各种磁介质中，最重要的是以铁为代表的一类磁性很强的物质，在化学元素中，除铁之外，还有过渡族中的其他元素（钴、镍）和某些稀土族元素（如镝、钬）具有铁磁性。然而常用的铁磁质多数是铁和其他金属或非金属组成的合金，以及某些包含铁的氧化物（铁氧体）。铁氧体具有适合在更高频率下工作、电阻率高、涡流损耗更低的特性。软磁铁氧体中的一种是以 Fe_2O_3 为主要成分的氧化物软磁性材料，其一般分子式可表示为 $MO \cdot Fe_2O_3$（尖晶石型铁氧体），其中 M 为 2 价金属元素，其自发磁化为亚铁磁性。现在以 Ni-Zn 铁氧体等为中心，主要作为磁芯材料。

磁介质的磁化规律可用磁感应强度 B、磁化强度 M、磁场强度 H 来描述，它们满足以下关系：

$$B = \mu_0(H + M) = (\chi_m + 1)\mu_0 H = \mu_r \mu_0 H = \mu H \qquad (3.20\text{-}1)$$

式中，$\mu_0 = 4\pi \cdot 10^{-7} H/m$ 为真空磁导率；χ_m 为磁化率；$\mu_r = \chi_m + 1 = B/(\mu_0 H)$ 为相对磁导率，是一个量纲为 1 的数；$\mu = \mu_r \mu_0$ 为绝对磁导率。对于顺磁性介质，磁化率 $\chi_m > 0$，μ_r 略大于 1；对于抗磁性介质，$\chi_m < 0$，一般 χ_m 的绝对值在 $10^{-4} \sim 10^{-5}$ 之间，μ_r 略小于 1；而铁磁性介质的 $\chi_m \gg 1$，所以，$\mu_r \gg 1$。

对非铁磁性的各向同性的磁介质，H 和 B 之间满足线性关系，$B = \mu H$，而铁磁性介质的 μ、B 与 H 之间有着复杂的非线性关系。一般情况下，铁磁质内部存在自发的磁化强度，温度越低，自发磁化强度越大。图 3.20-2 是典型的磁化曲线（B-H 曲线），它反映了铁磁质的共同磁化特点：随着 H 的增加，开始时 B 缓慢地增加，此时 μ 较小；而后 B 便随 H 的增加急剧增大，μ 也迅速增加；最后 B 随 H 增加趋向于饱和，而此时的 μ 值在到达最大值后又开始急剧减小。图 3.20-2 表明了磁导率 μ 是磁场强度 H 的函数。从图 3.20-3 中可以看到，磁导率 μ 还是温度的函数，当温度升高到某个值时，铁磁质由铁磁状态转变成顺磁状态，曲线突变点所对应的温度就是居里温度 T_C。

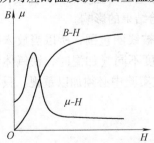

图 3.20-2 磁化曲线和 μ-H 曲线

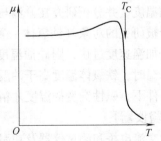

图 3.20-3 μ-T 曲线

2. 用交流电桥测量居里温度

铁磁材料的居里温度可用任何一种交流电桥测量。交流电桥种类很多，如麦克斯韦电桥、欧文电桥等，但大多数电桥可归结为如图 3.20-4 所示的四臂阻抗电桥，电桥的四个臂可以是电阻、电容、电感的串联或并联的组合。调节电桥的桥臂参数，使得 C、D 两点间的

电位差为零，电桥达到平衡，则有

$$\frac{Z_1}{Z_2} = \frac{Z_3}{Z_4} \qquad (3.20\text{-}2)$$

若要上式成立，必须使复数等式的模量和辐角分别相等，于是有

$$\frac{|Z_1|}{|Z_2|} = \frac{|Z_3|}{|Z_4|} \qquad (3.20\text{-}3)$$

$$\varphi_1 + \varphi_4 = \varphi_2 + \varphi_3 \qquad (3.20\text{-}4)$$

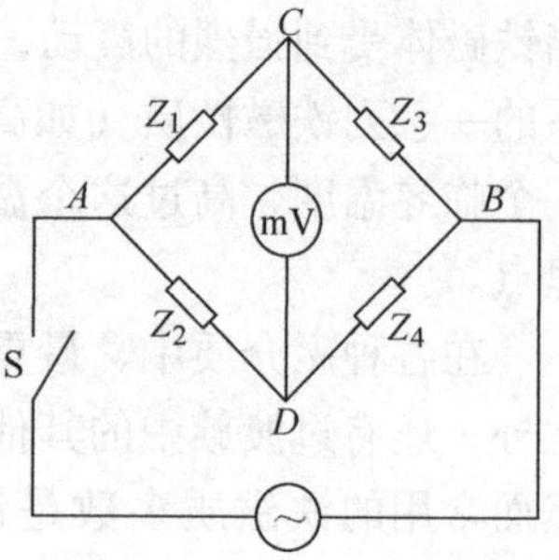

图 3.20-4　交流电桥的基本电路

由此可见，交流电桥平衡时，除了阻抗大小满足式 (3.20-3) 外，阻抗的相位角还要满足式 (3.20-4)，这是它和直流电桥的主要区别。

本实验采用如图 3.20-5 所示的 *RL* 交流电桥，在电桥中输入电源由信号发生器提供，在实验中应适当选择较高的输出频率，ω 为信号发生器的角频率。其中 Z_1 和 Z_2 为纯电阻，Z_3 和 Z_4 为电感（包括电感的线性电阻 r_1 和 r_2），其复阻抗为

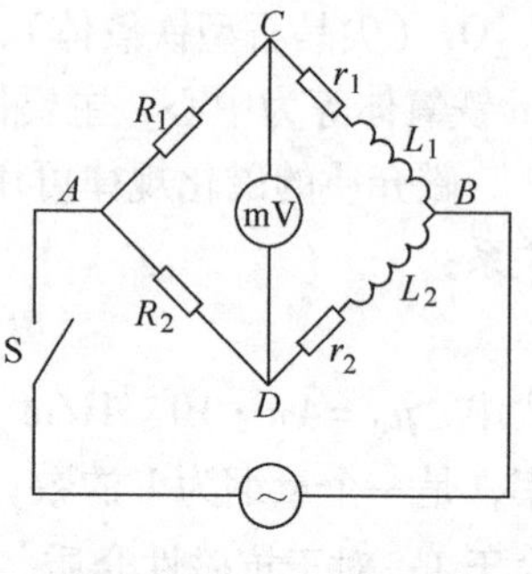

图 3.20-5　*RL* 交流电桥

$$Z_1 = R_1, \ Z_2 = R_2, \ Z_3 = r_1 + i\omega L_1, \ Z_4 = r_2 + i\omega L_2 \qquad (3.20\text{-}5)$$

当电桥平衡时有

$$R_1(r_2 + i\omega L_2) = R_2(r_1 + i\omega L_1) \qquad (3.20\text{-}6)$$

实部与虚部分别相等，得

$$r_2 = \frac{R_2}{R_1}r_1, \quad L_2 = \frac{R_2}{R_1}L_1 \qquad (3.20\text{-}7)$$

选择合适的电子元件相匹配，在未放入铁氧体时，可直接使电桥平衡，但当其中一个电感放入铁氧体后，电感大小发生了变化，引起电桥不平衡。随着温度的上升到某一个值时，铁氧体的铁磁性转变为顺磁性，C、D 两点间的电位差发生突变并趋于零，电桥又趋向于平衡，这个突变的点对应的温度就是居里温度。可通过桥路电压与温度的关系曲线，求其曲线突变处的温度，并分析研究在升温与降温时的速率对实验结果的影响。

由于被研究的对象（铁氧体）置于电感的绕组中，被线圈包围，所以当放入硅油中加热时，若加温速度过快，则硅油温度将与铁氧体实际温度不同（加温时，铁氧体温度低于油温；降温时，铁氧体温度高于油温），这种滞后现象在实验中必须加以重视。只有在动态平衡的条件下，磁性突变的温度才精确等于居里温度。

【实验仪器】

分为交流电桥和测试仪器及功率函数信号发生器三部分。

1. 交流电桥如图 3.20-5 所示，两线圈垂直放置，下面线圈开有长方形小孔，可以放置磁性材料样品，如图 3.20-6 所示。

2. 测试装置：

① 容器和加热炉，如图 3.20-7 所示，容器中放有硅油，实验中将图 3.20-6 中的装置及图 3.20-8 所示的铂电阻温度计放入硅油中。

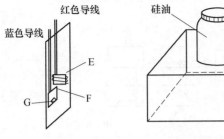
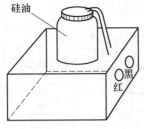
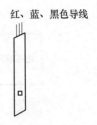

图 3.20-6　垂直放置的　　　　图 3.20-7　容器和加热炉　　　　图 3.20-8　铂电阻温度计
线圈 E、F 和样品 G

② 加热电源及铂电阻温度计电源分别如图 3.20-9、图 3.20-10 所示。

③ 功率函数信号发生器，如图 3.20-11 所示，该仪器为测试电路提供电源，YB1602P
功率函数信号发生器的结构与使用方法请参看基础训练实验部分实验四的附录二。

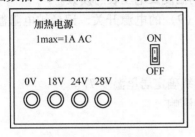
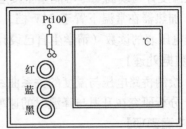

图 3.20-9　加热电源　　　　　　　　　图 3.20-10　铂电阻温度计电源

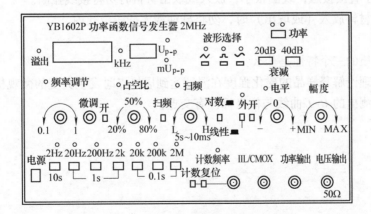

图 3.20-11　YB1602P 功率函数信号发生器

【实验内容】

1. 如图 3.20-5 所示，连接桥式电路的电阻及数字电压表，根据图 3.20-12 所示连接测
试仪器线路。将信号发生器（11）的电压输出端与桥式电路（5）的 A、B 两端连接，线圈
（6）的红、蓝两条导线与 B 点连接，另外两条红、蓝导线则分别与 C、D 两端连接，将加热
电源（9）的阴极、阳极（+18V）与加热容器（7）连接。铂电阻温度计（8）的三条导线
（红、蓝、黑色）分别与其电源（10）对应的三色插孔连接。

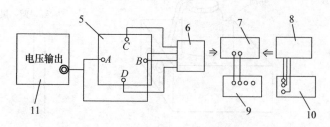

图 3.20-12　各测试仪器连线框图（图上所标数字代表上述各对应图形序号）

2. 将信号发生器频率置于 2kHz 左右，峰-峰值电压置于 1.5~4V。并记下此值。

3. 在未放入磁性材料时，可直接使电桥平衡，将磁性材料放入线圈 F 中，其电感大小发生了变化，引起电桥不平衡。记下此时电压表的读数。

4. 将线圈（6）装置与铂电阻温度计（8）装置分别放入加热容器（7）装置中（注意：铂电阻温度计与线圈要尽可能紧密接触），记下此时的温度及电压表的读数。

5. 加热器在常温下置于 24V 档，打开加热电源（9）的电源开关，记录铂电阻温度计读数与电压表的读数（请学生自己设计表格）。

【数据处理】

1. 绘制桥路电压与温度的关系曲线，根据实验曲线确定居里温度 T_C。

2. 分析研究在升温与降温时的速率对实验结果的影响。

【注意事项】

1. 硅油温度很高，将磁性材料放入线圈内（或取出）时，一定要用耐高温的吸磁夹子进行，切勿用手直接接触；线圈很小，放入或取出材料时勿将接线拉断。

2. 将磁性材料放入（或取出）时，勿将硅油滴入插线板孔内。

【思考题】

1. 铁磁物质的三个特性是什么？

2. 用磁畴理论解释样品的磁化强度在温度达到居里点时发生突变的微观机理是什么？

3. 为什么测出的 U-T 曲线与横坐标没有交点？

实验二十一　显微镜、望远镜、幻灯机的实验设计

【实验目的】

1. 了解显微镜的结构和成像的基本原理，理解显微镜放大倍数的计算公式，根据显微镜成像基本原理，设计一种放大率的显微镜，掌握显微镜的调节、使用和测量放大率的方法。

2. 了解望远镜成像的基本原理和结构，设计伽利略望远镜和开普勒望远镜，掌握其调节、使用和测量放大率的方法。

3. 了解幻灯机的原理和聚光镜的作用，掌握对透射式投影光路系统的调节方法。

【实验原理】

1. 显微镜

放大镜的放大率可以表示为 $M = 25/f$，其中 f 为放大镜的第二焦距。为了提高放大镜的放大倍数必须要减小放大镜的焦距，例如 20 倍的放大镜其焦距仅仅为 1.25cm，物体到眼睛的距离也差不多是 1.25cm，这样的工作距离对许多工作是不方便的，在实际中也是不允许的。为了提高放大率的同时也能获得合适的工作条件，可以选用组合放大镜，即采用两个光学透镜组成的光学系统来代替单一的放大镜，这种组合的放大镜称为显微镜。

显微镜的光学系统如图 3.21-1 所示。L_1 为显微镜的物镜，L_2 为显微镜的目镜，人眼在目镜后面一定的位置上。F_1 和 F_1' 分别为物镜的第一和第二焦点，F_2 为目镜的第一焦点。F_1' 和 F_2 之间的距离为 Δ，称为光学间隔。将被观察物体 AB 放在物镜的第一焦点之外，于是物镜将长为 y 的物体 AB 在物镜的二倍焦距之外成一个倒立、放大的实像 $A'B'$。我们选取目镜的位置，使得这个像恰好位于目镜的焦点以内。像 $A'B'$ 的大小等于物镜对物的放大率 β 与物体长度 y 的乘积，即 βy，目镜对此实像起放大作用，从而在目镜之前的某一位置成一放大的虚像 $A''B''$。虚像 $A''B''$ 成为眼睛的物，它在视网膜上的像，就是眼睛通过显微镜对物 AB 所获得的最后的像。这个像对瞳孔的张角比在同样的距离上物体 AB 对瞳孔的张角大许多倍。

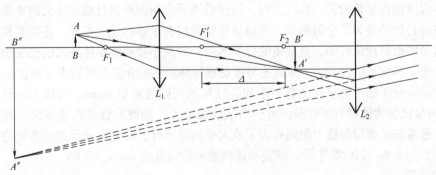

图 3.21-1　显微镜成像原理图

设 s' 为目镜到由它所成的虚像 $A''B''$ 的距离，则虚像 $A''B''$ 对眼睛瞳孔的张角 ω。可近似地写成

$$\omega_o = \frac{-\beta y}{-f_2} = \frac{-\beta y}{f_2'} \tag{3.21-1}$$

式中，f_2'为目镜的第二焦距。

当物体AB处于$A''B''$所在的平面时，它对人眼瞳孔的张角ω_e为

$$\omega_e = \frac{y}{-s'} \tag{3.21-2}$$

则得到显微镜的放大率为

$$M = \frac{\omega_o}{\omega_e} = \frac{-\dfrac{\beta y}{f_2'}}{\dfrac{y}{-s'}} = \beta \frac{s'}{f_2'} \tag{3.21-3}$$

式中，s'/f_2'为目镜的放大率。可见显微镜的放大率等于物镜的放大率与目镜的放大率的乘积。显微镜镜头上一般分别刻有$5\times$、$10\times$等字样，可以由其乘积直接得知所用显微镜的放大率。在给定的情况下，物镜的垂轴放大率β近似等于物镜和目镜的光学间隔Δ除以物镜的第二焦距，即

$$\beta = \frac{-\Delta}{f_1'} \tag{3.21-4}$$

则显微镜的放大率

$$M = -\frac{\Delta}{f_1'} \frac{s'}{f_2'} \tag{3.21-5}$$

现代显微镜的光学间隔Δ均有定值，通常是17cm或者19cm。一般人在用显微镜进行观察时，s'约为-25cm，在这种情况下，由改变物镜目镜的焦距可得各种不同的放大率。当物镜和目镜都是组合系统时，则在放大率很高的情况下，仍能获得清晰的像。

本实验中我们在光学平台上，利用已有的光学仪器，设计一套简易的显微镜系统。其原理与图3.21-1相同，其中物镜的焦距f很短，将所观察物体放在它前面距离略大于f的位置，物体经物镜放大后成一放大、倒立的实像，然后再用目镜作为放大镜来观察这个中间像，物体应成像在目镜的第一焦点之内，经过目镜后在明视距离处成一放大的虚像。由于放大镜的最终目的还是为了分辨细节，所以显微镜除应有足够的放大率外，还要有相应的分辨本领。由光的衍射理论可知，显微镜的分辨本领，取决于被观察物体发出的光在物镜的物空间的孔径角u和该光的波长λ，并且还与被观察物体所在的介质的折射率n有关。也就是显微镜的分辨本领正比于物空间的折射率和孔径角的正弦的乘积$n\sin u$，反比于波长λ。乘积$n\sin u$称为显微镜物镜的数值孔径。对于给定波长的光，物镜的数值孔径越大，则其分辨本领越高。通常在显微镜物镜上除刻有表示放大率的数字外，还刻有表示数值孔径的数字。例如，物镜上刻有N. A. 0.65字样，即表示该物镜的数值孔径$n\sin u = 0.65$。

2. 望远镜

望远镜是帮助人眼对远处物体进行观察的光学仪器，观察者以对望远镜像空间的观察代替对本来的物空间的观察。由于望远镜的像空间的像对人眼的瞳孔的张角比在物空间的共轭角大，所以通过望远镜观察时，远处的物体似乎被移近，原来看不清楚的物体能被看清楚了。望远镜由两个共轴的光学系统组成，其中向着物体的系统称为物镜，接近于人眼的系统

称为目镜。当用在观看无限远的物体时，如天文望远镜，物镜的第二焦点与目镜的第一焦点重合，即两系统的光学间隔为零；当用在观看有限远的物体时，例如大地测量用的望远镜或观剧望远镜，两系统的光学间隔是一个不为零的小数量。作为一般的研究，可以认为望远镜是由光学间隔为零的两个共轴光学系统组成的。

若物镜和目镜的第二焦距均为正，就是开普勒望远镜，其成像原理如图 3.21-2 所示；若物镜的第二焦距为正，而目镜的第二焦距为负，就是所谓的伽利略望远镜，其成像原理如图 3.21-3 所示。来自无限远的物点发出的光束，在物镜上与望远镜光轴成不大的夹角 ω，经望远镜物镜后光束被会聚于物镜第二焦平面，此光束经目镜后成为与望远镜光轴有很大夹角 ω_o 的一束平行光，这表明望远镜对位于无限远的物体 AB 仍成像于无限远，不过却使原来与望远镜光轴成较小夹角 ω 的光束变成与光轴成较大夹角 ω_o 的光束。按前述的关于放大率的概念，这就相当于是物体 AB 对人眼的张角变大，从而在视网膜上获得放大的像。由于位于无限远的物体 AB 对人眼瞳孔的张角 ω_e 实际上等于如图 3.21-3 中所画出的 ω，所以望远镜的放大率为

$$M = \frac{\omega_o}{\omega_e} = \frac{\omega_o}{\omega} \tag{3.21-6}$$

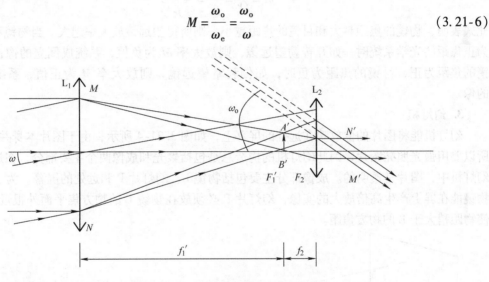

图 3.21-2　开普勒望远镜成像原理

ω 和 ω_e 恰巧为望远镜在物镜 MN 和它的像 $M'N'$ 处的一对共轭角，所以 ω 和 ω_e 的比值就是望远镜对物镜及其像的角放大率 γ_p，也就是望远镜的放大率 M 等于光瞳处的角放大率。其垂直轴放大率 β_p 很容易得出：

$$\beta_p = \frac{|M'N'|}{MN} = \frac{f_2}{f_1'} \tag{3.21-7}$$

由于物镜 MN 及其像 $M'N'$ 都在同一空气介质中，所以

$$\gamma_p = \frac{1}{\beta_p} \tag{3.21-8}$$

于是望远镜的放大率为

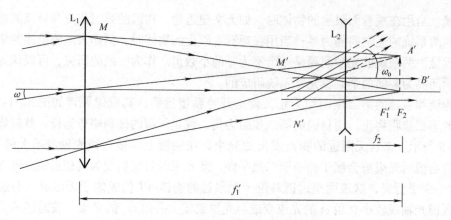

图 3.21-3   伽利略望远镜成像原理

$$M = \gamma_{p} = \frac{f_{1}{}'}{f_{2}} = -\frac{f_{1}{}'}{f_{2}{}'} \tag{3.21-9}$$

此式表明，物镜的焦距越大和目镜的焦距越小，则所得望远镜放大率越大。当物镜和目镜都为正焦距的光学系统时，如开普勒望远镜，则放大率 M 为负值，系统成倒立的像；而当物镜的焦距为正，目镜的焦距为负时，如伽利略望远镜，则放大率 M 为正值，系统成正立的像。

3. 幻灯机

幻灯机能将图片的像放映在远处的屏幕上，如图 3.21-4 所示，由于图片本身并不发光，所以要用强光照亮图片，因此幻灯机的构造总是包括聚光和成像两个主要部分，在透射式的幻灯机中，图片是透明的。成像部分主要包括物镜 L、幻灯片 P 和远处的屏幕。为了使这个物镜能在屏上产生高倍放大的实像，幻灯片 P 必须放在物镜 L 的物方焦平面外很近的地方，使物距稍大于 L 的物方焦距。

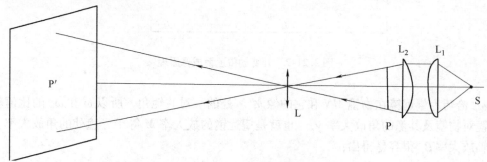

图 3.21-4   幻灯机原理光路

聚光部分主要包括很强的光源（通常采用溴钨灯）和透镜 L_1、L_2 构成的聚光镜。聚光镜的作用是一方面要在未插入幻灯片时，能使屏幕上有强烈而均匀的照度，并且不出现光源本身结构（如灯丝等）的像；一经插入幻灯片，能够在屏幕上单独出现幻灯图片的清晰的像。另一方面，聚光镜要有助于增强屏幕上的照度。因此，应使从光源发出并通过聚光镜的光束能够全部到达像面。为了实现这一目的，必须使这束光全部通过物镜 L，这可以用所谓

"中间像"的方法来实现。即聚光器使光源成实像，成实像后的那些光束继续前进时，不超过透镜 L 边缘范围。光源的大小以能够使光束完全充满 L 的整个面积为限。聚光镜焦距的长短是无关紧要的。通常将幻灯片放在聚光器前面靠近 L_2 的地方，而光源则置于聚光器后 2 倍于聚光器焦距之处。聚光器焦距等于物镜焦距的一半，这样从光源发出的光束在通过聚光器前后是对称的，而在物镜平面上光源的像和光源本身的大小相等。

【实验仪器】

1. 显微镜

光学平台、钠光灯光源、1/10mm 分划板、物镜（$f_o = 15\text{mm}$），测微目镜（去掉其物镜头的读数显微镜）、相应的光具座。

2. 望远镜

光学平台、带有毛玻璃的白炽灯光源、毫米尺（$L = 7\text{mm}$）、物镜（凸透镜，$f_o = 225\text{mm}$）、测微目镜（去掉其物镜头的读数显微镜）、目镜（凹透镜）。

3. 幻灯机

光学平台、带有毛玻璃的白炽灯光源、聚光镜（$f_1 = 50\text{mm}$）、幻灯底片、放映物镜（$f_2 = 190\text{mm}$）、白屏。

【实验内容】

1. 组装显微镜实验

a）把全部器件按图 3.21-1 的顺序摆放在平台上，目测并将各光学元件调至光学共轴。

b）把物镜和物镜的间距固定为合适的数值。

c）沿标尺导轨前后移动分划板（紧挨毛玻璃装置，使分划板置于略大于物镜焦距的位置），直至在显微镜系统中看清分划板的刻线。

d）记录物镜和目镜的焦距以及它们之间的距离。

e）计算显微镜的放大倍数。

名称	f_1	f_2	Δ	M
长度/cm				

2. 组装望远镜实验

（1）搭建一台开普勒望远镜

a）把全部器件按图 3.21-2 的顺序摆放在平台上，靠拢后目测调至共轴。

b）把所观察物体毫米尺和目镜的间距调至最大，沿导轨前后移动物镜，直至可以通过目镜看到清晰的毫米尺上的刻线。

c）分别读出毫米尺、物镜和目镜的位置，并计算望远镜的放大率。

（2）搭建一台伽利略望远镜

a）把全部器件按图 3.21-3 的顺序摆放在平台上，靠拢后目测调至共轴。

b）把所观察物体毫米尺和目镜的间距调至最大，沿导轨前后移动物镜，直至可以通过目镜看到清晰的毫米尺上的刻线。

c）分别读出毫米尺、物镜和目镜的位置，并计算望远镜的放大率。

3. 组装幻灯机实验

a）把全部仪器按图 3.21-4 的顺序摆放在平台上，靠拢后目测调至共轴。

b）将成像物镜与光屏的间隔固定在间隔所能达到的最大位置，前后移动幻灯片，使其经物镜在屏上成一最清晰的像。

【注意事项】

1. 光学元件勿用手摸。

2. 各透镜面垂直于光学平台标尺。

【思考题】

1. 望远镜和放大镜的放大倍数与哪些因素有关？

2. 对于望远镜和放大镜，为了提高其望远和放大的本领，是否只需要提高其放大率就可以了？

3. 望远镜原理中提到目镜和物镜的焦点应该重合，请检查自己的实验结果与这一结论是否一致，并分析原因。

实验二十二 用读数显微镜观测牛顿环

光的干涉现象是波动过程的基本特性之一。在对光的认识过程中，它为光的波动性理论提供了重要的实验证据。目前，光的干涉现象在科学研究和工程技术上有着越来越广泛的应用。例如，测量光波波长，精确地测量微小物体的长度、厚度和角度，检验加工物体表面的光洁度，测定材料的折射率等。

本实验将利用光的干涉现象测量平凸透镜的曲率半径。

【实验目的】

1. 观察、研究等厚干涉现象及其特点。
2. 学会用牛顿环干涉现象测量平凸透镜曲率半径的方法。
3. 学会调节和使用读数显微镜。
4. 掌握用逐差法和作图法处理数据。

【实验原理】

牛顿环干涉现象如图 3.22-1a 所示，在精磨的玻璃平板 BB' 上放置一个曲率半径很大的平凸透镜 AOA'，其凸面和平板玻璃 BB' 相切于 O 点，因而在两者之间形成一层以点 O 为中心，向边缘四周逐渐增厚的空气薄膜。当以平行单色光垂直照射时，由于平凸透镜下表面所反射的光 1 和玻璃平板上表面所反射的光 2 相遇而发生干涉，在透镜凸面 T 处产生等厚干涉条纹，两束光的光程差为

$$\delta = 2e_k + \frac{\lambda}{2} \tag{3.22-1}$$

式中，e_k 是半径为 r_k 处空气薄膜的厚度；$2e_k$ 是两束光的几何路程差；λ 为入射光波波长；$\lambda/2$ 是附加光程差，它是由于光从光疏介质（空气）射向光密介质（玻璃）的界面上反射时，发生半波损失而引起的。

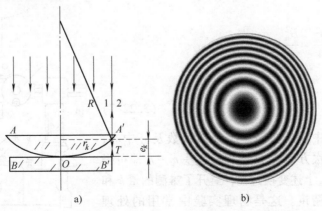

图 3.22-1 牛顿环的干涉原理及干涉条纹

根据干涉加强和减弱条件，有

亮环 $$\delta = 2e_k + \frac{\lambda}{2} = 2k\frac{\lambda}{2} \quad (k = 1,\ 2,\ 3,\ \cdots) \tag{3.22-2}$$

暗环 $\qquad \delta = 2e_k + \dfrac{\lambda}{2} = (2k+1)\dfrac{\lambda}{2} \quad (k=0,1,2,3,\cdots)$ $\qquad$ (3.22-3)

从式（3.22-1）可知，当入射光波波长 λ 确定后，光程差 δ 仅与 e_k 有关，即厚度相等的地方干涉情况也相同，因此干涉条纹是一组明暗相间、内疏外密的同心圆环，称为牛顿环，如图3.22-1b所示。这种干涉现象称为等厚干涉现象。

由图3.22-1a的几何关系可得

$$r_k^2 = R^2 - (R - e_k)^2 = 2Re_k - e_k^2$$

因为 $R \gg e_k$，所以 $2Re_k \gg e_k^2$，从上式中略去 e_k^2，得

$$e_k = \frac{r_k^2}{2R} \qquad (3.22\text{-}4)$$

将式（3.22-4）代入式（3.22-3），有

$$R = \frac{r_k^2}{k\lambda} \qquad (3.22\text{-}5)$$

由式（3.22-5）可知，若测出第 k 级暗环的半径 r_k，且单色光源的波长 λ 为已知，就能算出球面的曲率半径 R。反之，如果 R 已知，测出 r_k 后，就可以计算出入射单色光源的波长 λ。然而，用此测量关系式时往往误差很大，原因是在实验中由于机械压力引起的形变以及镜面间可能存在微小灰尘，使得凸面和平面接触处不可能是一个理想的点接触，而是一个不很规则的圆斑。因此很难准确地测出 k 与 r_k。实际上，我们可以通过两条暗环直径的平方差值来计算 R。如设第 m 条暗环和第 n 条暗环的直径各为 D_m 和 D_n，则由式（3.22-5）可得

$$\left(\frac{D_m}{2}\right)^2 = mR\lambda \qquad (3.22\text{-}6a)$$

$$\left(\frac{D_n}{2}\right)^2 = nR\lambda \qquad (3.22\text{-}6b)$$

两者之差为

$$\frac{D_m^2}{4} - \frac{D_n^2}{4} = (m-n)R\lambda$$

即

$$R = \frac{D_m^2 - D_n^2}{4(m-n)\lambda} \qquad (3.22\text{-}7)$$

这样，在实验中就不必确定暗环的级数及环中心，只要测出直径的二次方差 $D_m^2 - D_n^2$ 及环数差 $m-n$ 即可得到曲率半径 R。经过上述变换过程，避开了难测的量 k 和 r_k，提高了测量的精度。这是物理实验中常用的处理方法。

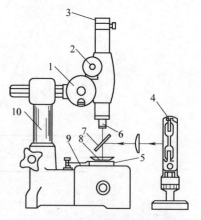

图3.22-2　牛顿环实验装置

1—测微鼓轮　2—物镜调节旋钮
3—目镜　4—钠光灯　5—平晶
6—物镜　7—反射玻璃片　8—牛
顿环仪　9—载物台　10—支架

【实验仪器】

读数显微镜、钠光灯（附镇流器）、牛顿环仪等。

整个实验装置如图3.22-2所示。图中的读数显微镜由一个带十字叉丝的显微镜和一个螺旋测微装置所组成。

【实验内容】

1. 测量平凸透镜的曲率半径

（1）观察牛顿环仪的干涉条纹

调节牛顿环仪上的三个螺钉，使干涉条纹处于牛顿环仪的中央位置。

（2）调节读数显微镜

1）照明

按图3.22-2安置好实验仪器。将读数显微镜的物镜对准牛顿环仪的中央，移动读数显微镜，对准钠光灯源。同时调节45°平面反射玻璃片，使钠灯发出的单色光经45°平面反射玻璃片反射后垂直向下入射到牛顿环仪上，使视场最亮。

2）调焦

① 旋转目镜，改变目镜与叉丝之间的距离，直到能看清叉丝为止。

② 将读数显微镜的物镜靠近待测的牛顿环仪，旋转调焦手轮，改变牛顿环仪与物镜之间的距离，使牛顿环仪通过物镜所成的像恰好在叉丝的平面上，直到在目镜中能同时看清叉丝和放大的牛顿环的像为止。

3）读数

标尺、读数准线及测微鼓轮组成了一个旋转测微装置。测微鼓轮的圆周上刻有100格的分度，它旋转一周，读数准线就沿标尺前进或后退1mm，故测微鼓轮的分度值为0.01mm。在图3.22-3所示情况中，读数为29.753mm。

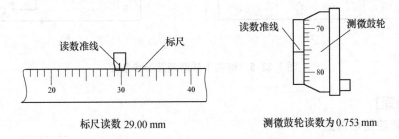

标尺读数29.00 mm　　　　　　　测微鼓轮读数为0.753 mm

图3.22-3　读数显微镜读数示意图

（3）测牛顿环直径

1）使显微镜的十字叉丝与牛顿环中心大致重合，旋转读数显微镜的目镜使一条十字叉丝与标尺平行，固定紧固螺钉。

2）转动测微鼓轮，先使镜筒由标尺中间向右移动，观察十字叉丝从牛顿环中心向左移动，按顺序数到第32环，再反向转退到$m=30$环，使十字叉丝与环的外侧（或内侧）相切（见图3.22-4），记录读数。然后继续转动测微鼓轮，使十字叉丝依次与29，28，27，26，25，24，23，22，21环的外侧（或内侧）相切，顺次记下读数。再继续转动测微鼓轮，使叉丝依次与圆心右方21，22，23，24，25，26，27，28，29，30环的内侧（或外侧）相切，顺次记下各环的读数。在测量时要格外小心，测微螺旋应沿一个方向旋转读数，中途不得反转，以免螺旋空程引起误差。

2. 观察、了解空气劈尖的干涉条纹

取两块光学平面玻璃板A和B，使一端相接处，另一端插入一细丝（或薄片），这样在两块玻璃板之间就形成了一个空气劈尖，如图3.22-5a所示。当用平行单色光垂直照射时，由空气劈尖上表面反射的光束 1 和下表面反射的光束 2 在劈尖的上表面 T 处相遇而发生干涉,呈现出一组与两块玻璃板的交线相平行的且间隔相等、明暗相间的干涉条纹。

将劈尖装置安放在读数显微镜的载物台上,按前述步骤调节读数显微镜,直到在目镜中看到清晰的劈尖干涉条纹,如图 3.22-5b 所示。

劈尖干涉在工业生产中有很广泛的应用,只要测出玻璃板交线到被测物的距离和干涉条纹相邻暗条纹的间距,就能测定细丝的直径或薄片的厚度。此外,还可以通过观察劈尖装置等厚干涉条纹是否相互平行、平直等距来检验加工物件表面的平整度等技术指标。

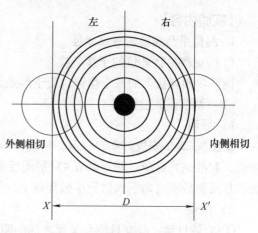

图 3.22-4　测牛顿环直径示意图

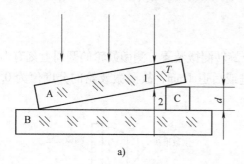

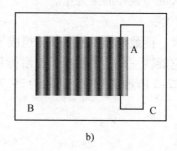

图 3.22-5　劈尖干涉原理及干涉条纹

【数据处理】

1. 用逐差法处理数据

(1) 将实验测得数据填入表 3.22-1 中,并用逐差法计算平均值 $\overline{D_m^2 - D_n^2}$。

已知:钠光灯光波波长 $\lambda = 589.3\text{nm} = 5.893 \times 10^{-4}\text{mm}$, $m - n = 5$。

表 3.22-1　牛顿环直径数据记录表

环数 m	读数/mm 左	读数/mm 右	直径/mm D_m(左-右)	D_m^2/mm²	环数 n	读数/mm 左	读数/mm 右	直径/mm D_n(左-右)	D_n^2/mm²	$D_m^2 - D_n^2$
30					25					
29					24					
28					23					
27					22					
26					21					

(2) 根据下式计算平凸透镜曲率半径的平均值 $\overline{R}$。

$$\overline{R} = \frac{\overline{D_m^2 - D_n^2}}{4(m-n)\lambda}$$

2. 用作图法处理数据

测出了各对应 m 环的直径 D_m，由式（3.22-6a）可得

$$D_m^2 = (4R\lambda)m = km \tag{3.22-8}$$

式（3.22-8）中

$$k = 4R\lambda$$

即

$$R = \frac{k}{4\lambda} \tag{3.22-9}$$

以环数 m 为横坐标轴，直径的二次方 D_m^2 为纵坐标轴，绘制出的 D_m^2-m 图线应为一直线。由其斜率得到 k 的数值。根据式（3.22-9），计算平凸透镜的曲率半径 R。

【注意事项】

1. 读数显微镜在调节过程中要防止其物镜与被测牛顿环元件相碰，以免损坏仪器。

2. 在测量牛顿环直径的过程中，为了避免螺距空程误差，在读数过程中只能单方向前进，不能中途倒退。

【思考题】

1. 比较牛顿环和劈尖的干涉条纹的不同点。

2. 试解释牛顿环从中心开始越向外干涉条纹越密的原因。

实验二十三　用 CCD 成像系统观测牛顿环

牛顿环干涉现象是一种分振幅等厚干涉现象，是光的波动性的一种表现。牛顿环在光学加工中有广泛的应用。例如，利用它可精确地检验光学元件表面的质量，并测试压力与形变的关系等。

CCD（Charge-Coupled Device，电荷耦合器件）在图像传感和非接触测量领域发展迅速。用 CCD 观测牛顿环，具有直观、精确度高、图像可保存等优点。

【实验目的】

1. 在进一步熟悉光路调整的基础上，用透射光观察等厚干涉现象——牛顿环。
2. 学习利用干涉现象测量平凸透镜的曲率半径。

【实验原理】

如图 3.23-1 所示，牛顿环仪是由一块曲率半径较大的平凸透镜放在光学平玻璃上构成的，平玻璃表面与凸透镜球面之间形成一楔形的空气间隙。当用平行光照射牛顿环仪时，在球面与平玻璃接触点周围就形成了同心圆干涉环——牛顿环。可以用透射光来观察这些干涉环，因为空气楔的边界表面是弯曲的，所以干涉环的间距是不相等的。

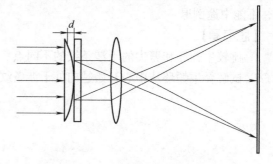

图 3.23-1　透射式牛顿环原理图

一束光从左面照在距离为 d 的空气楔处，如图 3.23-1 所示。部分光在空气楔的左面边界反射回来；部分光透过气楔，这部分光用 T_1 表示。在空气楔的右面边界有部分光反射回来，由于此束光是从空气入射到折射率大的平玻璃面反射，此束光发生相位突变（半波损失），这束光入射到空气楔左面边界后部分光经空气楔左面边界反射回去，这束光从空气入射到平凸透镜凸玻璃面，反射后也发生一次相位突变（半波损失），这部分光经空气楔右表面透射，用 T_2 表示，T_1 和 T_2 两束光相遇并干涉。T_1 和 T_2 的光程差 Δ 为

$$\Delta = 2d + 2\frac{\lambda}{2} \tag{3.23-1}$$

形成亮纹的条件：$\Delta = n\lambda$（$n = 1$，2，3，…，表示干涉条纹的级数），即

$$d = (n-1)\frac{\lambda}{2} \tag{3.23-2}$$

当两块玻璃相接触时 $d = 0$，中心形成亮纹。

对于由平凸透镜和平玻璃所形成的空气楔，由图 3.23-2 可以看出平凸透镜半径与空气楔的厚度及牛顿环半径的关系为

$$R^2 = r^2 + (R-d)^2$$

$$d = \frac{r^2}{2R} \quad (d \ll R) \tag{3.23-3}$$

对于小的厚度 d，干涉环即牛顿环的半径可以用下式来计算：

$$r_n^2 = (n-1)R\lambda \qquad (n = 1, 2, 3, \cdots) \qquad (3.23\text{-}4)$$

当平凸透镜与平玻璃的接触点受到轻压时，必须相应修正式（3.23-3），空气楔厚度表示为

$$d = \frac{r^2}{2R} - d_0, \quad r \geqslant \sqrt{2Rd_0} \qquad (3.23\text{-}5)$$

因此，对于牛顿环亮环，其半径 r_n 的关系如下：

$$r_n^2 = (n-1)R\lambda + 2Rd_0 \qquad (n = 2, 3, 4, \cdots) \qquad (3.23\text{-}6)$$

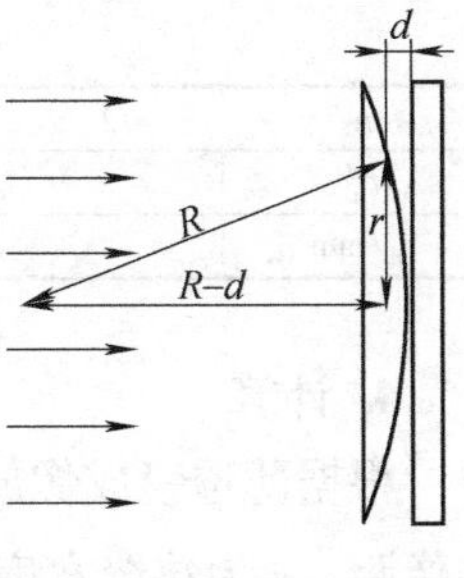

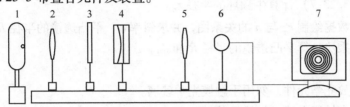

图 3.23-2 干涉原理图

【实验仪器】

光源、牛顿环、透镜、光屏、定标狭缝板、CCD 摄像头和计算机等。

【实验内容】

1. 调整光路，观察透射式牛顿环

（1）按图 3.23-3 布置各元件及装置。

图 3.23-3 实验装置示意图
1—光源 2—透镜 3—定标狭缝板 4—牛顿环 5—透镜
6—CCD 摄像头 7—计算机

（2）按同轴等高调整各光学元件。将各元件靠拢，调整各元件中心在一条直线上，并使各元件的光学平面互相平行。

（3）调整光源的位置，使之处于透镜的焦点，并用光屏观察透镜后的光斑，直至移动光屏，光斑大小不再变化，此时从透镜出射的平行光均匀照亮牛顿环。

（4）调整透镜，使牛顿环处于透镜的两倍焦距以外，移动 CCD 摄像头的位置，直至在显示器上呈现大小适中、清晰的牛顿环，此时中央环是亮斑。

2. 测量计算机中牛顿环像的半径

（1）用计算机读取牛顿环亮环从第 2 环至 9 环的半径 r_n''（像元）数据，记录在表 3.23-1 中（具体操作参阅实验室提供的操作指导）。

（2）记录牛顿环、透镜与摄像头在导轨上的位置，计算牛顿环的物距 s_n 和像距 s_n'。

3. 定标

计算机屏上显示的 r_n'' 是 CCD 摄像头中牛顿环像的半径，它是以像元为单位，必须将 r_n'' 换算成 mm 单位，将测量数据填入表 3.23-1 中。此测量过程称为定标。

（1）将图 3.23-3 中的牛顿环换成定标狭缝板，调节透镜与 CCD 摄像头的位置，直至在显示器上呈现清晰的狭缝像，记录狭缝、透镜与 CCD 摄像头在导轨上的位置，计算狭缝的物距 s_s 和像距 s_s'。

（2）记录计算机中狭缝像宽度所对应的像元数 L''。

表 3.23-1   牛顿环半径 r_n''（像元）与干涉级次 n 的关系

n	2	3	4	5	6	7	8	9
r_n''								
r_n/mm								

4. 计算

根据薄透镜成像放大率公式，狭缝像的宽度 $L' = (s_s'/s_s)y$（s_s 为狭缝的物距，s_s' 为狭缝的像距，y 为狭缝宽度）。因此，1mm 所对应的像元数为 L''/L'。由薄透镜成像放大率公式计算牛顿环的半径

$$r_n = \frac{r_n''}{L''} \cdot \frac{s_s'}{s_s} \cdot \frac{s_n}{s_n'}y \tag{3.23-7}$$

【数据处理】

1. 利用式（3.23-7）计算牛顿环的半径 r_n。
2. 利用所得数据绘制 r_n^2 与 n 的关系图，并求斜率 α、平凸透镜的半径 R 和 d_0。
3. 用最小二乘法计算平凸透镜的半径 R 和 d_0。

【注意事项】

1. 请轻拿轻放光学元件，勿用手触摸光学玻璃。
2. 操作过程中始终保持光学元件共轴。
3. 每次计算机采集数据要及时记录对应的物距和像距。

【思考题】

1. 对于同一牛顿环装置，反射式干涉环与透射式干涉环有什么不同之处？
2. 公式 $d = \dfrac{r^2}{2R} - d_0$ 中的 d_0 表示什么意义？
3. 当用白光照射时，牛顿环的反射条纹与单色光照射时有何不同？

实验二十四 迈克耳孙干涉仪

19 世纪的物理学家坚信所有物理现象归根结底都起源于力学。为了解释电磁波的传播规律，他们提出了"以太"理论。"以太"的存在，使光在真空中沿各个方向的速度略有不同。在证实"以太"存在的众多实验中，最重要的是迈克耳孙于 1881 年用自己发明的光学干涉仪进行的干涉实验。1887 年，迈克耳孙又与莫雷合作进行了更精密的研究，实验结果证明了光的传播速度 c 的不变性，从而否定了"以太"的存在。这个著名实验为近代物理学的诞生和兴起开辟了道路。迈克耳孙干涉仪原理简明、构思巧妙，堪称精密光学仪器的典范。随着人们对仪器的不断改进，它还能用于光谱线精细结构的研究和利用光波标定标准米尺等实验。目前，根据迈克耳孙干涉仪的基本原理研制的各种精密仪器已被广泛应用于生产和科技领域。

【实验目的】

1. 了解迈克耳孙干涉仪的结构、原理及调节方法。
2. 观察非定域干涉现象，测量 He-Ne 激光的波长。

【实验原理】

从同一单色光源发出的两列相干波，在空间某点因相对的相位不同，将产生相长或相消干涉。一般可以通过让一列波比另一列波走更长或更短距离的方法，来改变两者的相位。迈克耳孙干涉仪就是根据这一原理设计的光学干涉仪。

图 3.24-1 是迈克耳孙干涉仪的原理图。光束 S 经扩束透镜会聚成扩展的激光束，玻璃板 G_1 的第二表面上涂有半透射膜，能将入射光分成两束，一束透射，一束反射，故称为分光板。G_2 为补偿板，其材料和厚度与 G_1 完全相同，起光程补偿作用。G_1、G_2 两者互相平行并与光束中心线成 45°倾斜角。M_1 和 M_2 为互相垂直并与 G_1 和 G_2 都成 45°角的平面反射镜。被 G_1 的半透射膜分开的两束光，光束 1 经 G_2 后入射到 M_1，光束 2 经 G_1 后反射到 M_2，被 M_1 和 M_2 反射回来的两束光在 E 处相遇时，由于满足光的干涉条件，因而能观察到干涉现象。为了便于说明，图中还画出了 M_1 的虚像 M_1'。在 E 处的干涉可等效为由 M_1' 和 M_2 所反射的光线形成的。对于点光源发出的光线，也可以等效为图 3.24-2 所示的两个虚光源 S_2 和 S_1' 发出的相干光束。设 M_2 与 M_1' 的距离为 d，那么 S_2 和 S_1' 的间距为 $2d$。激光的相干性很好，在 E 处放一块毛玻璃屏，便可以观察到干涉条纹。设屏上干涉图样是以 O 点为圆心的一组同心圆环，S_2、S_1' 与 O 点应在同一条直线上。两虚光源发出的光线到达屏上距 O 点 R 处的某点 A 时，其光程差为

$$\delta = \overline{AS_1'} - \overline{AS_2}$$

$$= \sqrt{(L+2d)^2 + R^2} - \sqrt{L^2 + R^2}$$

$$= \sqrt{L^2 + 4Ld + 4d^2 + R^2} - \sqrt{L^2 + R^2}$$

$$= \sqrt{L^2 + R^2}\left(\sqrt{1 + \frac{4Ld + 4d^2}{L^2 + R^2}} - 1\right) \tag{3.24-1}$$

通常 $L \gg d(L = \overline{S_2O})$，利用展开式

$$\sqrt{1+x} = 1 + \frac{1}{2}x - \frac{1}{2 \cdot 4}x^2 + \cdots$$

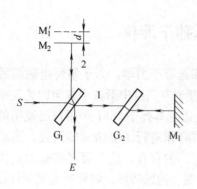
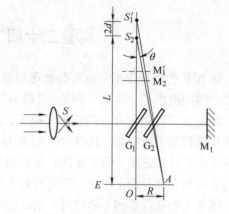

图 3.24-1　迈克耳孙干涉仪原理图　　　　图 3.24-2　等倾干涉等效图

可以将式（3.24-1）改写成

$$\delta = \sqrt{L^2+R^2}\left[\frac{1}{2}\frac{4Ld+4d^2}{L^2+R^2} - \frac{1}{8}\frac{16L^2d^2}{(L^2+R^2)^2}\right]$$

$$= \frac{2Ld}{\sqrt{L^2+R^2}}\left[1+\frac{dR^2}{L(L^2+R^2)}\right] \tag{3.24-2}$$

令 $\angle AS_2O = \theta$，则式（3.24-2）可以写成

$$\delta = 2d\cos\theta\left(1+\frac{d}{L}\sin^2\theta\right) \tag{3.24-3}$$

由式（3.24-3）可知，倾角 θ 相同的光线，光程差必相同，因而干涉情况也相同。当 M_1 与 M_2 完全垂直，即 M_1' 与 M_2 严格平行时，得到的是以 O 点为中心的环形干涉条纹。$\theta=0$ 时，光程差最大，O 点处对应的干涉级别最高，这与牛顿环干涉情况恰好相反。当倾角 θ 不太大时，式（3.24-3）可简化为

$$\delta = 2d\cos\theta \tag{3.24-4}$$

第 k 级亮条纹对应的入射光应满足的条件是

$$2d\cos\theta_k = k\lambda \tag{3.24-5}$$

第 $(k+1)$ 级亮条纹应在 k 级亮条纹的内侧。对同一级来讲，d 若改变，θ 角将增加或减小，因而可以在屏上观察到环形条纹将向外"涌出"或向内"陷入"现象。如果 S_2 和 S_1' 的间距改变 Δd，屏上将观察到有 N 个条纹自中心 $\theta_k=0$"涌出"或"陷入"，因每改变一个 $\lambda/2$ 距离，条纹将变化一次，故

$$\Delta d = N\frac{\lambda}{2} \tag{3.24-6}$$

$$\lambda = 2\frac{\Delta d}{N} \tag{3.24-7}$$

由式（3.24-7）可求得入射波的波长。如果 M_1 与 M_2 不严格垂直，还会形成其他形状的干涉条纹，这方面内容本实验不做讨论。

【实验仪器】

迈克耳孙干涉仪、He-Ne 多束光纤激光源、毛玻璃。

1. 迈克耳孙干涉仪

图 3.24-3 中，两个平面反射镜 M_1 和 M_2 放置在相互垂直的两臂上，它们由涂有金属反射膜的光学平面玻璃构成。M_1 是固定的，其背面有三个螺钉可以调节镜面的倾斜度，下端还有两个方向相互垂直的微动螺钉，用以精确地调节镜面的水平和垂直位置。M_2 的镜面一般预先调好，不需要经常去动它后面的螺钉。它可以沿导轨移动，具有两种移动速度，一是快移，二是微量移动，可对干涉条纹进行计数。粗调手轮可以快速移动 M_2，上面标有"0.01"字样。微调鼓轮可以微量移动 M_2。转动微调鼓轮前，先要拧紧紧固螺钉，微调鼓轮上标有"0.0001"字样。（对有些型号的仪器，粗调手轮上配有紧固螺钉，转动粗调手轮前必须松开，否则会损坏精密的丝

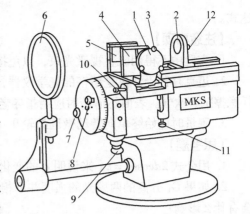

图 3.24-3　迈克耳孙干涉仪
1—反射镜 M_1　2—反射镜 M_2　3、12—M_1、M_2 镜面调节螺钉　4—补偿玻璃板 G_2　5—分光板 G_1
6—观察屏　7—粗调手轮　8—紧固螺钉
9—微调鼓轮　10、11—M_1 的调节装置

杆。）在两臂轴的相交处放有两个与臂轴各成 45°角的平行平面玻璃板 G_1 和 G_2。G_1 是分光板，它的第二平面上涂有半反射（透射）膜，能将入射光分成振幅（或光强）近于相等的一束反射光和一束透射光。G_2 和 G_1 厚度相同，折射率也相同，叫作补偿板。观察光屏是直径为 90mm 的毛玻璃，用激光做实验时，用它来观察干涉条纹，如果用扩展光源或其他单色光源，则可以配用望远镜来观察。

2. He-Ne 多束光纤激光源

多束光纤激光源为多组实验仪器提供激光光源，利用光纤把激光束分别引到迈克耳孙干涉仪的支架上，并在出口处配以扩束装置。输出激光波长为 632.8nm。

【实验内容】

1. 调节仪器，观察非定域干涉现象

（1）调节光纤的激光出口支架，使激光束大致垂直入射；若遮住 M_1，激光束由出射孔射出，经分光板 G_1 反射到动镜 M_2 后再反射回到分光板 G_1，此时撤去光屏，眼睛在光屏处，透过 G_1 能看到一组光点。不遮 M_1，可以看到定镜也反射回来一组光点，调节 M_1 背面的螺钉，使当中最亮的光点与动镜 M_2 反射回来的最亮一个光点重合。

（2）转动粗调手轮，移动 M_2，使 M_1、M_2 与分光板 G_1 的距离大致相等；放上光屏，此时，一般在光屏上就能看到环状的干涉条纹。

（3）仔细调节固定镜 M_1 的水平和垂直微调螺钉，将环形干涉条纹的中心调至适当的位置，就能得到清晰的圆环状干涉条纹。

2. 测量 He-Ne 激光的波长

（1）向一个方向转动（不可以来回转动）微调鼓轮 9，使干涉条纹连续"陷入"或"涌出"若干条，以消除鼓轮空程差，记下 M_2 的起始位置 d_{i1}。继续沿着该方向转动微调鼓轮 9，使干涉条纹"陷入"或"涌出"50 条，记下 M_2 的末位置 d_{i2}。再继续沿着原方向转动微调鼓轮 9 若干圈，重复上述步骤 6 次。

（2）利用式（3.24-7）求出激光的波长，并计算测量结果的不确定度，写出结果的表

达式。

【注意事项】

1. 实验中不得用眼直视激光束，以免损伤眼睛。

2. 迈克耳孙干涉仪是精密的光学仪器，必须小心爱护，G_1、G_2、M_1 和 M_2 的表面不能任意擦拭、吹气。表面不清洁时应请指导老师处理。

3. 测量时应始终单向转动微调鼓轮 9。

【思考题】

1. 用公式 $2d\cos\theta_k = k\lambda$ 来说明 d 的变化与干涉条纹的变化关系。

2. 如果 G_1 分离的两束光的强度并不相等，而是一束比另一束强，对于最后的干涉图样会有什么影响？

实验二十五　光的干涉、光的衍射及偏振光实验

（一）光的干涉实验

干涉现象是波动独有的特征。由于光是一种电磁波，能够发生干涉现象，因此我们在生活中能够观察到光的干涉现象。光源发出的光经过光学薄膜分为若干个子波。由于这些子波来自同一源波，因此具有相同的频率和偏振方向。由于每个子波经过的波程不同，再次相遇时对应的相位不同，从而出现明暗相间的干涉现象。

【实验目的】

1. 理解光的干涉原理，观察杨氏双缝干涉现象。
2. 通过杨氏双缝干涉实验测量光源波长。
3. 通过实验了解菲涅耳双面镜、劳埃德镜干涉原理。

【实验原理】

1. 杨氏双缝干涉

1801 年，英国物理学家托马斯·杨在实验室里成功地观察到了光的干涉。杨氏实验以简单的装置和巧妙的构思，利用普通光源实现了分波阵面方法的干涉。它不仅是许多其他光学干涉装置的原型，在理论上还可以从中获得许多重要的概念和启发，无论从经典光学还是从现代光学的角度来看，杨氏实验都具有十分重要的意义。

图 3.25-1 为杨氏双缝干涉实验的示意图。从点光源 S 发出的球面光波，经过 S_1 和 S_2 两个狭缝后，形成两个次级子波（球面波）向前传播，在光屏上形成交叠的波场。这两个相干的光波在距离狭缝为 D 的接收屏上叠加，形成干涉图样。

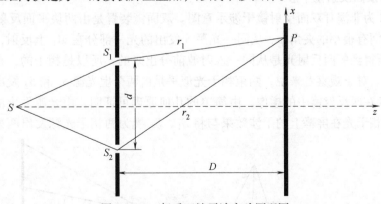

图 3.25-1　杨氏双缝干涉实验原理图

根据图 3.25-1，设两个双缝 S_1 和 S_2 的间距为 d，它们到屏幕的垂直距离为 D。假定 S_1 和 S_2 到 S 的距离相等，S_1 和 S_2 处的光振动具有相同的相位，屏幕上各点的干涉强度将由光程差决定。那么 S_1 和 S_2 到 P 点的距离 r_1 和 r_2 分别为

$$r_1 = S_1P = \sqrt{(x - d/2)^2 + y^2 + D^2} \ominus \qquad (3.25\text{-}1)$$

$$r_2 = S_2P = \sqrt{(x + d/2)^2 + y^2 + D^2} \qquad (3.25\text{-}2)$$

⊖　y 是从接收屏垂直入射面到 P 点投影的距离。

在空气中，则两束光到达 P 点的光程差为

$$\Delta L = r_2 - r_1 = \frac{2xd}{r_1 + r_2} \qquad (3.25\text{-}3)$$

在实际情况中，$d \ll D$，这时如果 x 和 y 也比 D 小得多（即在 z 轴附近观察），则有 $r_1 + r_2 \approx 2D$。在此近似条件下上式变为

$$\Delta L = \frac{xd}{D} \qquad (3.25\text{-}4)$$

再由光程差判断光强大小，当 $\Delta L = k\lambda\,(k = 0, \pm 1, \pm 2, \cdots)$ 时，P 为光强极大处；当 $\Delta L = (2k + 1)\dfrac{\lambda}{2}\,(k = 0, \pm 1, \pm 2, \cdots)$ 时，P 为光强极小处。

各级干涉极大，即明条纹的位置为

$$x = \frac{kD\lambda}{d} \quad (k = 0, \pm 1, \pm 2, \cdots) \qquad (3.25\text{-}5)$$

各级干涉极小，即暗条纹的位置为

$$x = \frac{(2k + 1)\,D\lambda}{2d} \quad (k = 0, \pm 1, \pm 2, \cdots) \qquad (3.25\text{-}6)$$

相邻两极大或两极小值之间的间距为干涉条纹间距，用 Δx 来表示，它反映了条纹的疏密程度。由式（3.25-5）可知，两相邻亮条纹的间距为 $\Delta x = \dfrac{D}{d}\lambda$，激光波长可以表示为

$$\lambda = \frac{\Delta x d}{D} \qquad (3.25\text{-}7)$$

根据式（3.25-7），通过实验测得 D、d 以及 Δx，即可算出激光波长 λ。

2. 菲涅耳双面反射镜干涉

图 3.25-2 为菲涅耳双面反射镜干涉示意图。双面镜装置是由两块平面反射镜 M_1 和 M_2 组成，两者之间有很小的夹角 φ。从同一光源 S 发出的光一部分在 M_1 上反射，另一部分在 M_2 上反射，所得到的两反射光是从同一入射波前分出来的，所以是相干的，在它们的重叠区将产生干涉。对于观察者来说，两束相干光似乎是由两个虚光源 S_1 和 S_2 发出的，其中 S_1 和 S_2 是光源 S 在两反射镜中的虚像，由简单的几何原理可证明，由光源发出的、经两反射镜反射的两束相干光在屏幕上的干涉效果与将 S_1、S_2 视为两相干光源发出两列相干光波产

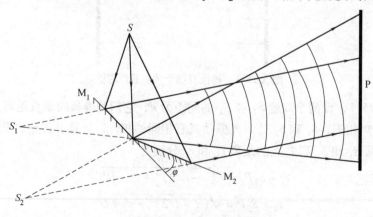

图 3.25-2　菲涅耳双面镜

生的干涉效果相同。由于两个虚光源发出的光到达光屏上不同位置的光程差不同，因此在光屏上可以观察到明暗相间的干涉条纹。

3. 劳埃德镜干涉

劳埃德镜是由一块普通平板玻璃构成的反射镜。缝光源 S 与反射镜面平行。来自缝光源的光向反射镜掠入射（入射角接近90°），反射光与直接从 S 射来的光将在光屏上重叠（见图3.25-3）。由于两束光是从同一个波面分出的，所以是相干的，因此在屏上会形成干涉条纹。从观察者看来，两束相干光分别来自 S 和 S'，S' 是光源 S 在反射镜中的虚像。

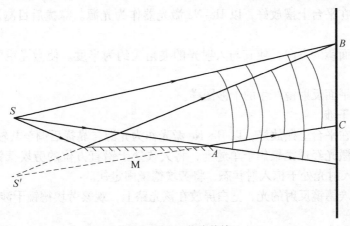

图3.25-3 劳埃德镜

从图3.25-3 中可以看出，两相干光波在屏幕上的重叠区是在 B 和 C 之间。我们可以在光屏上观察到明暗相间的条纹。需要注意的是，C 处并不是亮条纹而是暗条纹（干涉极小），这说明两相干光在 A 处的光振动具有相反的相位，这是因为光在掠入射条件下，在镜面上反射时要产生数值为 π 的相位突变，这种相位突变相当于光波少走或多走了半个波长的光程，故称为半波损失。这样，光屏上本来是亮条纹的地方就变成了暗条纹。

【实验仪器】

He-Ne 激光器、测微目镜、凸透镜、双缝、单缝、菲涅耳双面镜、劳埃德镜、读数显微镜、白屏。

【实验内容】

1. 杨氏双缝干涉实验

（1）进行光学共轴调节。He-Ne 激光经透镜聚焦于单缝上。使单缝和双缝平行，而且由单缝射出的光照射在双缝的中间。

（2）首先在双缝后面放置一个白屏，并调节单缝和双缝的平行度（调节单缝即可），使白屏上干涉条纹最清晰。在白屏位置放上读数显微镜，使相干光束处在目镜视场中心。测量出双缝到读数显微镜的距离 D。

（3）读出6个明条纹的初位置和末位置，并计算出明条纹的宽度 Δx，填入表3.25-1。

表 3.25-1

明条纹	1	2	3	4	5	6
初位置/mm						
末位置/mm						
条纹宽度 Δx/mm						

（4）将 Δx 和 D 代入到式（3.25-7）中，计算相应的波长 λ，并计算出激光波长的平均值 $\bar{\lambda}$ 和不确定度 u_λ。

（5）换上另一个双缝，利用读数显微镜测出 1 个明条纹的初位置和末位置。计算出明条纹宽度，根据式（3.25-7）计算出双缝的间距 d。

（6）利用显微镜测量双缝的间距 6 次，并求出双缝间距的平均值。将双缝间距的计算值与平均值进行对比，并计算出百分误差。

2. 菲涅耳双面镜干涉

（1）将光路在平台上摆放好，以 He-Ne 激光器作为光源。靠拢后目测调至共轴，然后放入双面镜。

（2）调节双面镜的方向，使其与入射光的夹角大约为半度。使激光束同时照射到双面镜上。

（3）观察双平面反射镜产生的干涉图样。

3. 劳埃德镜干涉

（1）将光路在平台上摆放好，以 He-Ne 激光作为光源，靠拢后调至共轴。

（2）He-Ne 激光经透镜聚焦于单缝上，将大致处于铅直方位的劳埃德镜由狭缝一侧逐渐推向狭缝，使入射光处于掠入射状态，将劳埃德镜固定住。

（3）找到劳埃德镜反射的光，把白屏放在该光路上，观察劳埃德镜干涉图样。

【注意事项】

1. 实验过程中手不要触摸光学镜面，以免弄脏镜面。

2. 实验中眼睛不要直接观察激光。

【思考题】

1. 如果在杨氏双缝干涉实验的一块狭缝后面放置一块玻璃片，那么光屏上的干涉条纹会发生什么变化？

2. 假如将杨氏双缝干涉实验装置放入水中，光屏上的条纹如何变化？

（二）光的衍射实验

光的衍射是光的波动性的基本特征之一，在光谱分析、晶体分析、全息技术、光信息处理等精密测量和近代光学技术中，衍射已成为一种有力的研究手段和方法。光在传播过程中遇到尺寸接近于光波长的障碍物时，发生偏离直线路径的现象，称为光的衍射。光的衍射现象通常分为两类，一类是菲涅耳衍射，另一类是夫琅禾费衍射。夫琅禾费衍射指障碍物与光源和衍射图样的距离均为无限远的情况，亦即入射光和衍射光都是平行光束，也称平行光束的衍射。

【实验目的】

1. 掌握夫琅禾费衍射原理。

2. 学会搭建光学共轴光路，学习测量衍射条纹宽度。

3. 利用单缝衍射公式计算光源波长。

【实验原理】

单缝夫琅禾费衍射如图 3.25-4 所示。光束垂直射到宽为 b 的狭缝 AB 上。根据惠更斯-菲涅耳原理，狭缝上各点可以看成是新的波源，由这些点向各方向发出球面次波，这些次波在透镜的后焦面上叠加形成一组明暗相间的条纹。按惠更斯-菲涅耳原理，设狭缝 AB 的宽

度为 b，入射光波长为 λ，O 点是单缝的中点，OP_0 是 AB 面的法线方向。AB 波阵面上大量子波发出的平行于该方向的光线经透镜 L 会聚于 P_0 点，这部分光波因相位相同而得到加强。就 AB 波阵面均分为 AO、BO 两个波阵面而言，若从每个波带上对应的子波源发出的子波光线到达 P_0 点时的光程差为 $\lambda/2$，此处的光波因干涉相消而成为暗点，屏幕上出现暗条纹。如此讨论，随着 θ 角的增大，单缝波面被分为更多个偶数波带时，屏幕上会有另外一些暗条纹出现。若波带数为奇数，则会有一些次级子波在屏上别的一些位置相干出现亮条纹。如波带为非整数，则有明暗之间的干涉结果。总之，当衍射光满足

$$\overline{BC} = b\sin\theta = k\lambda \quad (k = \pm 1, \ \pm 2, \ \cdots) \tag{3.25-8}$$

时产生暗条纹；当满足

$$\overline{BC} = b\sin\theta = (2k+1)\lambda/2 \quad (k = 0, \ \pm 1, \ \pm 2, \ \cdots) \tag{3.25-9}$$

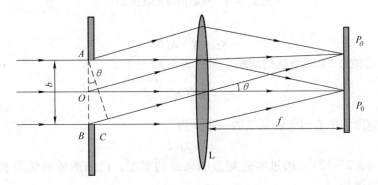

图 3.25-4 夫琅禾费单缝衍射

时产生明条纹。

任一点 P_θ 处的光强可以表示为

$$I_\theta = I_0 \frac{\sin^2\left(\dfrac{\pi b\sin\theta}{\lambda}\right)}{\left(\dfrac{\pi b\sin\theta}{\lambda}\right)^2} \tag{3.25-10}$$

式中，b 为狭缝宽度；λ 为入射光波长；θ 为衍射角；I_0 称为主极强，它对应于 P_θ 处的光强。

根据式（3.25-10），可以做出光强分布曲线如图 3.25-5 所示。从曲线上可以看出，当 $\theta = 0$ 时，光强有最大值 I_0，称为主极大，大部分能量落在主极大上。当

$$\sin\theta = k\lambda/b(k = \pm 1, \pm 2, \pm 3, \cdots) \tag{3.25-11}$$

时光强 $I_\theta = 0$，出现暗条纹，因 θ 角很小，可以近似认为暗条纹在 $\theta = k\lambda/b$ 的位置上。两侧暗纹之间的角距离为

$$\Delta\theta = 2\lambda/b \tag{3.25-12}$$

而其他相邻暗纹之间的角距离均相等，相邻暗纹的角距离可以表示为

$$\Delta\theta' = \lambda/b \tag{3.25-13}$$

根据图 3.25-4 中的几何关系，可以很容易求出条纹的宽度。如果衍射角很小，则 $\sin\theta \approx \tan\theta = \theta$，于是条纹距屏中心的距离 x 可以表示为

$$x = \theta f \tag{3.25-14}$$

第一级暗纹距屏中心的距离为

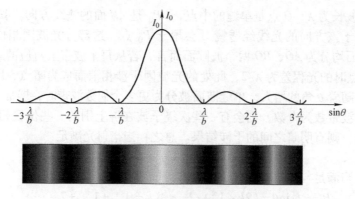

图 3.25-5   单缝衍射光强分布图

$$x_1 = \theta f = \lambda f / b \tag{3.25-15}$$

中央明条纹的宽度为 ±1 级暗纹的间距，可以表示为

$$x_0 = \Delta \theta' f = 2 \frac{\lambda}{b} f \tag{3.25-16}$$

其他明条纹的宽度为中心明条纹宽度的一半，为

$$x' = \lambda f / b \tag{3.25-17}$$

因此，根据式（3.25-17），通过实验测量明条纹的宽度，已知透镜的焦距和单缝的宽度，就可以计算光源波长。

【实验仪器】

He-Ne 激光器、凸透镜、单缝、读数显微镜、底座、调整架。

【实验内容】

1. 打开 He–Ne 激光器的开关，将单缝固定在调整架上。让 He-Ne 激光垂直入射到单缝上，并在单缝后面放置一个凸透镜，使光通过透镜中心。

2. 调节狭缝的位置直到白屏上能够观察到可见度较好的衍射条纹。

3. 根据桌边的刻度尺读出单缝到读数显微镜的距离 d。

4. 取下白屏，将读数显微镜放在白屏的位置。利用读数显微镜测量 ±1，±2，±3 级次明条纹的初位置和末位置，填入表 3.25-2。

表   3.25-2

明条纹	−3	−2	−1	1	2	3
初位置/mm						
末位置/mm						
宽度 Δx/mm						
平均宽度 $\overline{\Delta x}$/mm						

5. 换上不同宽度的单缝，观察衍射图样的变化情况。

【数据处理】

1. 计算出各级次明条纹的宽度 Δx，并求出平均值 $\overline{\Delta x}$。

2. 根据式（3.25-17）计算出光源波长的平均值 $\overline{\lambda}$ 和不确定度 u_λ。

【注意事项】

1. 实验过程中手不要触摸光学镜面，以免弄脏镜面。

2. 小心使用透镜和单缝。

3. 实验中眼睛不要直接观察激光。

【思考题】

1. 当缝宽增加一倍时，衍射图样的光强和条纹宽度将会怎样改变？

2. 激光输出的光强如有变动，对单缝衍射图像和光强分布曲线有何影响？

3. 本实验中的方法是否可以用来测量细丝直径？如何测量？

（三） 偏振光实验

振动方向对于传播方向的不对称性叫作偏振，它是横波区别于其他纵波的一个最明显的标志，只有横波才有偏振现象。光波是电磁波，因此，光波的传播方向就是电磁波的传播方向。光波中的电振动矢量与传播速度垂直，因此光波是横波，它具有偏振性。具有偏振性的光则称为偏振光。

【实验目的】

1. 观察光的偏振现象，学会产生和检验各种偏振光。

2. 理解 1/4 波片、半波片的原理和作用。

【实验原理】

1. 偏振光的基本概念

光是电磁波，它的电矢量 E 和磁矢量 H 相互垂直，且均垂直于光的传播方向 c，通常用电矢量 E 代表光的振动方向，并将电矢量 E 和光的传播方向 c 所构成的平面称为光振动面。在传播过程中，电矢量的振动方向始终在某一确定方向的光称为平面偏振光或线偏振光，如图 3.25-6a 所示。普通光源发射的光是由大量原子或分子辐射构成的。由于辐射的随机性，它们所发射的光的振动面出现在各个方向上的概率是相同的。故这种光源发射的光不显现偏振的性质为自然光，如图 3.25-6b 所示。在发光过程中，有些光的振动面在某个特定方向上出现的概率大于其他方向，这种光称为部分偏振光，如图 3.25-6c 所示。还有一些光，其振动面的取向和电矢量的大小随时间做有规律的变化，而电矢量末端在垂直于传播方向的平面上的轨迹呈椭圆形或圆形。这种光称为椭圆偏振光或圆偏振光。

2. 获得偏振光的常用方法

将非偏振光变成偏振光的过程称为起偏，起偏的装置称为起偏器。下面介绍获得偏振光

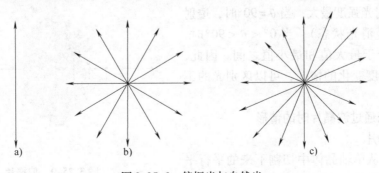

图 3.25-6 偏振光与自然光

的主要方法。

（1）反射起偏器（或透射起偏器）

当自然光在两种介质的界面上反射和折射时，反射光和折射光都将成为部分偏振光。当入射角达到某一特定值 φ_b 时，反射光成为完全偏振光，其振动面垂直于入射面（见图 3.25-7），而角 φ_b 就是布儒斯特角，也称为起偏振角，由布儒斯特定律得

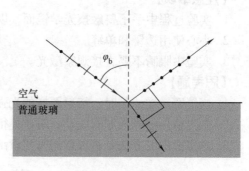

图 3.25-7　完全偏振

$$\tan\varphi_b = n_2/n_1 \qquad (3.25\text{-}18)$$

例如，当光由空气射向 $n = 1.54$ 的玻璃板时，$\varphi_b = 57°$。若入射光以起偏振角 φ_b 射到多层平行玻璃片上，经过多次反射最后透射出来的光也就接近于线偏振光，其振动面平行于入射面。由多层玻璃片组成的这种透射起偏器又称为玻璃片堆（见图 3.25-8）。

（2）晶体起偏器

可以利用某些晶体的双折射现象来获得线偏振光，如尼科尔棱镜等。

（3）偏振片

聚乙烯醇胶膜内部含有刷状结构的链状分子。在胶膜被拉伸时，这些链状分子被拉直并平行排列在拉伸方向上，拉伸过的胶膜只允许振动取向平行于分子排列方向（此方向称为偏振片的偏振轴）的光通过，利用它可获得线偏振光，其示意图参

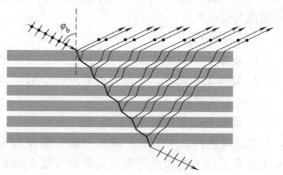

图 3.25-8　玻璃片堆

看图 3.25-9。偏振片是一种常用的"起偏"元件，用它可获得截面面积较大的偏振光束。

3. 偏振光的检测

鉴别光的偏振状态的过程称为检偏，它所用的装置称为检偏器。实际上，起偏器和检偏器是通用的。

按照马吕斯定律，强度为 I_0 的线偏振光通过检偏器后，透射光的强度为 $I = I_0 \cos^2\theta$。其中，θ 为入射光偏振方向与检偏器偏振轴之间的夹角。显然，当以光线传播方向为轴转动检偏器时，透射光强度 I 将发生周期性变化。当 $\theta = 0°$ 时，透射光强度最大；当 $\theta = 90°$ 时，透射光强度最小（消光状态）；当 $0° < \theta < 90°$ 时，透射光强度介于最大值和最小值之间。因此，根据透射光强度变化的情况，可以区别光的不同偏振状态。

4. 偏振光通过波晶片时的情形

（1）波晶片

波晶片是从单轴晶体中切割下来的平行平面板，其表面平行于晶体的光轴。

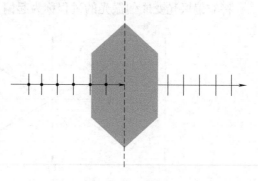

图 3.25-9　偏振片

当一束单色平行自然光正入射到波晶片上时，光在晶体内部便分解为 o 光与 e 光。o 光电矢量垂直于光轴，e 光电矢量平行于光轴。而 o 光和 e 光的传播方向不变，仍都与表面垂直。但 o 光在晶体内的速度为 v_o，e 光的为 v_e，即相应的折射率 n_o、n_e 不同。

设晶片的厚度为 l，则两束光通过晶体后就有位相差 σ，即

$$\sigma = \frac{\pi}{\lambda}(n_o - n_e)l \qquad (3.25\text{-}19)$$

式中，λ 为光波在真空中的波长。$\sigma = 2k\pi$ 的晶片，称为全波片；$\sigma = 2k\pi + \pi$，称为半波片（$\lambda/2$ 片）；$\sigma = 2k\pi \pm \frac{\pi}{2}$，称为 1/4 波片（$\lambda/4$ 片）。上面的 k 都是任意整数。不论全波片、半波片或 1/4 波片都是对一定波长而言的。

以下直角坐标系的选择，是以 e 光振动方向为横轴，o 光振动方向为纵轴。沿任意方向振动的光，正入射到波晶片的表面，其振动便按此坐标系分解为 e 分量和 o 分量。

（2）光束通过波片后偏振态的改变

平行光垂直入射到波片后，分解为 e 分量和 o 分量，透过波片，二者间产生一附加位相差 σ。离开晶片时，合成光波的偏振性质取决于 σ 及入射光的性质。

1）偏振态不变的情形

① 自然光通过波片，仍为自然光。因为自然光的两个正交分量之间的相位差是无关的，通过波片，引入一恒定的相位差 σ，其结果还是无关的。

② 若入射光为线偏振光，其电矢量 E 平行于 e 轴（或 o 轴），则任何波片对它都不起作用，出射光仍为原来的线偏振光。因为这时只有一个分量，谈不上振动的合成与偏振态的改变。

除上述两种情形外，一般情况下，偏振光通过波片时其偏振情况是要改变的。

2）$\lambda/2$ 片与偏振光

① 若入射光为线偏振光，在 $\lambda/2$ 片的前面（入射处）分解为

$$E_e = A_e \cos\omega t \qquad (3.25\text{-}20)$$

$$E_o = A_o \cos(\omega t + \varepsilon), \varepsilon = 0 \text{ 或 } \pi \qquad (3.25\text{-}21)$$

出射光表示为

$$E_e = A_e \cos\left(\omega t - \frac{2\pi}{\lambda}n_e l\right) \qquad (3.25\text{-}22)$$

$$E_o = A_o \cos\left(\omega t + \varepsilon - \frac{2\pi}{\lambda}n_o l\right) \qquad (3.25\text{-}23)$$

讨论两波的相对位相差，上式可写为

$$E_e = A_e \cos\omega t \qquad (3.25\text{-}24)$$

$$E_o = A_o \cos\left(\omega t + \varepsilon - \frac{2\pi}{\lambda}n_o l + \frac{2\pi}{\lambda}n_e l\right) = A_o \cos(\omega t + \varepsilon - \sigma), \sigma = \pi \qquad (3.25\text{-}25)$$

故出射光两正交分量的相对相位差为

$$\varepsilon - \sigma = 0 - \pi = -\pi \quad \text{和} \quad \varepsilon - \sigma = \pi - \pi = 0$$

这说明出射光也是线偏振光，但振动方向与入射光的不同。如入射光与晶片光轴成 θ 角，则出射光与光轴成 $-\theta$ 角，即线偏振光经 $\lambda/2$ 片后其电矢量振动方向转过了 2θ 角。

② 若入射光为椭圆偏振光，做类似的分析可知，半波片既改变椭圆偏振光长（短）轴的取向，也改变椭圆偏振光（圆偏振光）的旋转方向。

3）$\lambda/4$ 片与偏振光

① 入射光为线偏振光

$$E_e = A_e\cos\omega t \tag{3.25-26}$$
$$E_o = A_o\cos(\omega t + \varepsilon), \varepsilon = 0 \text{ 或 } \pi \tag{3.25-27}$$

则出射光为

$$E_e = A_e\cos\omega t \tag{3.25-28}$$
$$E_o = A_o\cos(\omega t + \varepsilon - \sigma), \sigma = \pm\frac{\pi}{2} \tag{3.25-29}$$

则出射光为

$$E_e = A\cos\omega t \tag{3.25-30}$$
$$E_o = A\cos(\omega t + \varepsilon - \sigma), \sigma = \pm\frac{\pi}{2} \tag{3.25-31}$$

式（3.25-30）和式（3.25-31）代表一正椭圆偏振光。$\varepsilon - \sigma = +\frac{\pi}{2}$ 对应于右旋，$\varepsilon - \sigma = -\frac{\pi}{2}$ 对应于左旋。当 $A_e = A_o$ 时，出射光为圆偏振光。

② 入射光为圆偏振光

$$E_e = A\cos\omega t \tag{3.25-32}$$
$$E_o = A\cos(\omega t + \varepsilon), \varepsilon = \pm\frac{\pi}{2} \tag{3.25-33}$$

式（3.25-32）和式（3.25-33）代表线偏振光。$\varepsilon - \sigma = 0$ 时，出射光电矢量 $\overline{E_{出}}$ 沿一、三象限；$\varepsilon - \sigma = \pi$ 时，$\overline{E_{出}}$ 沿二、四象限。

③ 入射光为椭圆偏振光

$$E_e = A_e\cos\omega t \tag{3.25-34}$$
$$E_o = A\cos(\omega t + \varepsilon), \varepsilon \text{ 在 } -\pi \text{ 到 } +\pi \text{ 任意取某值} \tag{3.25-35}$$

出射光为

$$E_e = A_e\cos\omega t \tag{3.25-36}$$
$$E_o = A_o\cos(\omega t + \varepsilon - \sigma), \sigma = \pm\frac{\pi}{2} \tag{3.25-37}$$

可见，出射光一般为椭圆偏振光。

【实验内容】

1. 定偏振片光轴：把所有器件按顺序摆放在平台上，调至共轴。旋转第二个偏振片，使起偏器的偏振轴与检偏器的偏振轴相互垂直，这时可看到消光现象。

2. 考察平面偏振光通过 $\lambda/2$ 片时的现象。

（1）在两块偏振片之间插入 $\lambda/2$ 片，转动 x 轴旋转架使得 $\lambda/2$ 片转动 360°，可以看到两次消光现象。

（2）将 $\lambda/2$ 片转任意角度，这时消光现象被破坏。把检偏器转动 360°，可以观察到两次消光、两次光强最大现象。由此说明通过 $\lambda/2$ 片后，光变为椭圆偏振光。

（3）仍使起偏器和检偏器处于正交（即处于消光现象），插入 $\lambda/2$ 片，使其消光，再转 15°，破坏其消光。转动检偏器至消光位置，这时检偏器转动了 30°。

（4）继续将 $\lambda/2$ 片转 15°（即总转动角为 30°），记录检偏器达到消光所转总角度。依次使 $\lambda/2$ 片总转角为 45°，60°，75°，90°，记录检偏器消光时所转总角度。结果填入表 3.25-3。

表 3.25-3

半波片转动的角度/(°)	检偏器转动角度
15	
30	
45	
60	
75	
90	

从上面的实验可以看到，检偏器转动角度的改变量是半波片转动角度的 2 倍。这就说明半波片转动 1°，那么相应的激光的偏振方向就会改变 2°。

3. 用波片产生圆偏振光和椭圆偏振光。

（1）使起偏器和检偏器正交，用 $\lambda/4$ 片代替 $\lambda/2$ 片，转动 $\lambda/4$ 片使其消光。

（2）再将 $\lambda/4$ 片转动 15°，然后将检偏器转动 360°，观察到激光光强两次变强，两次变弱。这说明线偏振光经过 $\lambda/4$ 片后，偏振光变为椭圆偏振光。

（3）依次将转动总角度设为 15°，30°，45°，60°，75°，90°，每次将检偏器转动，记录所观察到的现象。将结果填入表 3.25-4。

表 3.25-4

$\lambda/4$ 片转动的角度/(°)	检偏器转动 360°观察到的现象	光的偏振性质
15		
30		
45		
60		
75		
90		

【注意事项】
1. 各光学元件请勿用手或纸巾擦拭。
2. 小心使用光学元件。

【思考题】
1. 两片正交偏振片中间再插入一偏振片会有什么现象？怎样解释？
2. 光的偏振现象揭示了光波的什么性质？列举几个偏振光的应用。

实验二十六　衍　射　光　栅

衍射光栅是一种根据多缝衍射原理制成、可将复色光分解成光谱的重要分光元件。光栅的应用十分广泛，它不仅用于光谱分析中，还在计量、光通信、信息处理等许多领域中都有重要的应用。衍射光栅有透射光栅和反射光栅两种，本实验要求在分光计上用平面透射光栅测定未知光波波长。

【实验目的】

1. 观察光栅衍射现象，了解光栅衍射的主要特性。
2. 学会用光栅测定光波波长的方法。
3. 熟悉分光计的调节和使用。

【实验原理】

平面透射光栅相当于一组数目极多的等宽、等间距的平行狭缝，它是用高精度机械刀在光学玻璃板上刻成的，利用复制或全息干涉照相方法亦可获得光栅。设光栅的狭缝宽为 a（透光），刻痕宽为 b（不透光），则相邻两缝的间距 $d = a + b$ 称为光栅常数，它是表征光栅特性的重要参数，如图 3.26-1 所示。

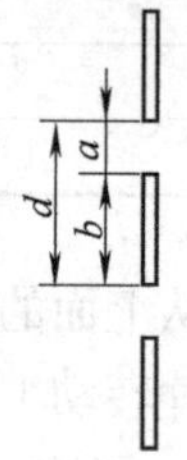

图 3.26-1　光栅常数

根据夫琅禾费衍射理论，当一束平行光垂直照射到光栅平面时，透过每条狭缝的光都会发生衍射，同时所有狭缝的衍射光又彼此发生干涉。如果用透镜把这些衍射后的平行光会聚起来，则在透镜焦平面上将形成一系列的亮条纹，称为谱线。各级亮条纹产生的条件是

$$d\sin\varphi_k = k\lambda \quad (k = 0, \pm 1, \pm 2, \cdots) \tag{3.26-1}$$

式（3.26-1）称为光栅方程，其中，λ 是入射光的波长；k 是光谱线的级次；φ_k 是第 k 级谱线对应的衍射角，即衍射光线与光栅平面的法线之间的夹角。在 $\varphi_0 = 0$ 的方向上可以看到零级亮条纹，称为零级谱线，其他级次的谱线对称地分布于零级谱线的两侧，如图 3.26-2 所示。

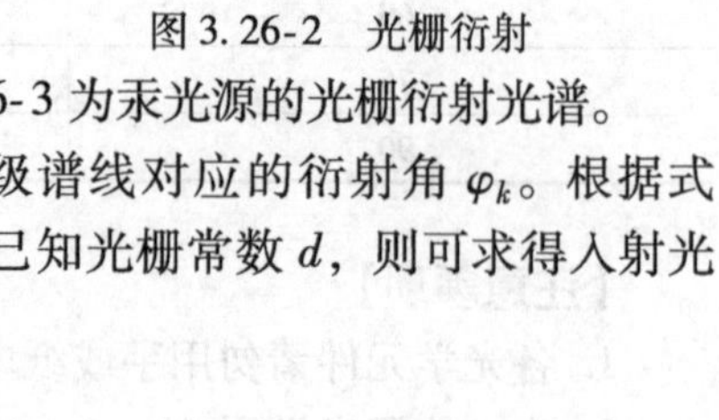

若光源发出的是不同波长的复色光，则由式（3.26-1）可以看出，不同波长光的同一级谱线将有不同的衍射角 $\varphi_{k\lambda}$。因此，在透镜的焦平面上会出现按波长

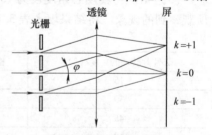

图 3.26-2　光栅衍射

大小、谱线级次排列的各种颜色的谱线，称为光谱。图 3.26-3 为汞光源的光栅衍射光谱。

用分光计可观察到光栅衍射光谱，并可以测出与 k 级谱线对应的衍射角 φ_k。根据式（3.26-1），若已知入射光波长，则可求得光栅常数 d；若已知光栅常数 d，则可求得入射光波长 λ。

【实验仪器】

分光计、透射光栅、平面镜、汞灯。

【实验内容】

1. 调节分光计

按照附录"分光计"中的调节要求和方法（要求实验前认真阅读这部分内容），调节分

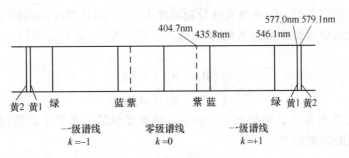

404.7nm 435.8nm　546.1nm　577.0nm 579.1nm

黄2 黄1 绿　　　蓝紫　　　紫蓝　　　绿 黄1 黄2

一级谱线　　　零级谱线　　　一级谱线
$k=-1$　　　　$k=0$　　　　$k=+1$

图 3.26-3　汞光源光栅衍射光谱

光计至工作状态。

2. 调节光栅

分光计调节好后，将光栅放置在其载物台上，并进行调节。光栅调节的要求是：使其平面垂直于平行光管的光轴，光栅刻痕与仪器主轴平行。

（1）用低压汞灯照明平行光管的狭缝，转动望远镜，使其分划板叉丝对准狭缝中央，并固定望远镜。把平面镜如图 3.26-4a 所示置于载物台上，转动载物台，使平面镜平面大致垂直于望远镜光轴。通过望远镜观察由平面镜平面反射回来的亮"+"字像，调节载物台的调平螺钉 B_1 或 B_3，使亮"+"字像与分划板上方十字叉丝重合（见附图 3.26-3b）。这时通过望远镜应能看到如图 3.26-4b 所示的图像，则平面镜平面与望远镜光轴垂直，同时也与平行光管光轴垂直，使入射光垂直照射到平面镜平面上。调节完毕后锁紧载物台锁紧螺钉。

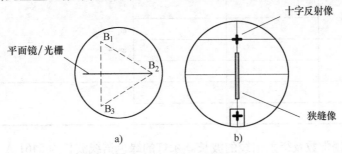

平面镜/光栅　　B_1　B_2　B_3　　十字反射像　狭缝像

a)　　b)

图　3.26-4

注意： ① 在如上自准直法调节过程中，需对平面镜的两个表面进行调节，但这样并不能调整望远镜的倾斜度。

② 将光栅置于载物台上（见图 3.26-4a）。

（2）松开望远镜的制动螺钉，转动望远镜观察衍射光谱的分布情况，若谱线不等高，则说明光栅刻痕与仪器主轴不平行，可调节载物台的调平螺钉 B_2，直至谱线等高为止。调好后再检查光栅平面是否仍与平行光管光轴垂直，若有变化，则按上述两个步骤反复调节，最终达到光栅调节的基本要求。

注意： 光栅调节好后，游标刻度盘（连同载物台）应固定，测量过程中不要再碰动光栅。

3. 测定光栅常数及未知光波波长

（1）测量汞灯 $k=\pm1$ 级时各谱线的衍射角。先将望远镜向右转，用垂直叉丝分别对准 $k=+1$ 级各谱线的某一边，从左、右两个窗口分别读出望远镜所处位置的角坐标 $\theta_{左}^+$ 和 $\theta_{右}^+$。

然后，将望远镜转至左侧，用垂直叉丝分别对准 $k = -1$ 级各谱线的同侧边，同样从左、右两个窗口分别读出望远镜所在位置的角坐标，分别记为 $\theta_{\text{左}}^-$ 和 $\theta_{\text{右}}^-$，则左、右两个窗口的转角为

$$\begin{cases} |\theta_{\text{左}}^- - \theta_{\text{左}}^+| = 2\varphi_{\text{左}} \\ |\theta_{\text{右}}^- - \theta_{\text{右}}^+| = 2\varphi_{\text{右}} \end{cases} \tag{3.26-2}$$

由于分光计偏心差的存在，衍射角 $\varphi_{\text{左}}$ 和 $\varphi_{\text{右}}$ 是有差异的，求其平均值可消除偏心差的影响。所以，谱线的衍射角为

$$\varphi = \frac{\varphi_{\text{左}} + \varphi_{\text{右}}}{2} = \frac{|\theta_{\text{左}}^- - \theta_{\text{左}}^+| + |\theta_{\text{右}}^- - \theta_{\text{右}}^+|}{4} \tag{3.26-3}$$

测量时，要求对绿色谱线重复测量两次，用于计算光栅常数 d，其他各色谱线测量一次。数据记录表格如下（供参考）。

数据记录表

谱线	读数窗	$k = +1$ 级位置 θ^+	$k = -1$ 级位置 θ^-	$\varphi = \dfrac{|\theta_{\text{左}}^- - \theta_{\text{左}}^+| + |\theta_{\text{右}}^- - \theta_{\text{右}}^+|}{4}$
黄₂	左			
	右			
黄₁	左			
	右			
绿	左			$\varphi_1 =$
	右			$\varphi_2 =$
蓝	左			
	右			

　　（2）计算光栅常数及衍射谱线的波长。汞灯的绿色谱线波长为 5461 Å，将该波长和 $k = \pm 1$ 级绿色谱线的衍射角的平均值代入式（3.26-1），求出光栅常数 d；再将所求的 d 及其他谱线的衍射角分别代入式（3.26-1），求出各谱线对应的波长 λ_1（黄₁）、λ_2（黄₂）和 λ_3（蓝）。

【注意事项】

1. 光栅是精密光学元件，不要用手或其他物品接触其表面，以免弄脏或损坏。
2. 不宜长时间注视汞灯，以免被紫外线灼伤眼睛。

【思考题】

1. 使用式（3.26-1）时应保证什么条件？实验中是如何保证的？
2. 在可见到衍射条纹的条件下，如果要获得较显著的衍射效果，应如何选择光栅？

【附录】

分　光　计

本实验使用 TP–JJY1 型分光计，其外形结构如附图 3.26-1 所示。

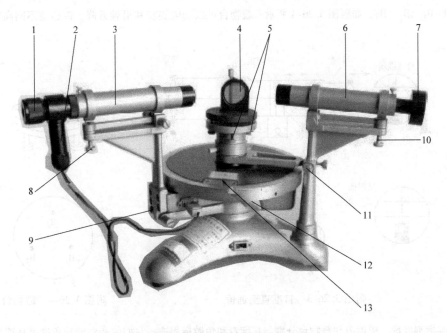

附图 3.26-1　　TP-JJY1 型分光计

1—目镜　2—小灯　3—望远镜筒　4—平行平面镜　5—平台倾斜度调节螺钉　6—平行光管　7—狭缝装置
8—望远镜倾斜度调节螺钉　9—望远镜微调螺钉　10—平行光管微调螺钉　11—度盘微调螺钉
12—望远镜锁紧螺钉　13—游标刻度盘

1. 结构

分光计是一种用于精密测量平行光线偏转角的光学仪器。附图 3.26-1 所示的是 TP – JJY1 型分光计，它主要由平行光管、自准直望远镜、载物台和光学游标刻度盘读数系统组成。

（1）平行光管。管的一端装有会聚透镜，另一端内插入一套筒，其末端为一宽度可调的狭缝。套筒可前后移动，改变狭缝与透镜的距离，当狭缝位于透镜的焦平面上时，就能使照在狭缝上的光经过透镜后成为平行光，如附图 3.26-2 所示。

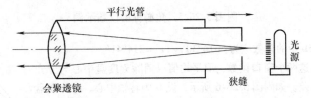

附图 3.26-2　平行光管

（2）自准直望远镜（阿贝式）。阿贝式自准直望远镜与普通望远镜一样具有目镜、分划板及物镜三部分。分划板上刻有"十"形的准线，在它边上粘有一块 45°全反射小棱镜，其表面上涂有不透明薄膜，薄膜上刻了一个空心十字窗口。当小电珠发射的光从管侧射入后，调节目镜前后位置，就可以在望远镜目镜视场中看到附图 3.26-3a 所示的景象。在物镜前放一平面镜，前后调节目镜（连同分划板）与物镜的间距，使分划板位于物镜焦平面上时，小电珠发出的透过空心十字窗口的光经物镜后成为平行光射于平面镜，反射光经物镜后在分划板上形成十字窗口的像。若平面镜镜面与望远镜光轴垂直，则该反射的" + "字像将落在"十"准线上部的交叉点上，如附图 3.26-3b 所示。

（3）载物台。载物台用来放置待测物体，台上有一弹簧压片夹，用来夹紧物体，台下有三个互成120°

的调平螺钉 B_1、B_2、B_3，如附图 3.26-4 所示。载物台可以绕轴旋转和沿轴升降，以适应不同高度的待测器件。

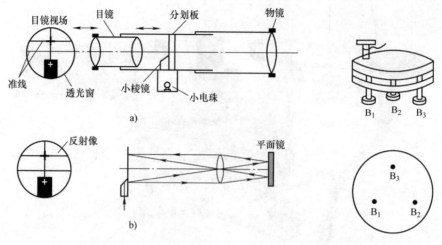

附图 3.26-3　自准直望远镜　　　　　　附图 3.26-4　载物台

（4）游标刻度盘。望远镜和载物台分别与刻度盘和角游标相连，它们的相对转动角度可从读数窗中读出，有 A、B 两个读数窗，它们相隔 180°，从 A、B 两窗可分别读得望远镜转过的角度，然后取平均值，这样可消除中心轴可能存在的偏心。

本实验室中分光计角游标的最小分度为 1′（主刻度盘上每小格为 30′，角游标分为 30 分格，正好与刻度盘上的 29 分格等长），游标上 1 小格与刻度盘上 1 小格两者之差即为 1′，如附图 3.26-5a 所示。

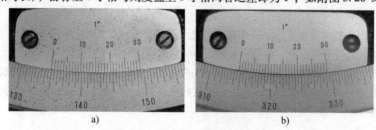

附图 3.26-5　角游标的读数示例

例如，附图 3.26-5b 中的读数应为：314°30′ + 11′ = 314°41′。

测量时，要同时从这两个窗口读数，取平均值以消除刻度盘中心与分光计中心轴线之间的偏心差。如附图 3.26-6 所示，设 O 为转轴中心，O′ 为度盘中心，φ 为望远镜实际转角，φ_1 及 φ_2 分别为从两个读数窗口读出的角度值。由几何关系可知

$$\varphi = \frac{1}{2}(\varphi_1 + \varphi_2)$$

即

$$\varphi = \frac{1}{2}(\,|\theta'_1 - \theta_1| + |\theta'_2 - \theta_2|\,)$$

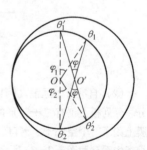

附图 3.26-6　偏心差的
示意及消除

式中，θ_1、θ_2 分别是望远镜在初始位置时两个窗口的读数；θ'_1、θ'_2 分别是望远镜转过 φ 角后两个窗口的读数。

2. 调节要求和方法

精确测量前，分光计必须经过仔细调节，总体要求是：①望远镜能接受平行光；②平行光管能发出平

行光；③望远镜和平行光管都与分光计的中心轴相垂直。调节步骤如下：

（1）目测粗调。调整时，先用眼睛从仪器侧面观察，粗调至望远镜光轴、平行光管光轴和载物台面均大致垂直于仪器中心轴，且均指向轴心为止。

（2）调节望远镜能接受平行光，并准确地与仪器中心轴垂直。先点亮照明小灯，调节目镜与分划板间的距离，使目镜视场中能清晰地看清"十"准线。然后将双面镜按附图 3.26-7 所示放在载物台上，使双面镜的两反射面与望远镜大致垂直。轻缓地转动载物台（注：此时要旋松载物台锁紧螺钉）并调节望远镜的倾斜度调节螺钉及载物台的调平螺钉（B_1 或

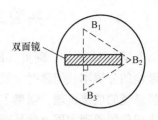

附图 3.26-7　双面镜的放置

B_3），从望远镜的目镜中找到由双面镜正反两面反射回来的亮十字像。调节目镜（连同分划板）与物镜间距，使分划板处于物镜焦平面上，此时在视场中可同时看清"十"准线及反射"＋"字像，（且使两者无视差），即望远镜已能接收和对准平行光线了。至于望远镜轴与仪器的中心轴是否垂直，则可根据反射"＋"字像与"十"准线的上交点在垂直方向上错开的情形进行判断和调整。若望远镜光轴与仪器中心轴不垂直，则双面镜的两个反射"＋"字像必然不会同时与"十"准线的上交点重合，这时采用各半调节法进行调节：转动载物台，使望远镜先对着双面镜的一个表面，若从望远镜中看到反射"＋"字像与"十"准线的上交点在高低方面相差一段距离 h，则先调节望远镜倾斜度，使差距减小一半；再调节载物台倾斜度，消除另一半距离使反射"＋"字像落在"十"准线的上交点上（见附图 3.26-8）。然后将载物台旋转 180°，使望远镜对着双面镜的另一面，采用同样方法调节。如此重复调节数次，直至转动载物台时，从双面镜正反两面反射回来的十字像都能与准线的上交点重合为止，此时望远镜光轴已垂直于仪器中心轴了。调节完毕后，将望远镜锁紧螺钉固定。

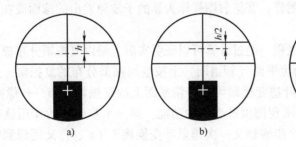

a)　　　　　　　　　b)　　　　　　　　　c)

附图 3.26-8　调节望远镜

（3）调节平行光管产生平行光，并垂直于仪器中心轴。首先，用光源照明平行光管上的狭缝，转动望远镜对准平行光管，使它接收到从狭缝处射来的光。然后，松开狭缝体锁紧螺钉，前后移动狭缝体，以改变狭缝与物镜之间的距离，直到从望远镜中看到清晰的狭缝像并使它与望远镜分划板无视差为止（缝宽调节为约 1mm），这时平行光管已能产生平行光了。最后，调节平行光管的倾斜度，使狭缝中点与准线中心相重合，这时平行光管与望远镜共轴，并与分光计的中心轴垂直。

实验二十七　阿贝成像原理和空间滤波

早在 1873 年，阿贝（E. Abbe，1840—1905）在德国蔡司光学器械公司研究如何提高显微镜的分辨本领问题时，就提出了相干成像的原理，他的发现不仅从波动光学的角度解释了显微镜的成像机理，明确了限制显微镜分辨本领的根本原因，而且由于显微镜（物镜）两步成像的原理本质上就是两次傅里叶变换，阿贝成像原理的提出被认为是现代傅里叶光学的开端。通过本实验可以把透镜成像与干涉、衍射联系起来，初步了解透镜的傅里叶变换性质，从而有助于对现代光学信息处理中的空间频谱和空间滤波等概念的理解，能够对相干成像的机理、频谱的分析做出深刻的解释。同时，这种简单模板作滤波的方法，直到今天在图像处理中仍然有广泛的应用价值。

【实验目的】

1. 了解阿贝成像原理。
2. 理解傅里叶光学中的空间频率、空间频谱和空间滤波等概念。
3. 了解空间滤波的应用。

【实验原理】

1. 阿贝成像原理

在相干平行光照明下，显微镜的物镜成像可以分成两步：①入射光经过物的衍射在物镜的后焦面上形成夫琅禾费衍射图样；②衍射图样作为新的子波源发出的球面波在像平面上相干叠加成像。

阿贝提出的二次衍射成像过程，经过计算可以证明实质上是以复振幅分布描述的物光函数 $U(x, y)$，经傅里叶变换成为焦平面（频谱面）上按空间频谱分布的复振幅——频谱函数 $U'(v_x, v_y)$。频谱函数再经傅里叶逆变换即可获得像平面上的复振幅分布——像函数 $U''(x'', y'')$。也就是说透镜本身就具有实现傅里叶变换的功能。第一个步骤起的作用就是把光场分布变为空间频率分布，而第二个步骤是又一次傅里叶变换将 $U''(x'', y'')$ 又还原到空间分布 $U(x, y)$。物是空间不同频率的信息的集合，第一次傅里叶变换是分频的过程，第二次傅里叶逆变换是合频的过程，形成新的不同频率的信息的集合——像。

如果这两次傅里叶变换完全是理想的，信息在变换过程中没有损失，则像和物完全相似。但由于透镜的孔径是有限的，总有一部分衍射角度较大的高次成分（高频信息）不能进入物镜而被丢弃了。所以物所包含的超过一定空间频率的成分就不能包含在像上。如果高频信息没有到达像平面，则无论显微镜有多大的放大倍数，也不能在像平面上分辨这些细节。这正是显微镜分辨率受到限制的根本原因。

为便于说明这两步傅里叶变换，先以熟知的一维光栅作为物，考察其刻痕经凸透镜成像情况，如图 3.27-1 所示，单色平行光束透过置于物平面 xOy 上的光栅（刻痕顺着 y 轴，垂直于 x 轴）后，衍射出沿不同方向传播的平行光束，其波阵面垂直于 xOz 面（z 沿透镜光轴），经透镜聚焦，在其焦平面 $x'O'y'$ 上形成沿 x' 轴分布的各具不同强度的衍射斑，继而从各斑点发出的球面光波到达像平面 $x''O''y''$，相干叠加形成的光强分布就是光栅刻痕的放大实像。

处理同频率光波相干叠加问题，人们只关注光扰动在空间位置上的振幅和相位，这时采

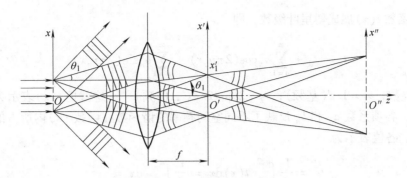

图 3.27-1　阿贝成像原理

用复振幅描述比较方便。如某位置光振动方程 $E = A\cos(\omega t + \varphi)$ 可用 $Ae^{i(\omega t + \varphi)} = Ae^{i\varphi}e^{i\omega t}$ 的实部表示，其中 $Ae^{i\varphi}$ 即为复（数）振幅，它同时表达了光的振幅大小和相位情况。因此，空间一平面的光波振动的振幅和相位可用复数振幅分布函数

$$U(x,y) = A(x,y)e^{i\varphi}(x,y) \tag{3.27-1}$$

来描述，若只考虑光强相对值，则光强分布

$$I(x,y) = [A(x,y)]^2 = U(x,y)U^*(x,y) \tag{3.27-2}$$

式中，U^* 是 U 的共轭复数。

把复振幅的概念用于光栅衍射，上述 xOy 面上的单色平行光振幅和相位都是常量，可设复振幅 $U_1 = 1$，在通过光栅时受光栅透过函数 $t(x)$ 的调制，形成物光场

$$U(x,y) = U_1 t(x) = t(x) \tag{3.27-3}$$

设光栅周期为 d（光栅常量），透光的缝宽为 a，则透过函数

$$t = \begin{cases} 1 & 当\left(pd - \dfrac{a}{2}\right) < x < \left(pd + \dfrac{a}{2}\right)时 \\ 0 & 其他 \ x \ 值 \end{cases} \quad (p \ 为整数) \tag{3.27-4}$$

显然，t 是沿 x 轴的周期函数，如图 3.27-2 所示。与时间周期函数相区别，称它为空间周期函数，d 就是空间周期。仿照时间频率，也可定义空间频率为 $\nu_x = 1/d_x$，空间圆频率 $k_x = 2\pi/d_x = 2\pi\nu_x$。在光学中，空间频率表示单位长度内复振幅的重复次数。对三维空间沿任意方向复振幅的周期性，可用 x、y、z 坐标轴的空间周期（空间频率）分量表达。

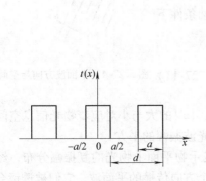

图 3.27-2　光栅的透过函数

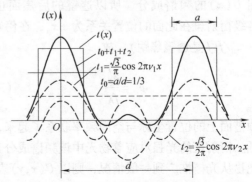

图 3.27-3　$t(x)$ 函数波形的傅里叶合成

把周期函数 $t(x)$ 展成傅里叶级数，即

$$t_x = t_0 + \sum_{n=1}^{\infty} a_n \cos(2\pi\nu_n x) + \sum_{n=1}^{\infty} b_n \sin(2\pi\nu_n x) \qquad (3.27\text{-}5)$$

式中，n 取整数；$\nu_1 = 1/d$（基频）；$\nu_2 = 2\nu_1 = 2/d$（二倍频）……这就把 $t(x)$ 表示为一系列简谐函数之和，各项系数 a_n 和 b_n 反映了不同空间频率的谐函数在函数 $t(x)$ 内所占的成分，即 $t(x)$ 的频谱。各值表示为

$$t_0 = \frac{1}{d} \int_{-a/2}^{a/2} t(x)\,\mathrm{d}x = \frac{1}{d} \int_{-a/2}^{a/2} \mathrm{d}x = \frac{a}{d} \qquad (3.27\text{-}6)$$

$$a_n = \frac{2}{d} \int_{-a/2}^{a/2} t(x)\cos(2\pi\nu_n x)\,\mathrm{d}x \qquad (3.27\text{-}7)$$

$$b_n = \frac{2}{d} \int_{-a/2}^{a/2} t(x)\sin(2\pi\nu_n x)\,\mathrm{d}x \qquad (3.27\text{-}8)$$

由于 $t(x)$ 是偶函数，因而所有 $b_n = 0$，

$$a_n = \frac{2}{d} \int_{-a/2}^{a/2} t(x)\cos(2\pi\nu_n x)\,\mathrm{d}x = \frac{2a}{d} \frac{\sin(n\pi a/d)}{n\pi a/d} \qquad (3.27\text{-}9)$$

于是

$$t(x) = \frac{a}{d} + \sum_{n=1}^{\infty} \frac{\sin(n\pi a/d)}{n\pi a/d} \cos(2\pi\nu_n x)$$

图 3.27-3 给出 $a/d = 1/3$ 时前 3 项之和的函数形状，上式复数形式即光栅衍射光波的复振幅

$$U(x) = A_0 + \sum_{n=1}^{\infty} A_n^{\mathrm{i}2\pi\nu_n x} \qquad (3.27\text{-}10)$$

式中，$A_0 = a/d$，是 $\nu_x = 0$ 的平面波成分，波阵面垂直于 z 轴，经透镜会聚在焦平面的 O' 处，即零级衍射斑。由光栅方程衍射极大值方向角公式并参照图 3.27-4 可知 $\sin\theta_n/\lambda = n/d = \nu_n$，即不同空间频率的谐函数对应不同方向传播的平面波，被透镜会聚于焦平面上成为各级衍射斑，其振幅 A_n 值表示出 $U(x)$ 的频谱成分，所以透镜的后焦面也称频谱面。若各级衍射斑在此面的位置关系为 $\pm x_n$，在傍轴条件下有 $\sin\theta_n \approx x'_n/f$（$f$ 是透镜焦距），故

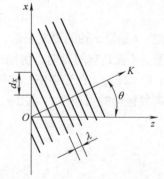

$$\nu_n = \frac{x'_n}{f\lambda} \qquad (3.27\text{-}11)$$

图 3.27-4　平面波方向与空间周期

从而把频谱面上的位置坐标与空间频率联系了起来，$|x'|$ 的大与小对应着物光信息空间频率的高与低。衍射斑的光强对应着物光中该频谱成分光波振幅的平方。

　　若把物从光栅推广到一般情况，则以 $U(x,y)$ 表示物平面上物光的复振幅分布，经过傅里叶变换同样可以分解出以各种不同振幅向空间各个方向传播的平面波，它们被透镜会聚于频谱面的不同位置处。不难想象，若物函数不是简单的周期函数，则这种分解也将变成连续

频谱函数$U'(x', y')$，频谱面上的坐标点(x', y')对应的空间频率分别为$\nu_x = x'/\lambda f$，$\nu_y = y'/\lambda f$。傅里叶变换以积分形式表达为

$$U(x, y) = C \iint U'(\nu_x, \nu_y) e^{i2\pi(\nu_x x + \nu_y y)} d\nu_x d\nu_y \qquad (3.27\text{-}12)$$

其中

$$U'(x, y) = C' \iint U(x, y) e^{-i2\pi(\nu_x x + \nu_y y)} dx dy$$

式中，C及C'是常数。

把频谱函数$U'(\nu_x, \nu_y)$再做一次逆变换即获得像函数$U''(x'', y'')$，可以证明在理想的变换条件下有

$$U''(x'', y'') = (\lambda f)^2 U(x, y) \qquad (3.27\text{-}13)$$

表明像场函数与物函数完全相似。

在透镜实际成像过程中，受透镜孔径所限，总会有一部分角度较大的衍射光（高频信息）不能进入透镜而失去，从而使像的边界变得不锐，细节变得模糊。

2. 空间滤波

概括地说，上述成像过程分两步：先是"衍射分频"，然后是"干涉合成"。所以如果着手改变频谱，必然引起像的变化。在频谱面上所做的光学处理就是空间滤波。最简单的方法是用各种光阑对衍射斑进行取舍，以达到改造图像的目的。

限制高频成分的光阑构成低通滤波器。低通滤波器的作用是只让接近零级的低频成分通过而除去高频成分，可用于滤除高频噪声（例如，消除照片中的网纹或减轻颗粒影响，如图3.27-5所示）。

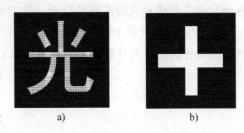

a)   b)

图3.27-5 低通滤波

若只阻挡低频成分而让高频成分通过，则称高通滤波器。高通滤波器限制连续色调从而强化锐边，有助于细节观察。高级的滤波器可以包括各种形状的孔板、吸收板和移相板等。

【实验仪器】

He-Ne滤光器、白光光源、扩束器、准直透镜、滤波器等。

【实验内容】

1. 调节光路

实验的基本光路如图3.27-6所示。由透镜L_1和L_2组成He-Ne激光器的扩束器（相当于倒置的望远镜系统），以获得较大截面的平行光束。L_3是傅里叶透镜，像平面上可以用白屏或毛玻璃屏。

调节步骤：

（1）调激光管的俯仰角和转角，使光束平行于光学平台水平面。

（2）加上L_1和L_2，调共轴和相对位置，使通过该系统的光束为平行光束。

（3）加上物（带交叉栅格的"光"字）和透镜L_3，调共轴和L_3位置，在2m以外的光屏上找到清晰的像之后，定下物和L_3的位置（此时物位接近L_3的前焦面）。

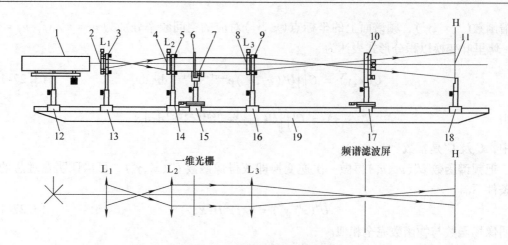

图 3.27-6　仪器实物图及原理图

1—He-Ne 激光器　2—扩束镜 L_1：$f_1 = 4.5\text{mm}$　3—二维调整架　4—准直镜 L_2：$f_2 = 190\text{mm}$

5—二维调整架　6—一维光栅　7—干板架　8—傅里叶透镜 L_3：$f_3 = 150\text{mm}$　9—二维调

整架　10—频谱滤波器　11—白屏　12、13、14、15、16、17、18—滑块　19—导轨

2. 观测一维光栅的频谱

（1）在物平面上换置一维光栅，用白屏（固定白屏架 SZ-50）在 L_3 的后焦面附近缓慢移动，确定频谱光点最清晰的位置，锁定纸屏座。

（2）记录 0 级和 ± 1，± 2，…级衍射光点的中心位置，然后关闭激光器，用白屏上的刻度测量各级光点与 0 级光点间的距离 $\pm x_1'$，$\pm x_2'$，…，利用式

$$f_x = \frac{x'}{\lambda f} \tag{3.27-14}$$

求出相应各空间的频率 f_{x_1}，f_{x_2}，…，并由基频 $f_{x_1}\left(f_{x_1} = \dfrac{1}{d}\right)$ 求出光栅常量 d。

	位置 x'/mm	空间频率/$(1/\text{mm})$
一级衍射		
二级衍射		
三级衍射		

（3）观察像平面上的竖直栅格像，频谱面如图 3.27-7a 所示，在频谱面上放置可调狭缝或其他光阑，如图 3.27-7b、c、d、e 所示，先后挡住频谱的不同部位，分别观察并记录像面上成像的特点及条纹间距（特别注意图 3.27-7d 和图 3.27-7e 两种条件下成像的差异），并给出简要的解释。

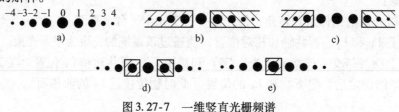

图 3.27-7　一维竖直光栅频谱

按下面的要求通过选择不同的频率成分做观察记录。

顺 序	频 谱 成 分	成像情况说明	现 象 解 释
A	全部		
B	0 级		
C	0, ±1 级		
D	除 ±1 级以外		
E	除零级外		

3. 方向滤波

将一维光栅换成二维正交光栅，如图 3.27-8 所示。在频谱面上观察这种光栅的频谱。再分别用小孔和不同取向的可调狭缝光阑，让频谱的一个或一排（横排、竖排及 45°斜向）光点通过。

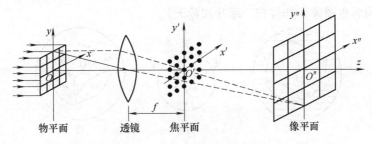

图 3.27-8　正交光栅的二步成像

记录像的特征，做简单解释，填入表格。

狭 缝 光 阑	成 像 特 征	现 象 解 释
横排		
竖排		
45°斜向		

4. 空间滤波（低通和高通滤波）

（1）低通滤波

把一个带正交网格的透明字模板（透明的"光"字内有叠加的网格）置于成像光路的物平面，试分析此物信号的空间频率特征（字对应非周期函数，有连续频谱，笔画较粗，其频率成分集中在光轴附近；网格对应周期函数，有分立谱），试验滤除像的网格成分的方法。

把一个可变圆孔光阑放在频谱面上，使圆孔由大变小，直到像面网格消失为止。字形仍然存在。试做简单解释。

（2）高通滤波

将一个透光十字屏放在物平面上，从像平面观察放大像。然后在频谱面上放置一圆屏光阑，挡住频谱面的中部，再观察和记录像面变化。

将以上空间滤波实验中的物、频谱和像列成表并加以图示说明。

顺　序	频谱成分	成像情况说明	现象解释
低通滤波			
高通滤波			

5. θ调制

θ调制是用不同取向的光栅对物平面的各部位进行调制（编码），通过特殊滤波器控制像平面相应部位的灰度（用单色光照明）或色彩（用白光照明）的方法。例如，图3.27-9中的花、叶和天分别由三种不同取向的光栅组成，相邻取向的夹角均为120°。如果用较强的白炽灯光源，每一种单色光成分通过图案的各组成部分，都将在透镜L_3的后焦面上产生与各部分对应的频谱，合成的结果，除中央零级是白色光斑外，其他级皆为具有连续色分布的光斑。你可以在频谱面上放置一光阑，先辨认各行频谱分别属于物图案中的哪一部分，再按配色的需要选定衍射的取向角，即在光阑的相应部位用可调小孔透光，这样就能在毛玻璃屏上得到预期的彩色图像（如红花、绿叶和蓝天）。

图3.27-9　θ调制实验的物、频谱和像

实验中采用天安门图案作为θ调制板。

调节步骤：

（1）把全部器件按顺序摆放在导轨上，靠拢后目测调至共轴。

（2）将图3.27-6中的光源S换成白光光源，然后撤掉扩束镜L_1，使得从准直镜L_2出射的平行光垂直照射在θ调制板上。

（3）在L_3右侧放置白屏，然后左右移动它，直到能接收到频谱以及θ调制板的图像。

（4）在付氏面上加入θ调制频谱滤波器，在θ调制频谱滤波器上就可以看到光栅的衍射图样。三行不同取向的衍射极大值是相对于不同取向的光栅，也就是分别对应于图像的天空、房子和草地，这些衍射极大值除了0级波没有色散以外，一级、二级……都有色散，由于波长短的光具有较小的衍射角，一级衍射中蓝光最靠近0级极大，其次为绿光，而红光衍射角最大。

（5）调节θ调制频谱滤波器上滑块的通光宽度和通光位置，使相应于草地的一级衍射图上的绿光能透过成像物镜L_3将彩色像成像在屏上，用同样的方法，使相应于房子一级衍射的红光和相应于天空部分的一级衍射的蓝光都能透过，这时候屏幕上的像就会出现蓝色的天空、红色的房子和绿色的草地。

【注意事项】

1. 请勿用手触摸透镜，光学元件要轻拿轻放。

2. 注意L_1、L_2相对位置的调节，保证从L_2出射的光束为平行光束。

【思考题】

1. 如何从阿贝成像原理来理解显微镜的分辨本领？提高物镜的放大倍数能够提高显微镜的分辨本领吗？

2. 阿贝成像原理与光学空间滤波有什么关系？

3. 高频信息反映物的细节还是轮廓？

实验二十八　全 息 照 相

全息术是利用光的干涉和衍射原理，将物体发射的特定光波以干涉条纹的形式记录下来，并在一定的条件下使其再现，形成原物体逼真的立体像。由于记录了物体的全部信息（振幅和相位），因此称为全息术或全息照相。

全息术是英国科学家丹尼斯·加伯（Dennis Gabor）在1948年为提高电子显微镜的分辨率，在布喇格（Bragg）和泽尼克（Zemike）工作的基础上提出的。由于需要高度相干性和高强度的光源，直到1960年激光出现，以及1962年利思（Leith）和厄帕特尼克斯（Upatnieks）提出离轴全息图以后，全息术的研究才进入一个新的阶段，相继出现了多种全息方法，开辟了全息应用的新领域，成为光学的一个重要分支。

全息术发展到现在可以分为四代：第一代是用汞灯记录同轴全息图，这是全息术的萌芽时期，其主要问题是再现像和共轭像不能分离，以及没有好的相干光源；第二代是用激光记录、激光再现，以及利思和厄帕特尼克斯提出离轴全息图，把原始像和共轭像分离；第三代是激光记录白光再现的全息术，其主要有反射全息、像全息、彩虹全息及合成全息，从而使全息术在显示方面显出其优越性；第四代即当前所致力的方向，是试图利用白光记录全息图，已初步做了一些工作。

【实验目的】

1. 了解全息照相的基本原理和实验装置。
2. 掌握拍摄全息图的实验方法。
3. 学会全息片的再现观察，了解全息照相的特点。

【实验原理】

全息照相分两步，波前记录和波前再现。波前记录是将物体射出的光波与参考光波相干涉，用照相的方法将干涉条纹记录下来，称为全息图或全息照片，这一过程叫作造图过程。全息图具有光栅状结构，当用原记录时所用的参考光或其他相干光照射全息图时，光通过全息图后便会发生衍射，其衍射光波与物体光波相似，构成物体的再现像。

1. 全息图的记录

全息图记录的一般光路如图3.28-1所示。激光器输出的光束被分束器（1）分为两束。反射的一束经全反镜（6）反射到全息底片（5）上作为参考光；透射的一束则经全反镜（2）反射到物体上，再经物体表面漫反射，作为物光射到全息底片上。参考光与物光相干涉。在这种干涉场中，全息底片经曝光、显影和定影处理以后，就将物光波的全部信息（振幅和相位）以干涉条纹的形式记录下来。这就是波前记录过程。所得到的全息图实际上是一种较复杂的光栅结构。

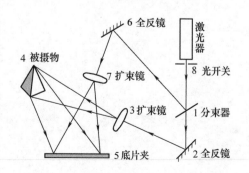

图　3.28-1

2. 全息图的再现

将拍摄好的全息底片放回原光路中，用参考光波照射全息片时，经过全息底片衍射后得到零级光波，从全息底片透射而出；另外在两侧有正一级衍射和负一级衍射光波存在。人眼迎着正一级衍射光看去，可看到一个与被拍物体完全一样的立体无失真的虚像。在负一级位置上，可用屏接收到一个实像，称为共轭像，如图3.28-2所示。

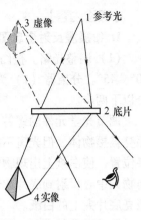

图 3.28-2

3. 全息图的特点

全息照相有以下几个特点：①三维立体像。因为记录的是光波的全部信息，即振幅与相位同时被记录在全息底片上。②全息照片可以分割。打碎的全息照片仍能再现出原被拍物体的全部形象。因为任一小部分全息图记录的干涉图像都是由物体所有点漫反射来的光与参考光相干涉而成的。③全息图的亮度随入射光强弱而变化。再现光越强，像的亮度越大，反之就暗。④一张全息底片可以多次曝光。可以转动底片角度拍摄多次。再现时做同样转动，不同角度会出现不同图像。也可以不转动底片而改变被拍物的状态进行多次曝光，再现时可观察到状态的变化情况。

4. 在拍摄全息图时，物光和参考光的光程差 Δ 等于零最理想

当物光和参考光在底片上任一点相遇时，光强度 I 仅依赖于两束光的光程差 Δ。当 $\Delta = d_2 - d_1 = k\lambda$ 时，光强度 I 最大，得亮条纹；当 $\Delta = d_2 - d_1 = (k + 1/2)\lambda$ 时，光强度 I 最小，得暗条纹，其中 k 为整数。而干涉条纹的调制度定义为

$$M = \frac{I_{max} - I_{min}}{I_{max} + I_{min}}$$

当 $M = 1$ 时，调制度最好。而 M 与光程差 Δ 以及激光管模数 n 是奇数还是偶数有关。若激光管长为 L，而 L 在 $200 \sim 300mm$ 时，可以认为是单纵模，$n = 1$。因此计算出 $\Delta = 0$ 时，干涉条纹在奇数或偶数时 M 都为1，调制度最好。当然，$\Delta = 2kL$ 时，也可得到同样的结果。但在光路调节中，后者较麻烦，一般不用。所以，我们采用 $\Delta = 0$ 这个光程差。实际上，在调节光路时，不能严格保证光程差为零，只要 Δ 小于 $0.5 \sim 2cm$，即可拍出很好的全息照片。

5. 提高全息图衍射效率的途径

衍射效率可分为两大类型：由杨氏衍射原理获得的衍射效率属于振幅型（吸收型），由折射率变化获得的衍射效率属于相位型。全息潜像用显、定影处理时，一般获得振幅型，其中相位型成分很低。因为振幅型衍射效率受干版颗粒大小、全息图的处理工艺及拍照时的参、物光比等因素影响，反差不能太大，衍射效率只有6%左右。要提高衍射效率，可采用漂白处理，使振幅型变化为相位型。另外，在底片处理工艺中，采用非漂白的相位型显影。因为相位型显影使围绕显影核中心形成的银聚团足够小，处于亚微观状态。那么这种银颗粒本身就可以逐渐变成透明体，从而产生折射率变化，形成相位型衍射。当然还可以采用其他非银盐干版，作为全息照相记录介质来提高衍射效率。除此之外，还可以用高衍射效率的其他材料记录全息图。

【实验仪器】

JQS-1A型激光全息照相实验台（包括：防震台、分束镜、反射镜、扩束镜、底片夹、载物台、光开关等）、He-Ne激光器、被摄物、显影液、定影液、水盘、软夹等。

【实验内容】

1. 拍摄漫反射全息图

（1）调整光路。按图 3.28-1 或自己选择的光路布置光学元件，使物光与参考光夹角为 30°~45°。分束器（1）为透过率95%的平板，以满足参、物光比为 1:1~10:1，具体调节分以下两步。

调节光学元件的螺钉，使光束基本同高。调节扩束镜（3）的位置，使扩束后的光均匀照亮被摄物体，但光斑不能太大，以免浪费能量。在底片夹（5）上放一张白纸，调节底片夹位置，使白纸上出现物体漫反射过来的最强光。挡住物光，调节全反镜（6），使反射光与物光中心反射到底片的光之间的夹角为 30°~45°。并经扩束镜（7）后，最强的光均匀地照亮底片夹上的白纸。

调整光程差 Δ 等于零或近似为零。调节参考光的全反镜（6），尽量使物光与参考光等光程，即用软质米尺从分束器（1）量起，使物光光程：（1）→（2）→（3）→（4）→（5）等于参考光光程：（1）→（6）→（7）→（5）。

（2）曝光。调好光路后，打开曝光定时器，选择预定的曝光时间（按所用干版特性要求和激光强度确定曝光量）。让曝光定时器遮光，取下底片夹白纸，装上干版（药膜面向被摄物体）。稳定 1min 后，打开曝光定时器进行曝光。等光开关自动关闭后，取下干版冲洗。

（3）冲洗干版。冲洗方法分两种：

振幅型显影处理。显影液用 D-19（或稀释 5~6 倍，适当延长显影时间）。按普通胶卷冲洗方法进行操作。恒温20℃左右，显影时间约 5min。在暗绿色安全灯下观看，当干版曝光部分呈现黑色斑纹时即可取出。停显 30s 后，用定影液定影，5min 后取出。在流水中冲洗 3~5min 放在阴凉处晾干，即得到拍好的全息片。定影液可用 F-5 坚膜定影液。

相位型显影处理。显影液用 D-76，原液加水 8~10 倍，使浓度降低。显影温度提高到 25~30℃，显影时间 4~5min。在暗绿色安全灯下观看，曝光部分呈红褐色，即可停显，30s后进行定影处理。定影 3~4min 进行水洗，在流水中冲洗3~5min，放在阴凉处晾干，即得到一张相位型全息图。定影液仍用 F-5 坚膜定影液。

冲洗干版完毕后在白炽灯下观看彩带。把底片倒转 90°，在 60W 或 100W 的白炽灯下观看。透过干版向药膜方向看去，同时上下转动底片。在某一位置上看到一片彩色光斑或光栅彩带条纹，说明已记录上了全息信息。全息片衍射效率愈高，彩带就愈亮，反之就暗。若彩带暗，振幅型处理的干版可通过漂白处理变成相位型，从而提高衍射效率，彩带变亮。但相干噪声增加，稳定性下降。相位型非漂白显影处理的干版，一般衍射效率都比振幅型的高。若亮度仍不够，说明显影时间不合适，改变显影时间，必须重新拍摄，使衍射效率达到最佳为止。

（4）漂白处理。一般振幅型显影处理时，全息图上积聚的银颗粒大，光几乎不能通过。漂白处理后，其上的银颗粒变成透明的银化合物。如 $AgBr$、AgI、$AgFe(CN)_3$（铁氰化银）等。这些银盐与明胶的折射率差别较大，产生相位衍射，所以亮度增加。漂白处理使用的漂白液种类有很多，习惯用硫酸铜漂白液。使用方法是：将全息底片（冲洗加工过的）用清水浸湿；用夹子牢固夹住未曝光部分，放在漂白液中漂洗；看到黑色银粒变白时，及时取出；在流水中冲洗30min以上，把剩余物冲洗掉，以便保存，冲洗时要保护药膜，水不能直接冲在药膜上；然后晾干，即得相位型全息照片。

2. 全息图的再现观察

（1）虚像观察。拍摄好的全息片，按图 3.28-3 放回原拍摄位置。让拍照时的参考光照明底片，这时，透过玻璃面向原物体看去，在原物体位置上有与原物体完全逼真的三维像（被拍物已取走），这个像称为真像或虚像。

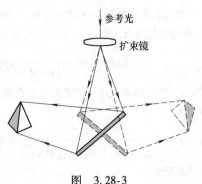

图　3.28-3

（2）观察共轭像。相对于参考光轴转动全息片，透过玻璃向物体对称方向看，这时得到一个深度反转，物像倒立且有失真的共轭虚像（见图 3.28-3 右边的像）。

（3）无失真的实像观察。把全息片前后翻转 180°，即药膜面向观察者，相当于照明光逆转照明。眼睛向原物体方向看去，这时看到一个失真的虚像。转动底片，在这个像的对称位置上得到一个无失真的实像。把屏放在人眼位置上，可以得到一个亮点。将屏后移，在屏上可看到实像，但光强变弱，要仔细才能看清。

（4）用细光束扫描观察实像。通常利用未扩束的激光直射在全息片上，全息片也得翻转 180°，药膜朝向观察者，并且转动全息片，使它在原来拍照的角度上，用毛玻璃在一级衍射的反方向上得到清晰的实像。移动光点，全息图似乎在随光点运动。毛玻璃与全息片之间的距离不同，所得到的像的大小和清晰度也不同。

【注意事项】

1. 实验时不能身靠木框，曝光过程中要保持安静。

2. 实验时要细心，动作要轻，在装底片前，应仔细检查光路。

3. 冲洗干版时要注意观察底片颜色以掌握反差。

4. 光学元件表面要注意防尘、防水汽，不可任意触摸。

【思考题】

1. 全息照相与普通照相有什么不同？为了拍出一张较理想的全息图，应具备哪些实验条件？

2. 全息片的主要特点是什么？

【附录】

原 理 引 申

为便于理解，一般是以单色平面波进行分析的，但实际上是用单色球面波进行拍摄的，因此，有进一步定量分析的必要。

设球面光波的复数表达式为

$$\mu(x,y,z,t) = A(x,y,z)\exp\{-\mathrm{i}[\omega t - \varphi(x,y,z)]\} \tag{3.28-1}$$

式中，因子 $e^{-\mathrm{i}\omega t}$ 表示光场随时间的变化，在讨论单色光时可以不明显的写出。这样，光场的空间分布可以用复振幅 $\widetilde{U}(x, y, z)$ 表示为

$$\widetilde{U}(x,y,z) = A(x,y,z)e^{\mathrm{i}\varphi(x,y,z)}$$

式中，$A(x,y,z)$ 和 $\varphi(x,y,z)$ 分别表示空间某点的振幅和相位。

将全息底片放在 xy 平面上（即 $z=0$），如附图 3.28-1 所示，令 $A=1$，参考光的源点在 $\mathbf{R}$ (x_R, y_R, z_R)，从这一点发出的球面波复振幅为

$$\widetilde{U}_R(x,y,z) = \frac{1}{|\mathbf{r}-\mathbf{R}|} \exp\left(\mathrm{i}\,\frac{2\pi}{\lambda}\,|\mathbf{r}-\mathbf{R}| \right) \qquad (3.28\text{-}2)$$

式中，$\mathbf{r}$ 为空间某一点的位置矢量。在底片所在平面（$z=0$）上，光场分布为

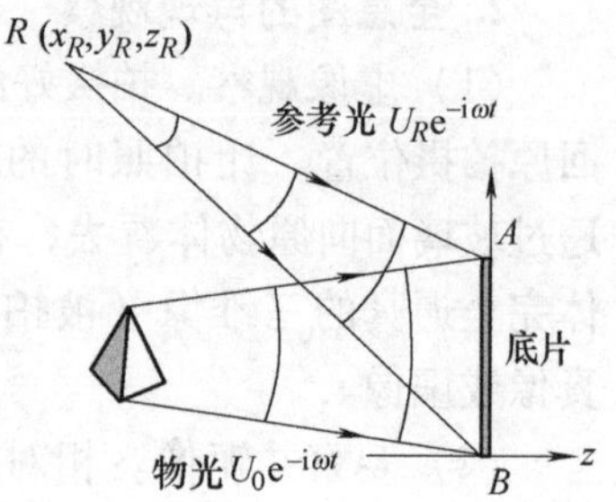

$$\widetilde{U}_R(x,y,0) = \frac{1}{\sqrt{(x-x_R)^2+(y-y_R)^2+z_R^2}} \exp\left[\mathrm{i}\,\frac{2\pi}{\lambda}\sqrt{(x-x_R)^2+(y-y_R)^2+z_R^2} \right]$$

或简单写为

$$\widetilde{U}(x,y,0) = \widetilde{U}_R(x,y) = A_R(x,y)\,\mathrm{e}^{\mathrm{i}\varphi_R(x,y)} \qquad (3.28\text{-}3)$$

物光在底片上的复振幅可写为

$$\widetilde{U}_0(x,y) = A_0(x,y)\,\mathrm{e}^{\mathrm{i}\varphi_0(x,y)}$$

因此，在底片上总的光强分布为

$$I(x,y) = \left[\widetilde{U}_R(x,y) + \widetilde{U}_0(x,y) \right]\left[\widetilde{U}_R^*(x,y) + \widetilde{U}_0^*(x,y) \right]$$

其中 $\widetilde{U}^*$ 表示 $\widetilde{U}$ 的共轭复数。

$$\widetilde{U}^*(x,y) = A(x,y)\,\mathrm{e}^{-\mathrm{i}\varphi(x,y)}$$

$$I(x,y) = A_R^2 + A_0^2 + A_R A_0\,\mathrm{e}^{\mathrm{i}(\varphi_0-\varphi_R)} + A_R A_0\,\mathrm{e}^{-\mathrm{i}(\varphi_0-\varphi_R)} \qquad (3.28\text{-}4)$$

式（3.28-4）中第一、二项分别为参考光和物光照到底片上的光强。后两项由物光和参考光干涉产生，作为干涉条纹记录在底片上。

记录全息片时，要适当控制底片的曝光量和显影时间，使显影后底片振幅的透过率和曝光量呈线性关系，即

$$T(x,y) = T_0 - KI(x,y)$$

式中，T_0、K 是常数；$T(x,y)$ 为底片上某点的透过率。

将显影、定影后的全息底片放回到原来记录时的位置上，并以从 $\mathbf{R}$ 发出的球面波作为再现光照在全息片上，则透过全息底片在 $z=0$ 平面上的复振幅分布为

$$\widetilde{U}(x,y) = T(x,y)\widetilde{U}_R(x,y,0) = T_0\widetilde{U}_R(x,y) - KI(x,y)\widetilde{U}_R(x,y)$$

将式（3.28-3）和式（3.28-4）代入上式，得

$$\widetilde{U}(x,y) = (T_0 - KA_R^2 - KA_0^2)\widetilde{U}_R(x,y) - KA_R^2 A_0\,\mathrm{e}^{\mathrm{i}\varphi_0} - KA_R^2 A_0\,\mathrm{e}^{\mathrm{i}(2\varphi_R-\varphi_0)}$$

在上式中，右面第一项是近似衰减了的重现光，也就是零级衍射波。第二项 $KA_R^2 A_0\,\mathrm{e}^{\mathrm{i}\varphi_0} = KA_R^2\widetilde{U}_0$，其中 A_R 可近似地看作常数，这一项代表一级衍射光，它与记录全息时照在底片上的物光 $\widetilde{U}_0$ 一样（只差一系数）。眼睛从右边向底片看时，好像在原物处（原物已取走）依然有一个与原物完全一样的三维物体存在。这是一个没有畸变、放大率为 1 的虚像，如附图 3.28-2所示。若再现光不是原来的参考光，这一项仅与 $\widetilde{U}_0$ 近似成正比，产生的像就会有畸变，大小亦有变化。第三项 $KA_R^2 A_0\,\mathrm{e}^{\mathrm{i}(2\varphi_R-\varphi_0)}$ 是 -1 级衍射波，它包含物光的共轭波。$\widetilde{U}_0^* = A_0\,\mathrm{e}^{-\mathrm{i}\varphi_0}$，这是一束会聚光，形成一个深度、左右、上下均倒反的实像。同时，这一项中因有 $\mathrm{e}^{\mathrm{i}2\varphi_R}$ 存在，使实像产生畸变。在一定条件下，-1 级衍射形成的不是实像，而是另一虚像。

若要得到一个没有畸变的实像，则应以原参考光的共轭光波 $\widetilde{U}_R^*$ 来照明全息片。复振幅为 $\widetilde{U}_R^*$ 的光波的光振动表达式为

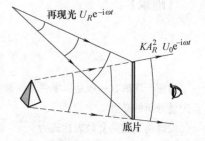

附图　3.28-1

附图　3.28-2

$$\mu = \widetilde{U}_R^* \, \mathrm{e}^{-\mathrm{i}\omega t}$$

将式（3.28-2）代入，得

$$\mu = \frac{1}{|r-R|}\exp\left[-\mathrm{i}\left(\frac{2\pi}{\lambda}|r-R|+\omega t\right)\right]$$

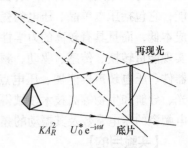

对于某一固定相位面，$\dfrac{2\pi}{\lambda}|r-R|+\omega t = $ 常数。显然，$|r-R|$ 越小，即越接近 R 点处，t 越大。可见，这是一束会聚的球面波，从玻璃面进入底片，会聚在 $R\,(x_R, y_R, z_R)$ 点。容易证明 U_R^* 中第三项是 $KA_R^2\widetilde{U}_0^*$，恰好与原来物光的共轭波复振幅 U_0^* 成正比，这时在原来被拍物的位置形成一个无像差的实像，如附图 3.28-3 所示。而此时相对应的第二项给出一个畸变的虚像（或实像）。

实际上，由于底片乳胶厚度往往比干涉条纹大很多，所以不能把全息照片看为二维光栅，而是一个三维光栅。如果考虑到三维光栅的作用，则 +1 级和 −1 级衍射不能同时存在。

附图　3.28-3

实验二十九　压电陶瓷特性及振动的干涉测量

具有压电效应的材料叫作压电材料，可将电能转换成机械能，也可将机械能转换成电能，它包括压电单晶、压电陶瓷、压电薄膜和压电高分子材料等。压电陶瓷制造工艺简单，成本低，而且具有较高的力学性能和稳定的压电性能，是当前市场上最主要的压电材料，可实现能量转换、传感、驱动、频率控制等功能。由压电陶瓷制成的各种压电振子、压电电声器件、压电超声换能器、压电点火器、压电马达、压电变压器、压电传感器等在信息、激光、导航和生物等高技术领域得到了非常广泛的应用。本实验通过迈克耳孙干涉方法测量压电陶瓷的压电常数及其振动的频率响应特性。

【实验目的】

1. 了解压电材料的压电特性。
2. 掌握用迈克耳孙干涉方法测量微小位移。
3. 测量压电陶瓷的压电常数。
4. 观察研究压电陶瓷的振动的频率响应特性。

【实验原理】

1. 压电效应

压电陶瓷是一种多晶体，它的压电性可由晶体的压电性来解释。晶体在机械力的作用下，总的电偶极矩（极化）发生变化，从而呈现压电现象，因此压电陶瓷的压电性与极化、形变等有密切关系。

（1）正压电效应

压电晶体在外力作用下发生形变时，正、负电荷中心发生相对位移，在某些相对应的面上产生异号电荷，出现极化强度。对于各向异性晶体，对晶体施加应力 T_j 时，晶体将在 x、y、z 三个方向出现与 T_j 成正比的极化强度，即

$$P_m = d_{mj}T_j$$

式中，d_{mj} 称为压电陶瓷的压电应力常数。

（2）逆压电效应

当给压电晶体施加电场 E_n 时，不仅产生了极化，同时还产生形变 S，这种由电场产生形变的现象称为逆压电效应，这是由于晶体受电场作用时，在晶体内部产生了应力（压电应力），通过应力作用产生压电应变，压电晶体的压电形变有厚度变形型、长度变形型、厚度切变型等基本形式。在一级近似下存在如下关系：

$$S_i = d_{ni}E_n$$

式中，S_i 为晶体某一方向的应变；d_{ni} 称为压电应变常数，对于正压电和逆压电效应来讲，d_{mj} 和 d_{ni} 在数值上是相同的。

当对压电晶体施加交变电场时，晶体将随之在某个方向发生机械振动，在不同频率区间压电陶瓷阻抗性质（阻性、感性、容性）不同，振动振幅也不同。

2. 迈克耳孙干涉仪

迈克耳孙干涉仪能测量微小长度，可以测量压电陶瓷的形变。图 3.29-1 是迈克耳孙干涉仪的原理图。光源部分包括半导体激光器和二维调节架。分光镜 G 实际上是一块玻璃板，

它的第二表面上涂有半透射膜，能将入射光分成两束，一束透射，一束反射，故称为分光镜。分光镜 G 与光束中心线成 45°倾斜角。M_1 和 M_2 为互相垂直并与 G 都成 45°角的平面反射镜，其中反射镜 M_1 后附有压电陶瓷材料。由激光器发出的光经分光镜 G 后，光束被分成两路，透射光射向测量镜 M_1（附压电陶瓷），反射光射向反射镜 M_2（固定），两路光分别经 M_1、M_2 反射后，再分别经分光镜反射和透射后又会合，经扩束镜到达白屏 P，产生干涉条

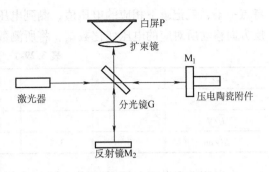

图 3.29-1　迈克耳孙干涉仪

纹。M_1 和 M_2 与分光镜中心的距离差决定了两束光的光程差。因而通过给压电陶瓷加电压使 M_1 随之发生形变，干涉条纹便会发生变化。由于干涉条纹变化一级，相当于测量镜 M_1 移动了 $\lambda/2$，所以通过测出条纹的变化数就可以计算出压电陶瓷的形变量，即 $\Delta L = N\lambda/2$。从而就可以得到压电常数 $d = 2\Delta L \cdot D/LU$，其中 D 和 L 分别是压电陶瓷的厚度和长度，U 为施加在压电陶瓷上的电压。而加交变电压时，再将光的干涉信号通过光电探头转换成电信号，即在示波器上观察到一系列类似正弦波的波形，正弦波个数代表条纹个数，条纹个数反映压电陶瓷形变量，观察驱动交变信号在一个周期内正弦波的个数就能反映出压电陶瓷在该驱动频率下的振幅。

【实验仪器】

光学平台、半导体激光器（波长 650nm）、分束镜、反射镜、压电陶瓷附件、扩束镜、白屏、驱动电源（10~250V）、光电探头。

本实验中采用的压电陶瓷为管状，长度为 40mm，壁厚为 1mm，在内、外壁上分别镀有电极，以施加电压，在陶瓷管的一端装有激光反射镜，可在迈克耳孙干涉仪中作为反射镜使用。

【实验内容】

1. 将驱动电源分别与光探头、压电陶瓷附件和示波器相连，其中压电陶瓷附件接驱动电压插口，光电探头接光探头插口，驱动电压波形和光探头波形插口分别接入示波器 CH1 和 CH2。

2. 在光学实验平台上搭设迈克耳孙干涉光路，使入射激光和分光镜成 45°，反射镜 M_1 和 M_2 与光垂直，M_1 和 M_2 与分光镜距离基本相等。

3. 打开激光器，手持小孔屏观察各光路，适当调整各元件位置和角度，保证经分光镜各透射和反射光路的激光点不射在分光镜边缘上。

4. 遮住 M_1，用小孔屏观察扩束镜前有一光点，再遮住 M_2 分辨另一光点，分别调整 M_1 和 M_2 的倾角螺钉直至两光点重合，并调整扩束镜位置使其与光点同轴，观察白屏上出现的干涉条纹，再反复调整各元件，最好能达到扩束光斑中有 2~3 条干涉条纹。

5. 打开驱动电源开关，将驱动电源面板上的波形开关拨至左边"－"直流状态，旋转电源电压旋钮，可发现条纹随之移动；每移动一条干涉条纹，代表压电陶瓷在一个方向上长度变化了半个波长，即（650/2）nm = 325nm。用笔在白屏上做一参考点。将直流电压降到最低并记录，平静一段时间，等条纹稳定后，缓慢增加电压，观察条纹移动，条纹每移过参

考点一条，就记录下相应的电压值，测到电压接近最高值时，再测量反方向降压过程中条纹反方向移动所对应的电压变化数据，将所测数据填入表 3.29-1。

表 3.29-1　压电常数测量

U_{up}/V						
U_{dn}/V						
$\overline{U}$/V						
ΔL/nm	0	325	650	975	1300	1625

由所测数据做出电压-形变关系图，并求出压电常数。

6. 取下白屏，换上光电探头，打开示波器。将示波器置于双踪显示，CH1 触发状态。将驱动电源波形拨至右侧"m"三角波，CH1 观察到驱动三角波电信号，CH2 观察到一系列类似正弦波的波形，它们代表干涉条纹经光电探头转换的信号。将驱动幅度调到最大，光放大旋钮调到最大，改变驱动频率，记录在三角波一个周期内正弦波的数量，并填入表 3.29-2。

表 3.29-2　频率特性测量

三角波频率/Hz				
条纹级数				

【注意事项】

1. 实验中不得用眼睛直视激光束，以免损伤眼睛。
2. 各光学玻璃镜要轻拿轻放，不要碰到表面。

【思考题】

1. 压电陶瓷形变量大小与条纹移动级数有何关系？
2. 从实验结果分析压电陶瓷在不同频率驱动电压下的振幅是否相同？

实验三十　物体色度值的测量

在现代社会中，色彩的应用横跨信息业、建筑业、制造业、商业和艺术等各行各业，由此涉及人类日常生活的各个方面而产生了不可估量的经济效益，这就使得有关彩色计量科学的色度学理论研究的重要性日渐突出。研究光源或经光源照射后物体透、反射颜色的学科称为色度学。色度学本身涉及物理、生理及心理等领域的知识，是一门交叉性很强的边缘学科。为了把"颜色"这个经过生理及心理等因素加工后的生物物理量转换成客观的纯物理量，从而能使用光学仪器对色光进行测量，以消除那些因人而异、含混不清的颜色表达方式，需要经过大量的科学实验，将感性认识上升到理性阶段，再去指导人们对颜色的正确测量。

【实验目的】

1. 理解测量色度的原理和方法。
2. 了解单色仪的结构，学会使用单色仪测量光源的光谱。
3. 了解 1931CIExy 色度图的作用，学会计算彩色面光源的色度值。

【实验原理】

在我们的周围，每一种物体都会呈现一定的颜色。这些颜色是由于光作用于物体才产生的。因此，有光的存在，才有物体颜色的体现。波长决定了光的颜色，能量决定了光的强度。波长相同能量不同，则决定了色彩明暗的不同。对颜色的描写一般是使用色调、饱和度和明度这三个物理量。色调是颜色的主要标志量，是各颜色之间相互区别的重要参数。红、橙、黄、绿、蓝、靛、紫，以及其他的一些混合色，都是用不同的色调来加以区分的。饱和度是指颜色的纯洁程度。可见光谱中的单色光最纯。如果单色光中混杂白光后，其纯度将会下降。明度是指物体的透、反射程度。对光源来讲，即相当于它的亮度。

1. 颜色匹配

虽然不同波长的色光会引起不同的彩色感觉，但相同的彩色感觉却可以来自不同的光谱成分组合。自然界中所有彩色都可以由三种基本彩色混合而成，这就是三基色原理，根据人眼的彩色视觉特征，就可以选择三种基色，将它们按不同的比例组合而引起各种不同的彩色视觉。在原则上可以采用各种不同的三色组，为标准化起见，国际照明委员会（CIE）做了统一规定。选水银光谱中波长为 546.1nm 的绿光为绿基色光；波长为 435.8nm 的蓝光为蓝基色光；波长为 700.0nm 的红光为红基色光，三色理论的基本要点是，任意彩色可由适当比例的三种基本彩色匹配出来。在加性系统如彩色电视中，三基色是红、绿、蓝，把适当比例的三基色投射到同一区域，则该区域会产生一个混合彩色。而匹配这个混合色的三基色并不是唯一的。

实验发现，人眼的视觉响应取决于红、绿、蓝三分量的代数和，即它们的比例决定了彩色视觉，而其亮度在数量上等于三基色的总和。这个规律称为 Grassman 定律。由于人眼的这一特性，就有可能在色度学中应用代数法则。白光（W）可由红（R）、绿（G）、蓝（B）三基色相加而得，它们的光通量比例为

$$\Phi_R : \Phi_G : \Phi_B = 1 : 4.5907 : 0.0601$$

通常，取光通量为1lm的红基色光作为基准，于是要想配出白光，就需要4.5907lm的绿光和0.0601lm的蓝光，而白光的光通量则为

$$\varPhi_W = (1 + 4.5907 + 0.0601)\,lm = 5.6508\,lm$$

为简化计算，使用了三基色单位制，记作（R）、（G）、（B），它规定白光是由各为1个单位的三基色光组成，即

$$W = 1(R) + 1(G) + 1(B)$$

由此可知：1个单位（R）＝1lm（红基色光）

　　　　　1个单位（G）＝4.5907lm（绿基色光）

　　　　　1个单位（B）＝0.0601lm（蓝基色光）

选定上述单位以后，对于任意给出的彩色光C，其配色方程可写成

$$C = R(R) + G(G) + B(B) \tag{3.30-1}$$

该色的光通量为 $\varPhi_C = 680$（$R + 4.5907G + 0.0601B$）lm，式（3.30-1）中，C表示待配色光；（R）、（G）、（B）分别代表产生混合色的红、绿、蓝三原色的单位量；R、G、B分别为匹配待配色所需要的红、绿、蓝三原色单位量的份数，这个份数被称为颜色刺激值，C的数值表示了相对亮度。因为在红、绿、蓝三原色单位量已定的条件下，对某一色光来说R、G、B的各分量大小是唯一的，所以可以用R、G、B构成一个色度空间，而C是色度空间的一个点。又因为红、绿、蓝三原色的单位化只是一个比例关系，可相差一个比例常数，所以C的坐标不用R、G、B直接表示，而是用在总量中所占的比例，即R、G、B的相对大小来表示。

2. 光谱三刺激值

如果色光是单一波长的光，那么匹配所得到的份数就是这个单色光的刺激值。如果波长遍及可见光范围，则得到刺激值按波长的变化，这个变化称为光谱三刺激值。它反映了人眼对光－色转换按波长变化的规律，这是颜色定量测量的基础。

CIE-RGB光谱三刺激值是对317位正常视觉者，用CIE规定的红、绿、蓝三原色光，对等能光谱色从380nm到780nm进行专门性的颜色混合匹配实验而得到的。实验时，匹配光谱每一波长为λ的等能光谱色所对应的红、绿、蓝三原色数量，称为CIE-RGB光谱三刺激值，记为 $\bar{r}(\lambda)$、$\bar{g}(\lambda)$、$\bar{b}(\lambda)$。它是CIE在对等能光谱色进行匹配时用来表示红、绿、蓝三原色的专用符号。因此，匹配某波长λ的等能光谱色C(λ)的颜色方程为

$$C(\lambda) = \bar{r}(\lambda)(R) + \bar{g}(\lambda)(G) + \bar{b}(\lambda)(B) \tag{3.30-2}$$

3. 明视觉光谱效率函数 $V(\lambda)$

明视觉光谱效率函数是指在明视觉条件下，用等能光谱色照射时，亮度随波长变化的相对关系，它反映了人眼对光的亮度感觉。式（3.30-2）中的C(λ)在数值上表示等能光谱色的相对亮度，就是$V(\lambda)$。如图3.30-1所示，其中最大值为C(555)。

4. 色度坐标

在颜色匹配实验中，为了表示R、G、B三原

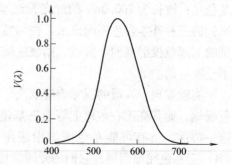

图3.30-1　明视觉光谱效率函数 $V(\lambda)$

色各自在 R + G + B 总量中的相对比例，引入 r、g、b：

$$\left.\begin{array}{l} r = R/(R+G+B) \\ g = G/(R+G+B) \\ b = B/(R+G+B) \end{array}\right\} \tag{3.30-3}$$

式中，r、g、b 称为色度坐标，由式（3.30-3）可知 $r+g+b=1$。

5. 1931CIE-XYZ 标准色度系统

上面介绍的表色系统称为 1931CIE-RGB 真实三原色表色系统，但在实际应用中十分不便，因此 CIE 推荐了一个新的国际色度学系统——1931CIE-XYZ 系统，又称为 XYZ 国际坐标制。它是通过对 R、G、B 三刺激值进行坐标转换来完成的。其转换关系如式（3.30-4）所示：

$$\left.\begin{array}{l} X = 0.490R + 0.310G + 0.200B \\ Y = 0.177R + 0.812G + 0.011B \\ Z = 0.010G + 0.990B \end{array}\right\} \tag{3.30-4}$$

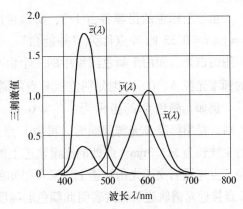

图 3.30-2　CIE1931 标准色度观察者光谱三刺激值

对应的光谱三刺激值分别记为 $\bar{x}(\lambda)$、$\bar{y}(\lambda)$、$\bar{z}(\lambda)$。其中 $\bar{y}(\lambda)$ 曲线被调整到恰好等于明视觉光谱光效率函数 $V(\lambda)$。因而 $\bar{y}(\lambda)$ 曲线还可以被用来计算一个色光的亮度特性。

$\bar{x}(\lambda)$、$\bar{y}(\lambda)$、$\bar{z}(\lambda)$ 按波长的变化如图 3.30-2 所示。同样，在 XYZ 标准色度系统中，色度坐标也用三原色各自在（$X+Y+Z$）总量中的相对比例来表示。

除颜色的明度可直接由 Y 表示外，其余的三个色度坐标分别为

$$\left.\begin{array}{l} x = \dfrac{X}{X+Y+Z} \\[2mm] y = \dfrac{Y}{X+Y+Z} \\[2mm] z = \dfrac{Z}{X+Y+Z} \end{array}\right\} \tag{3.30-5}$$

由于 $x+y+z=1$，故色度坐标一般只选用 x、y 即可。

6. 颜色三刺激值和色度图

在颜色匹配实验中所得到的 R、G、B 的量值称为颜色三刺激值。在 XYZ 标准色度系统中就是 X、Y、Z。考虑到色光叠加原理，显然 X、Y、Z 分别为 $\bar{x}(\lambda)$、$\bar{y}(\lambda)$、$\bar{z}(\lambda)$ 三条曲线下所包含的三块面积。

综上所述，任何颜色的光都可以被分解为三个对人眼的颜色刺激值 X、Y、Z。至此，包括光源颜色，物体的透、反射颜色等自然界所能观察到的任何颜色均能由 Y、x、y 这三个参数来表征，其中 x、y 表示了色调、饱和度，而 Y 表示了明度。

把上述的规律归纳起来，可以集中地表示在1931CIExy 色度图中。如图 3.30-3 所示，色度图的 x 坐标相当于红原色的比例，y 坐标相当于绿原色的比例。因为 $z = 1 - (x + y)$，则蓝原色的比例就无须给出。图中的偏马蹄形曲线是光谱轨迹。连接 400nm 和 700nm 的直线是可见光谱色中所没有的紫红色，它是由光谱两端的红色和紫色混合后所得到的非光谱色。凡是偏马蹄形曲线内部的坐标点（包括这条封闭曲线本身）都是物理上能够实现的颜色。

由于三原色的份额各占 1/3，所以色度坐标为 $x = y = z = 0.33$ 的 E 点称为"等能白"。这是一个假想的白光，而用于颜色测量中的三个由 CIE 规定

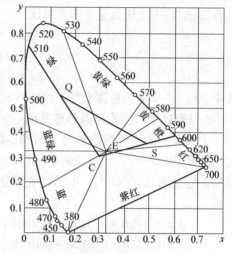

图 3.30-3　1931CIExy 色度图

的标准光源 A、C、D 则分别位于 E 点的周围（物体的颜色与照明光源有关）。

例如，颜色 Q 的坐标为：$x_Q = 0.16$、$y_Q = 0.55$，颜色 S 的坐标为：$x_S = 0.50$、$y_S = 0.34$。在用标准 C 光源照明时，可由 C 点过 Q 作一直线至光谱轨迹相交处，即得知颜色 Q 的主波长为 511.3nm。此处的光谱轨迹上的颜色就相当于 Q 的色调（绿色）。同理，由 C 点经 S 点连线后交于光谱轨迹上，又可得知颜色 S 的主波长为 595nm（橙色）。某一颜色离开 C 点接近光谱轨迹的程度表明此颜色的纯度，即相当于它的饱和度。愈靠近光谱轨迹处，颜色的纯度愈高。在 QS 连线上将能得到橙、绿两种颜色相混合后的各种中间色。过 C 点的直线与光谱轨迹有两个交点，表示此两种颜色成互补关系。即是说，凡过 C 点所有直线的端点对应出的这两个颜色经适当混合后将会得到中性色。

7. 标准照明体和标准光源

照明光源对物体的颜色影响很大。不同的光源，有着各自的光谱能量分布及颜色，在它们的照射下物体表面所呈现的颜色也会随之变化。为了统一对颜色的认识，首先必须规定标准的照明光源。因为光源的颜色与光源的色温密切相关，所以 CIE 规定了四种标准照明体的色温标准：标准照明体 A：代表黑体在 2856K 发出的光（$X_0 = 109.87$，$Y_0 = 100.00$，$Z_0 = 35.59$）；标准照明体 B：代表相关色温约为 4874K 的直射阳光（$X_0 = 99.09$，$Y_0 = 100.00$，$Z_0 = 85.32$）；标准照明体 C：代表相关色温大约为 6774K 的平均日光，光色近似阴天天空的日光（$X_0 = 98.07$，$Y_0 = 100.00$，$Z_0 = 118.18$）；标准照明体 D65：代表相关色温大约为 6504K 的日光（$X_0 = 95.05$，$Y_0 = 100.00$，$Z_0 = 108.91$）。CIE 规定的标准照明体是指特定的光谱能量分布，只规定了光源颜色标准。它并不是必须由一个光源直接提供，也并不一定用某一光源来实现。为了实现 CIE 规定的标准照明体的要求，还必须规定标准光源，以具体实现标准照明体所要求的光谱能量分布。CIE 推荐下列人造光源来实现标准照明体的规定。

标准光源 A：色温为 2856K 的充气螺旋钨丝灯，其光色偏黄。

标准光源 B：色温为 4874K，由 A 光源加滤光器组成。光色相当于中午日光。

标准光源 C：色温为 6774K，由 A 光源滤光器组成，光色相当于有云的天空光。

CIE 标准光源 A、B、C 的相对光谱功率分布曲线如图 3.30-4 所示。

无论何种光源，在刺激人眼后都会产生光与色的感觉，它们分别属于光度学与色度学研究的内容。经验表明，若只用光度学内容来描绘某个光源是不完整的。唯有全面地考察某个光源的"光"与"色"，才能对其有完整的认识。

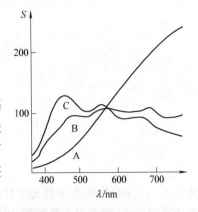

图 3.30-4 三种光源的功率谱

8. 光的色度学参数测量

前面已指出，任何颜色的光都可以被分解为三个对人眼的颜色刺激值 X、Y、Z。所以颜色的测量就归结于如何计算 X、Y、Z。而计算的基础就是人眼的光-色转换规律：光谱三刺激值。显然，对一般的不是单一波长的多波长色光，应该按波长对光谱三刺激值求和，又考虑到一般色光的功率是随波长变化的，而光谱三刺激值是在等能光谱色条件下测定的，所以应对光谱三刺激值按波长分配功率比例。综上所述，可得出 X、Y、Z 的计算方法：

（1）如果用 $S(\lambda)$ 表示某待测光源的相对光谱功率分布，则该光源的三刺激值应为

$$\left.\begin{aligned} X &= k\int S(\lambda)\bar{x}(\lambda)\mathrm{d}\lambda \\ Y &= k\int S(\lambda)\bar{y}(\lambda)\mathrm{d}\lambda \\ Z &= k\int S(\lambda)\bar{z}(\lambda)\mathrm{d}\lambda \end{aligned}\right\} \tag{3.30-6}$$

式中，常数 $k = \dfrac{100}{\displaystyle\int S(\lambda)\bar{y}(\lambda)\mathrm{d}\lambda}$，称为调整因子，它是将照明光源的 Y 值调整为 100% 时得到的常数项，因为常常只能得到相对的亮度值。在实际计算时，积分可用求和代替，即

$$\left.\begin{aligned} X &= k\sum_{380}^{780} S_\mathrm{C}(\lambda)\bar{x}(\lambda)\Delta\lambda \\ Y &= k\sum_{380}^{780} S_\mathrm{C}(\lambda)\bar{y}(\lambda)\Delta\lambda \\ Z &= k\sum_{380}^{780} S_\mathrm{C}(\lambda)\bar{z}(\lambda)\Delta\lambda \end{aligned}\right\} \tag{3.30-7}$$

$$k = 100\bigg/ \sum_{380}^{780} S_\mathrm{C}(\lambda)\bar{y}(\lambda)\Delta\lambda \tag{3.30-8}$$

从三刺激值可得到色度坐标 (x, y, z) 为

$$x = \frac{X}{X+Y+Z}$$

$$y = \frac{Y}{X+Y+Z}$$

$$z = \frac{Z}{X+Y+Z}$$

$$x+y+z = 1$$ 　　　　　　　　(3.30-9)

其中 x、y、z 分别相当于色光中红原色、绿原色和蓝原色的比例，由于 $x+y+z=1$，因此只要计算出 x、y 就可以在色度图中明确地标定出彩色光的颜色特征。

（2）对透射物体而言，式（3.30-6）中的 $S(\lambda)$ 项将包含两个内容：$S(\lambda) = S_N(\lambda)\tau(\lambda)$。其中 $S_N(\lambda)$ 是透射某物体时所用光源的相对光谱功率分布。而透射率 $\tau(\lambda)$ 则是表示在某个波长值下，出射光强与入射光强的比值，即 $\tau(\lambda) = \dfrac{E_o(\lambda)}{E_i(\lambda)}$。如此，对透视物体的三刺激值有

$$X = k\int S_N(\lambda)\tau(\lambda)\bar{x}(\lambda)\mathrm{d}\lambda$$

$$Y = k\int S_N(\lambda)\tau(\lambda)\bar{y}(\lambda)\mathrm{d}\lambda$$

$$Z = k\int S_N(\lambda)\tau(\lambda)\bar{z}(\lambda)\mathrm{d}\lambda$$ 　　　　(3.30-10)

同理，对反射物体也是相应处理，其实，我们关心的只是最后的光功率谱，有了它，就可以计算了。

附录一列出了 CIE 标准照明体 A 的相对光谱功率分布和光谱三刺激值 $\bar{x}(\lambda)$、$\bar{y}(\lambda)$、$\bar{z}(\lambda)$，以便于实验结果的计算。

【实验仪器】

WDP500—E 光栅单色仪、标准光源 A、彩色光源、直流恒流电源、电位器、电阻、九孔接线板、微型电子计算机等。

单色仪是由狭缝、平面光栅、光电倍增管、测光仪等四部分构成，详细结构参见仪器使用说明书。

【实验内容】

1. 仪器的校准。

因为光电倍增管对不同波长的响应能力不同，所以必须选用 CIE 规定的色温为 2856K 的卤素钨丝灯作为标准光源 A，对测量系统进行校准。方法是用经过检定的精密光学高温计对钨丝灯定标，将钨丝灯色温调整到 2856K，在与待测的彩色光相同测量条件下，测量这只钨丝灯的相对功率来对系统校准。对应测量中的每一波长，由探测器可测得待测光源的光电流 $S_{C测}(\lambda)$ 和校准光源的光电流 $S_{A测}(\lambda)$。待测光源的光谱功率分布 $S_C(\lambda)$ 可由下式给出：

$$S_C(\lambda) = \frac{S_A(\lambda)}{S_{A测}(\lambda)} \cdot S_{C测}(\lambda)$$ 　　　　(3.30-11)

绘制标准照明体 $S_A(\lambda)$ 和标准相对光谱功率 $S_{A测}(\lambda)$ 曲线，$S_A(\lambda)$ 取自本实验附录一。

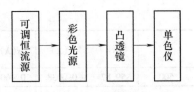

图 3.30-5　实验装置框图

2. 测定两种颜色光源的光谱，并绘制光谱图。

实验装置框图如图 3.30-5 所示。实验中调整三路输出恒流源输出电流的大小，配出所需颜色的彩色光，其光线经凸透镜聚焦到 WDP500—E 型平面光栅单色仪的狭缝处，经单色仪测出该彩色光的相对功率值，并绘制光谱图。计算机采集数据方法参见实验室操作方法指导。

3. 计算光源两种颜色的色度。

利用式（3.30-7）~式（3.30-9）计算两种颜色的色度值 x、y，并在 1931CIExy 色度图上标出，求出主波长。光谱三刺激值见附录一。

为保证实验精度，$\Delta\lambda$ 的取值不能太大，实验中可从 380nm 开始，每隔 5nm 读取一个数值，直至 780nm 为止。在实验前，请仔细阅读有关实验仪器的使用说明。

【注意事项】

1. 调试好光路后，再接上光电倍增管，并缓慢增加电压，注意读数，一般电压不要超过 –550V，可适当调整狭缝和放大器的放大倍数使读数最大时接近 1。

2. 应在测量完某颜色光源的诸参数后再换另一种颜色光源进行测量。

3. 完成实验后，注意先把光电倍增管的电压降到 0V，再处理其他事项。

【思考题】

1. 什么是光谱三刺激值？光谱三刺激值有什么意义？

2. 什么是颜色三刺激值？它与光谱三刺激值是什么关系？

【附录】

附录一　CIE 标准照明体 A 的相对光谱功率分布与光谱三刺激值

（$\lambda = 380 \sim 780\text{nm}$；$\Delta\lambda = 5\text{nm}$）

波长 λ/nm	$S_A(\lambda)$	$\bar{x}(\lambda)$	$\bar{y}(\lambda)$	$\bar{z}(\lambda)$	波长 λ/nm	$S_A(\lambda)$	$\bar{x}(\lambda)$	$\bar{y}(\lambda)$	$\bar{z}(\lambda)$
380	9.8	0.0002	0	0.0007	440	28.71	0.3837	0.0621	1.9673
385	10.91	0.0007	0.0001	0.0029	445	30.86	0.3867	0.0747	2.0273
390	12.09	0.0024	0.0003	0.0105	450	33.1	0.3707	0.0895	1.9948
395	13.36	0.0072	0.0008	0.0323	455	35.42	0.343	0.1063	1.9007
400	14.72	0.0191	0.002	0.086	460	37.82	0.3023	0.1282	1.7454
405	16.16	0.0434	0.0045	0.1971	465	40.31	0.2541	0.1528	1.5549
410	17.68	0.0847	0.0088	0.3894	470	42.88	0.1956	0.1852	1.3176
415	19.3	0.1406	0.0145	0.6568	475	45.53	0.1323	0.2199	1.0302
420	21.01	0.2045	0.0214	0.9725	480	48.25	0.0805	0.2536	0.7721
425	22.8	0.2647	0.0295	1.2825	485	51.05	0.0411	0.2977	0.5701
430	24.68	0.3147	0.0387	1.5535	490	53.92	0.0162	0.3391	0.4153
435	26.65	0.3577	0.0496	1.7985	495	56.86	0.0051	0.3954	0.3024

（续）

波长 λ /nm	$S_A(\lambda)$	$\bar{x}(\lambda)$	$\bar{y}(\lambda)$	$\bar{z}(\lambda)$	波长 λ /nm	$S_A(\lambda)$	$\bar{x}(\lambda)$	$\bar{y}(\lambda)$	$\bar{z}(\lambda)$
500	59.87	0.0038	0.4608	0.2185	645	161.49	0.3437	0.1402	0.0000
505	62.94	0.0154	0.5314	0.1592	650	164.99	0.2683	0.1076	0.0000
510	66.07	0.0375	0.6067	0.112	655	168.48	0.2043	0.0812	0.0000
515	69.26	0.0714	0.6857	0.0822	660	171.93	0.1526	0.0603	0.0000
520	72.5	0.1177	0.7618	0.0607	665	175.34	0.1122	0.0441	0.0000
525	75.8	0.173	0.8233	0.0431	670	178.73	0.0813	0.0318	0.0000
530	79.14	0.2365	0.8752	0.0305	675	182.07	0.0579	0.0226	0.0000
535	82.52	0.3042	0.9238	0.0206	680	185.38	0.0409	0.0159	0.0000
540	85.95	0.3768	0.962	0.0137	685	188.65	0.0286	0.0111	0.0000
545	89.42	0.4516	0.9822	0.0079	690	191.88	0.0199	0.0077	0.0000
550	92.91	0.5298	0.9918	0.004	695	195.06	0.0138	0.0054	0.0000
555	96.44	0.6161	0.9991	0.0011	700	198.2	0.0096	0.0037	0.0000
560	100	0.7052	0.9973	0.0000	705	201.3	0.0066	0.0026	0.0000
565	103.58	0.7938	0.9824	0.0000	710	204.35	0.0046	0.0018	0.0000
570	107.18	0.8787	0.9556	0.0000	715	207.35	0.0031	0.0012	0.0000
575	110.8	0.9512	0.9152	0.0000	720	210.3	0.0022	0.0008	0.0000
580	114.43	1.0142	0.8689	0.0000	725	213.2	0.0015	0.0006	0.0000
585	118.07	1.0743	0.8256	0.0000	730	216.05	0.001	0.0004	0.0000
590	121.72	1.1185	0.7774	0.0000	735	218.84	0.0007	0.0003	0.0000
595	125.38	1.1343	0.7204	0.0000	740	221.59	0.0005	0.0002	0.0000
600	129.03	1.124	0.6583	0.0000	745	224.28	0.0004	0.0001	0.0000
605	132.68	1.0891	0.5939	0.0000	750	226.92	0.0003	0.0001	0.0000
610	136.33	1.0305	0.528	0.0000	755	229.5	0.0002	0.0001	0.0000
615	139.97	0.9507	0.4618	0.0000	760	232.03	0.0001	0.0000	0.0000
620	143.6	0.8563	0.3981	0.0000	765	234.5	0.0001	0.0000	0.0000
625	147.21	0.7549	0.3396	0.0000	770	236.91	0.0001	0.0000	0.0000
630	150.81	0.6475	0.2835	0.0000	775	239.27	0.0000	0.0000	0.0000
635	154.39	0.5351	0.2283	0.0000	780	241.58	0.0000	0.0000	0.0000
640	157.95	0.4316	0.1798	0.0000					

附录二　发光二极管和导光板形成彩色光源机理

　　根据三基色原理，在彩色面光源的设计中，首先要选择合适的发光器件。我们选用了一种能够同时发出红、绿、蓝三种色光并一体封装的共阴极高亮度 LED 发光二极管作为彩色光源的发光器件，如附图 3.30-1 所示。当对发光二极管中 R、G、B 三原色外加正向电压时，经适当调节就可以出现所需颜色的光。

　　LED 本身耐冲击、抗振动、重量轻、体积小、成本低、耗电量低、发光效率高，是一种非常理想的发光器件。三色 LED 发光时，三色的比例决定了人眼的彩色视觉，亮度能用电压或电流进行调节。彩色面光源中的另一个关键技术是要能够对 LED 射出的彩色光进行大面积均匀显示。采用导光板能够达到这样的目的。导光板技术源于液晶显示的背光技术，导光板是一种特殊构造的透明光学亚克力板（Optical PMMA

Sheet），当光从导光板一端射入时，导光板可以吸收从光源发出来的光，并通过一定的导光模式把光均匀分布在板的全领域。

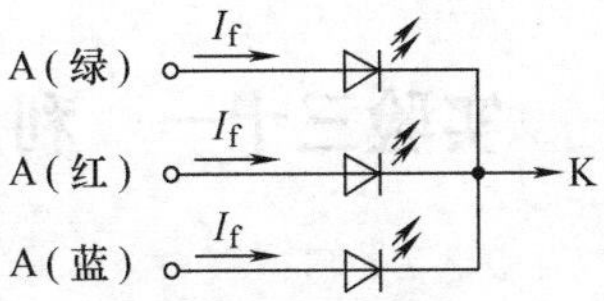

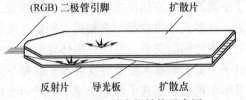

附图 3.30-1　三色发光
二极管示意图

下面以所选用的当前较先进的非印刷式导光板为例来分析其导光机理。在制作过程中，利用精密模具使导光板在射出成型时，在材料中加入少量不同折射率的颗粒状材质，在板的底面直接形成疏密、大小不同的微小凸点——扩散点。如附图 3.30-2 所示，当光从一端射入导光板后，大部分的光利用全反射向板的另一端传导。当光线在底面碰到扩散点时，反射光会向各个角落发散，破坏全反射条件而自导光板正面射出，使板面均匀发光。导光板正面还有一层薄膜扩散片，其作用是让射出的光更加均匀，使得从正面看不到反射点的影子。导光板底面的反射片则将自底面露出的光反射回导光板中，以增加光的使用效率。非印刷式导光板的制作技术难度较高，但在亮度上表现优异，进入导光板内的光大约有 80% 可自正面射出。

(RGB)二极管引脚　　　扩散片

反射片　导光板　扩散点

附图 3.30-2　导光板结构示意图

用于制作彩色光源导光板的尺寸长为 12cm，宽为 2.0cm，厚度仅为 0.3cm。

将 0~100mA 恒流源接到分流电路一端，调节电位器，控制 LED 所发出的红、绿、蓝三色光的亮度，这时就可以看到导光板上显示出明亮均匀的色光，而且所显示出的色彩非常纯净、细腻。调节输入电流的大小，不同颜色的光过渡得十分柔和。

实验三十一　利用声光器件测定光速及透明介质中的声速

（一）光速的测定

从 17 世纪伽利略第一次尝试测量光速以来，各个时期的科学家们都采用过当时最先进的技术来测量光速。现在，光在一定时间内经过的距离已经成为一切长度测量的单位标准，即"米的长度等于真空中光在 1/299792458s 的时间间隔内所传播的距离"。光速也已直接用于距离测量，在国民经济建设和国防事业上大显身手。光速还是物理学中一个重要的基本常数，许多其他常数都与它相关。例如，光谱学中的里德伯常数，电子学中真空磁导率与真空电导率之间的关系，普朗克黑体辐射公式中的第一辐射常数和第二辐射常数，质子、中子、电子、μ 子等基本粒子的质量等常数都与光速 c 相关。正因为如此，巨大的魅力把科学工作者牢牢地吸引到这个课题上来，几十年如一日，兢兢业业地埋头于提高光速测量精度的事业中。

【实验目的】

1. 理解光拍频的概念。
2. 掌握基于声光器件的光拍法测光速技术。

【实验原理】

1. 光拍的产生和传播

根据振动叠加原理，频差较小、速度相同的两列同向传播的简谐波相叠加即形成拍。考虑频率分别为 f_1 和 f_2（频差 $\Delta f = f_1 - f_2$ 较小）的光束（为简化讨论，我们假定它们具有相同的振幅）：

$$E_1 = E\cos\left[\omega_1\left(t - \frac{x}{c}\right) + \varphi_1\right] \tag{3.31-1}$$

$$E_2 = E\cos\left[\omega_2\left(t - \frac{x}{c}\right) + \varphi_2\right] \tag{3.31-2}$$

它们的叠加

$$E_s = E_1 + E_2 = 2E\cos\left[\frac{\omega_1 - \omega_2}{2}\left(t - \frac{x}{c}\right) + \frac{\varphi_1 - \varphi_2}{2}\right] \cdot \cos\left[\frac{\omega_1 + \omega_2}{2}\left(t - \frac{x}{c}\right) + \frac{\varphi_1 + \varphi_2}{2}\right] \tag{3.31-3}$$

是角频率为 $\dfrac{\omega_1 + \omega_2}{2}$，振幅为 $2E\cos\left[\dfrac{\omega_1 - \omega_2}{2}\left(t - \dfrac{x}{c}\right) + \dfrac{\varphi_1 + \varphi_2}{2}\right]$ 的前进波。注意到 E_s 的振幅以

频率 $\Delta f = \dfrac{\omega_1 - \omega_2}{2\pi}$ 周期性地变化，所以我们称它为拍频波，Δf 就是拍频，如图 3.31-1 所示。

我们用光检测器接收这个拍频波。因为光检测器的光敏面上光照反应所产生的光电流系光强（即电场强度的平方）所引起，故光电流为

$$i_o = gE_s^2 \qquad (3.31\text{-}4)$$

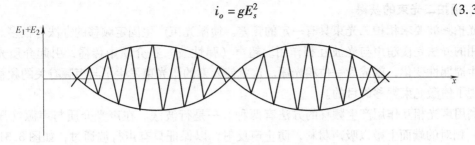

图 3.31-1 光拍频的形成

式中，g 为接收器的光电转换常数。把式（3.31-3）代入式（3.31-4），同时注意：由于光频甚高（$f_o > 10^{14}\,\text{Hz}$），光敏面来不及反映出频率如此之高的光强变化，迄今仅能反映出频率为 $10^8\,\text{Hz}$ 左右的光强变化，并产生光电流；将 i_o 对时间积分，并对光检测器的响应时间 $t\left(\dfrac{1}{f_o} < t < \dfrac{1}{\Delta f}\right)$ 取平均值。结果，i_o 积分中高频项为零，只留下常数项和缓变项。即

$$\bar{i}_o = gE^2\left\{1 + \cos\left[\Delta\omega\left(t - \frac{x}{c}\right) + \Delta\varphi\right]\right\} \qquad (3.31\text{-}5)$$

式中，$\Delta\omega$ 是与 Δf 相对应的角频率；$\Delta\varphi = \varphi_1 - \varphi_2$ 为初相。可见光检测器输出的光电流包含有直流和光拍信号两种成分。滤去直流成分，即得频率为拍频 Δf、位相与初相及空间位置有关的输出光拍信号。

图 3.31-2 是光拍信号 i_o 在某一时刻的空间分布，如果接收电路将直流成分滤掉，即得纯粹的拍频信号在空间的分布。这就是说处在不同空间位置的光检测器，在同一时刻有不同位相的光电流输出。这就提示我们可以用比较相位的方法间接地确定光速。

事实上，由式（3.31-5）可知，光拍频的同位相诸点有如下关系：

$$\Delta\omega\,\frac{x}{c} = 2n\pi \quad \text{或} \quad x = \frac{nc}{\Delta f} \qquad (3.31\text{-}6)$$

式中，n 为整数；两相邻同相点的距离 $\Lambda = \dfrac{c}{f}$，即相当于拍频波的波长。测定了 Λ 和光拍频 Δf，即可确定光速 c。

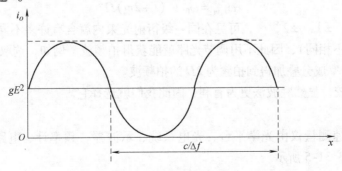

图 3.31-2 光拍的空间分布

2. 相拍二光束的获得

光拍频波要求相拍二光束具有一定的频差。使激光束产生固定频移的办法有很多。一种最常用的办法是使超声与光波互相作用。超声（弹性波）在介质中传播，引起介质光折射率发生周期性变化，就成为一位相光栅。这就使入射的激光束发生了与声频有关的频移，从而实现了使激光束频移的目的。

利用声光相互作用产生频移的方法有两种。一是行波法。在声光介质与声源（压电换能器）相对的端面上敷以吸声材料，防止声反射，以保证只有声行波通过，如图 3.31-3 所示。互相作用的结果是，激光束产生对称多级衍射。第 l 级衍射光的角频率为 $\omega_l = \omega_0 + l\Omega$。其中，$\omega_0$ 为入射光的角频率；Ω 为声角频率；衍射级 $l = \pm 1$，± 2，…，如其中 $+1$ 级行射光频为 $\omega_0 + 1\Omega$，衍射角为 $\alpha = \dfrac{\lambda}{\Lambda}$，$\lambda$ 和 Λ 分别为介质中的光波波长和声波波长。通过仔细的光路调节，可使 $+1$ 与零级二光束平行叠加，产生频差为 Ω 的光拍频波。

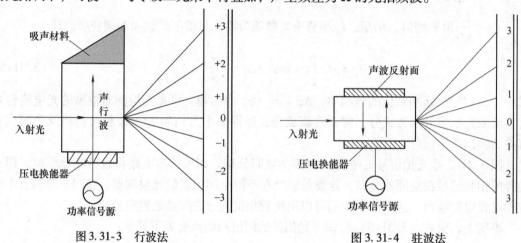

图 3.31-3　行波法　　　　　　　　图 3.31-4　驻波法

另一种是驻波法，如图 3.31-4 所示。利用声波的反射，使介质中存在驻波声场（对应于介质传声的厚度为半声波长的整数倍的情况）。它也产生 1 级对称衍射，而且衍射光比行波法时强得多（衍射效率高），第 l 级的衍射光频为

$$\omega_{l,m} = \omega_0 + (l + 2m)\Omega \tag{3.31-7}$$

式中，l，$m = 0$，± 1，± 2，…，可见在同一级衍射光束内就含有许多不同频率的光波的叠加（当然强度也不相同），因此不用调节光路就能获得拍频波。例如，选取第一级，由 $m = 0$ 和 -1 的两种频率成分叠加得到拍频为 2Ω 的拍频波。

两种方法比较，显然驻波法更为有利，因此我们就选择它。

【实验仪器】

LM2000C 光速测量仪由光学平台、光电系统、示波器、频率计、电路控制箱等组成，其外形结构如图 3.31-5 所示。

【实验内容】

1. 预热

电子仪器都会存在温漂问题，光速仪的声光功率源、晶振和频率计必须预热半小时才可

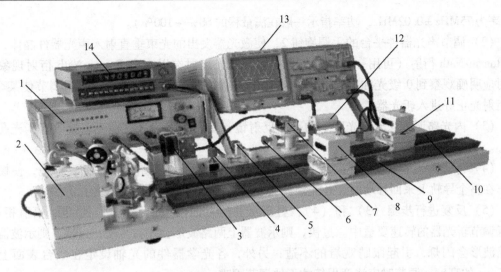

图 3.31-5　LM2000C 光速测量仪

1—电路控制箱　2—光电接收盒　3—斩光器　4—斩光器转速控制旋钮　5—手调旋钮1
6—手调旋钮2　7—声光器件　8—棱镜小车 B　9—导轨 B　10—导轨 A　11—棱镜小车 A
12—半导体激光器　13—示波器　14—频率计

以进行测量。在这期间可以进行线路连接、光路调整、示波器调整等工作。因为由斩光器分出了内外两路光，所以示波器上的曲线会有些微抖，这是正常的。

2. 光路调节

按照图 3.31-6 搭建光速测量系统实验光路。

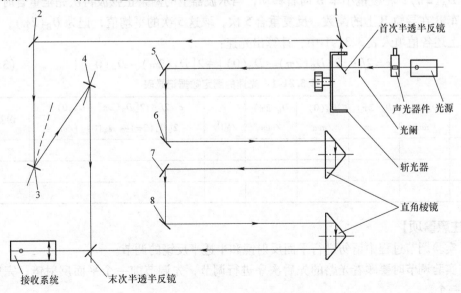

图 3.31-6　光拍法测光速示意图

1、2、3、4—内（近）光路全反光镜　5、6、7、8—外（远）光路全反光镜

（1）调节电路控制箱面板上的"频率"和"功率"旋钮，使示波器上的图形清晰、稳定

（频率为 $75\mathrm{MHz} \pm 0.02\mathrm{MHz}$，功率指示一般在满量程的 $60\% \sim 100\%$）。

（2）调节声光器件平台的手调旋钮 2，使激光器发出的光束垂直射入声光器件晶体，产生 Raman-Nath 衍射（可用一白屏置于声光器件的光出射端以观察 Raman-Nath 衍射现象），这时应明确观察到 0 级光和左、右两个（以上）强度对称的衍射光斑，然后调节使某个 1 级衍射光正好进入斩光器。

（3）内光路调节：调节光路上的平面反射镜，使内光程的光打在光电接收器入光孔的中心。

（4）外光路调节：在内光路调节完成的前提下，调节外光路上的平面反射镜，使棱镜小车在整个导轨上来回移动时，外光路的光也始终保持在光电接收器入光孔的中心。

（5）反复进行步骤（3）和（4），直至示波器上的两条曲线清晰、稳定、幅值相等。注意调节斩光器的转速要适中。过快，则示波器上两路波形会左右晃动；过慢，则示波器上两路波形会闪烁，引起眼睛观看的不适；另外，各光学器件的光轴设定在平台表面上方 $62.5\mathrm{mm}$ 的高度，调节时应注意保持才不致调节困难。

【数据处理】

1. 记下频率计上的读数 f，在调节过程中应随时注意 f，如发生变化，应立即调节声光功率源面板上的"频率"旋钮，保持 f 在整个实验过程中的稳定。

2. 利用千分尺将棱镜小车 A 定位于导轨 A 最左端某处（比如 $5\mathrm{mm}$ 处），这个起始值记为 $D_A(0)$；同样，从导轨 B 最左端开始运动棱镜小车 B，当示波器上的两条正弦波完全重合时，记下棱镜小车 B 在导轨 B 上的读数，反复重合 5 次，取这 5 次的平均值，记为 $D_B(0)$。

3. 将棱镜小车 A 定位于导轨 A 右端某处（比如 $535\mathrm{mm}$ 处，这是为了计算方便），这个值记为 $D_A(2\pi)$；将棱镜小车 B 向右移动，当示波器上的两条正弦波再次完全重合时，记下棱镜小车 B 在导轨 B 上的读数，反复重合 5 次，取这 5 次的平均值，记为 $D_B(2\pi)$；

将上述各值填入表 3.31-1 中，计算出光速：

$$c = 2f \cdot \{2[D_B(2\pi) - D_B(0)] + 2[D_A(2\pi) - D_A(0)]\} \tag{3.31-8}$$

表 3.31-1　光速的测定数据记录表

次数	$D_A(0)$ /mm	$D_A(2\pi)$ /mm	$D_B(0)$ /mm	$D_B(2\pi)$ /mm	f /MHz	$c = 2f \cdot \{2[D_B(2\pi) - D_B(0)] + 2[D_A(2\pi) - D_A(0)]\}$/m·s⁻¹	误差(%)
1							
⋮							
5							

【注意事项】

1. 实验调节过程中请勿进行平面反射镜和半透半反镜的调节。

2. 实验调节时要顺着光路的先后次序进行调节，先调节前一个平面反射镜，完成后再调节下一个。

（二）透明介质里的声速测量

【实验目的】

1. 理解声光法测量透明介质声速的原理。

2. 掌握用声光法测量不同介质中声速的实验方法。

【实验原理】

目前测量介质声速的方法有多种，所利用的基本关系式皆为：$v = s / t$ 或 $v = f\lambda$（v 为声速，s 是声传播距离，t 为声传播时间，f 为声频率，λ 为声波长）。这些已为我们所共知。本实验仅就声光法测量声速加以叙述。

以驻波 Raman-Nath 型声光调制器为例。由声光效应可知：当调制器注入功率时，声光介质（通光介质）内要形成驻波衍射光栅，其示意图如图 3.31-7 所示，其中 d 为通光介质厚度。

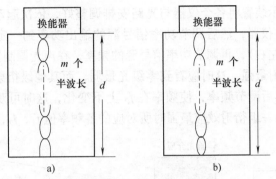

图 3.31-7　声光器件驻波示意图

a）端面为波腹情况　b）端面为波节情况

显然，驻波条件为

$$d = m\frac{\lambda}{2} \tag{3.31-9}$$

式中，m 为正整数；λ 为超声波的波长，$\lambda = v/f$；v 为声速；f 为功率源频率。将 $\lambda = v/f$ 代入式（3.31-9），有

$$d = m\frac{v}{2f} \tag{3.31-10}$$

或

$$f = m\frac{v}{2d} \tag{3.31-11}$$

由式（3.31-11）可知，当 d 一定时，可以在通光介质中形成不同频率的驻声波场，其 m 数由声频 f 确定。当光束垂直于驻波场入射时，将产生 Raman-Nath 衍射。在换能器频率响应带宽 Δf 范围内调节频率 f，可找到不同个 m 值对应于衍射效应最强点，而衍射效应最强点之间则有暗的过渡，这样通过判别衍射点明暗的变化，就可以判别 m 值的变化，对式（3.31-11）进行微分：

$$\delta f = \delta m\frac{v}{2d}$$

令 $\delta m = 1$，则

$$\delta f = \frac{v}{2d} \quad \text{或} \quad v = 2d\delta f \tag{3.31-12}$$

δf为两次相邻衍射效应最强点间的频率间隔，由式（3.31-11）、式（3.31-12）可知，d确定之后，就会形成驻波的频率间隔，即两次相邻衍射效应最强点间的频率间隔δf为一常数。当d被精确测量出后，再由频率计精确测出δf，由式（3.31-12）即可精确求出声速值。

【实验仪器】

He-Ne 激光器、高频功率信号源、频率计、声光器件。

【实验内容】

通过测量频率间隔测量声速。

按如图 3.31-8 所示装置将各个仪器与光路安排调整好，依次起动激光器、高频功率信号源、频率计及其他各仪器，然后调节功率信号源的输出功率到一定值（比如功率表表头满刻度的70%或80%左右），再调节功率信号源的频率，在声光调制器通过的介质内形成驻波并使 Raman-Nath 衍射最强，这时应看到零级光最弱，而其他级衍射光最强，此时频率计指示的声频率为f_0，然后调节频率，使频率在f_0上下变化，这时可观察到在一系列频率点上衍射效应最强。测出一组衍射效应最强时所对应的各频率值f_1，f_2，$\cdots$，f_0，$\cdots$，显然有

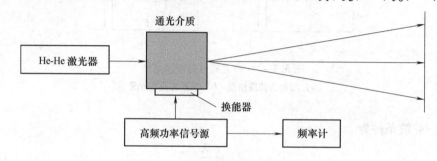

图 3.31-8　声光法测声速示意图

$$\delta f = f_2 - f_1 = \cdots = f_p - f_{p-1} = v/(2d) \tag{3.31-13}$$

为了减小由于f读数误差而引起的δf的误差，在换能器频率响应带宽范围内应尽量多测一些点（见表 3.31-2），即让p值大一些，这样相对误差就会变小了。由式（3.31-13）也可以看出，各个频率的频率间隔相等，只要p值准确，而f_p和f_2的测量也准确，那么δf就准确，中间频率f_1，$\cdots$，f_{p-1}准确与否影响不大，用有关仪器（比如千分尺，测微器更好）精确测量出d，由式（3.31-12）即可计算出声速。例如，用此方法可以测出熔石英玻璃、重火石玻璃、水等物质中的声速。

表 3.31-2　声光法测声速数据记录表　　　　　　　　（单位：Hz）

频率	f_1	f_2	f_3	$\cdots$	f_0	$\cdots$	f_{p-1}	f_p
频率值								
δf	—	$f_2 - f_1$	$f_3 - f_2$	$\cdots$	$\cdots$	$\cdots$	$f_{p-1} - f_{p-2}$	$f_p - f_{p-1}$
	—							

实验三十二 CCD 微机密立根油滴实验

19 世纪末英国物理学家汤姆孙在对阴极射线的研究过程中发现了电子，认为电子所带电荷可能是最小电荷，随后科学家们便开始探索测量电子电荷的实验。美国物理学家密立根设计并完成的密立根油滴实验构思巧妙、方法简便，且精度高，取得了具有意义重大的结果：①证明了电荷的不连续性，所有电荷都是元电荷 e 的整数倍。②测量并得到了元电荷即电子电荷，其值为 $e = 1.60 \times 10^{-19}$ C。现公认 e 是元电荷，对其测量的精度不断提高，目前给出最精确的结果为 $e = (1.6021892 \pm 0.0000046) \times 10^{-19}$ C。密立根油滴实验堪称物理实验的精华、典范，由于这一实验的成就，密立根荣获了 1923 年的诺贝尔物理学奖。

【实验目的】

1. 了解油滴实验的方法与特点。
2. 学习静态法测量电子电荷，认识电荷的分立性。

【实验原理】

油滴法测量电子电荷的基本原理是：根据带电油滴在重力场和电场中的运动和受力情况的分析，将油滴所带微观电荷量的测量转化为油滴宏观运动速度的测量，并从测得的不同油滴所带电荷量中找出元电荷即电子电荷的大小。按油滴在电场和重力场中有匀速运动和静止两种平衡状态，其测量方法分为动态测量和静态测量两种方法。

1. 动态非平衡测量法

如图 3.32-1 所示，首先考虑重力场中的油滴，在重力作用下油滴逐渐降落，由于空气阻力的存在，最终油滴将以某一速度 v_g 匀速下落，这时油滴的重力 mg，所受空气浮力 F_a 和空气阻力 F_r 三者达到平衡，即

$$mg = F_a + F_r \qquad (3.32\text{-}1)$$

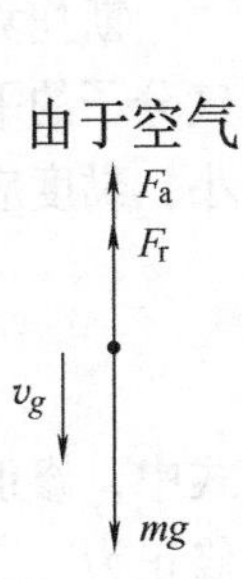

因为油滴非常小且存在表面张力的原因，可把油滴看作小圆球。设油滴半径为 r，油滴密度为 ρ_0，空气密度为 ρ'，空气的黏度为 η，则上述三个力可分别表示为

$$mg = \frac{4}{3}\pi r^3 \rho_0 g, \quad F_a = \frac{4}{3}\pi r^3 \rho' g, \quad F_r = 6\pi \eta r v_g \qquad (3.32\text{-}2)$$

将以上各式代入式（3.32-1）可得油滴半径

$$r = \left[\frac{9\eta v_g}{2(\rho_0 - \rho')g} \right]^{1/2} \qquad (3.32\text{-}3)$$

图 3.32-1 （右侧图示：F_a、F_r、v_g、mg）

如图 3.32-2 所示，若油滴处于电容器的均匀电场中，且在电场作用下油滴以速度 v_E 匀速向上运动，即电场力和上述三个力达到平衡：

$$q\frac{U}{d} + \frac{4}{3}\pi r^3 \rho' g = 6\pi \eta r v_g + \frac{4}{3}\pi r^3 \rho_0 g \qquad (3.32\text{-}4)$$

式中，q 为油滴所带电荷量；U 为电容器两极板间电压；d 为极板

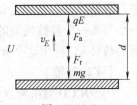

图 3.32-2

间距离。结合式（3.32-3），可得

$$q = \frac{18\pi\eta^{3/2}}{[2g(\rho_0 - \rho')]^{1/2}} \cdot \frac{d}{U}(v_E + v_g) \cdot v_g^{1/2} \tag{3.32-5}$$

考虑到实验的具体情况，速度 v_g 和 v_E 可由油滴通过的一定距离 l 与其所用的时间 t_g 和 t_E 表示，则式（3.32-5）改写为

$$q = \frac{18\pi\eta^{3/2}}{[2g(\rho_0 - \rho')]^{1/2}} \cdot \frac{d}{U} \cdot \left(\frac{l}{t_E} + \frac{l}{t_g}\right) \cdot \left(\frac{l}{t_g}\right)^{1/2} \tag{3.32-6}$$

式（3.32-6）是动态法测油滴电荷的公式。

2. 静态平衡测量法

其出发点是通过调节极板间的电压 U 使油滴在均匀电场中静止于某位置，即 $l/t_E = 0$，于是式（3.32-6）表示为

$$q = \frac{18\pi}{[2g(\rho_0 - \rho')]^{1/2}} \cdot \frac{d}{U}\left(\frac{\eta l}{t_g}\right)^{3/2} \tag{3.32-7}$$

此时称油滴处于静态平衡，对应极板间的电压 U 称为平衡电压。式（3.32-7）即为静态法测油滴电荷的公式。由此，对油滴所带电荷量 q 的测量，最终转化为对平衡电压 U 及油滴匀速下落距离 l 所需时间 t_g 的测量。

3. 对黏度的修正

斯托克斯定律适用于连续介质中球状物体所受的黏滞力。由于油滴甚小，其直径可与空气分子的平均自由程相比拟，所以不能再将空气看成是连续介质，油滴所受黏滞力必将减小，黏度应修正为

$$\eta' = \frac{\eta}{[1 + b/(pr)]} \tag{3.32-8}$$

式中，修正系数 $b = 8.22 \times 10^{-3}$ m·Pa；p 为以 Pa 为单位的大气压强。因此，式（3.32-7）修正为

$$q = \frac{18\pi}{[2g(\rho_0 - \rho')]^{1/2}} \cdot \frac{d}{U}\left[\frac{\eta l}{t_g[1 + b/(pr)]}\right]^{3/2} \tag{3.32-9}$$

4. 元电荷 e 的计算

为了证明电荷的不连续性和所有电荷都是元电荷 e 的整数倍，并得到基本电荷 e 值，应对实验测得的各个电荷量 q 求最大公约数，这个最大公约数就是基本电荷 e 值。但由于存在测量误差，要求出各个电荷量 q 的最大公约数比较困难。通常可用"倒过来验证"的办法进行数据处理，即用公认的电子电荷值 $e = 1.602 \times 10^{-19}$ C 去除实验测得的电荷量 q，得到一个与某一个整数接近的数值，然后取其整数（四舍五入），这个整数就是油滴所带的元电荷的数目 n，再用这个 n 去除实验测得的电荷量 q，即得电子的电荷值 e。

【实验仪器】

OM99CCD 微机密立根油滴仪、喷油器、监视器。

OM99CCD 微机密立根油滴仪如图 3.32-3 所示，主要由油滴盒、CCD 电视显微镜和控制按钮构成。油滴盒结构如图 3.32-4 所示，其主体部分是油滴室，油滴室是上、下两平行

极板构成的电容器，上极板的中间有个小孔，喷雾器喷出的油雾由小孔落入油滴室，在两极板间的绝缘部分开有两个小窗，分别用于照明和显微镜观察油滴运动。CCD 摄像头与显微镜整体设计构成 CCD 电视显微镜，并通过视频电缆将油滴运动的图像信息输出到监视器。面板上的按钮 K_1 和 K_2 是控制极板电压的三档开关。其中 K_1 控制上极板电压的极性，实验中置于 + 位或 − 位均可。K_2 控制极板间电压的大小，当 K_2 处于"0V"档时，极板间电压为零；当 K_2 处于"平衡"档时，可通过平衡电压旋钮 K_5 改变极板间电压，从而达到相应的平衡电压；当 K_2 拨到"提升"档时，自动在平衡电压基础上增加 147V 的提升电压。K_4 是"计时/停"控制开关。为了提高测量精度，可以通过将 K_3 拨向联动，实现 K_2 和 K_4 的联动，即在 K_2 由"平衡"档打向"0V"档时，计时器开始计时，将 K_2 由"0V"档打向"平衡"档时，计时器停止计时。

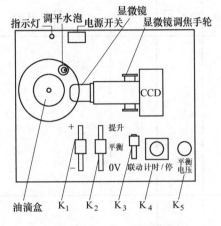

图 3.32-3 密立根油滴仪

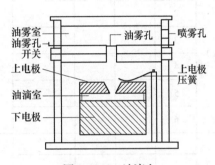

图 3.32-4 油滴盒

监视器的屏幕上显示分划板刻度和油滴像，实验中采用的 A 类分划板是 8 × 3 结构，垂直视场为 2mm 分八格，每格为 0.25mm。同时右上角显示极板间电压和计时器，可以读出平衡电压和油滴的运动时间。

【实验内容】

1. 密立根油滴仪的调整。调节仪器底座上的三只调平手轮，使调平水泡位于中心，保证平行电极板处于水平。打开油滴仪和监视器的电源。

2. 练习通过 K_2 控制油滴运动和选择油滴。①用喷油器将油雾从喷雾孔喷入油滴室之后，调节显微镜调焦手轮，通过监视器可看到大量油滴在重力作用下匀速下落。将 K_2 拨置"平衡"档，试通过平衡电压旋钮增加极板间电压，油滴将在重力场和电场的共同作用下逐渐向上匀速运动，再将 K_2 拨回"0V"档，油滴又匀速下落，反复练习以熟练控制油滴的运动。②选择油滴。选择大小合适的油滴十分重要，因为大油滴带电荷多且质量大，下降速度快而不容易测准确，而小油滴由于受布朗运动影响也不容易测准确。通常选择平衡电压 200 ~ 300V 且匀速下落 1.5mm 的时间在 10s 左右的油滴较适宜。

3. 正式测量。先选定合适的油滴，微调显微镜调焦手轮，使油滴清晰。然后要仔细将油滴调到静态平衡状态，即通过 K_2 将油滴移至某一刻度线附近，仔细调节平衡电压旋钮 K_5，观察油滴经一段时间确实不再移动才能认为油滴平衡。最后，从监视器读出平衡电压

U，就可以开始对油滴经一定距离下落的时间进行测量。油滴的下落距离 l 一般取 $1 \sim 1.5\text{mm}$，并设定好起点和终点。将已调平衡的油滴用 K_2 控制（这时只动 K_2，不要动平衡电压旋钮 K_5。当 K_2 在"平衡"档时，油滴平衡静止；拨向"0V"档时，油滴在重力场作用下匀速下落；拨向"提升"档时，油滴上升）移到并平衡静置于"起跑线"上，然后将 K_3 拨向联动，并用 K_4 让计时器停掉准备计时，将 K_2 由"平衡"档拨向"0V"档，在油滴开始匀速下落的同时开始计时。油滴下落到"终点"时，迅速将 K_2 由"0V"档拨向"平衡"档，油滴停止下落的同时停止计时。

　　要求选择四颗不同的油滴进行测量，且对每颗油滴测量 6 次。将平衡电压和油滴的下落时间的测量值记入表 3.32-1 中。

表　3.32-1

油　滴	次　数	U/V	t_g/s	$q/(10^{-19}\text{C})$	$\bar{q}$	$n=\bar{q}/e_{公认}$	$N=[n]$	$e_i=\bar{q}/N$	$\bar{e}=\sum\limits_{i=1}^{4}(e_i/4)/\text{C}$
NO.1	1								
	2								
	3								
	4								
	5								
	6								
NO.2	1								
	⋮								
	6								
⋮	⋮				⋮	⋮	⋮	⋮	⋮

　　4. 结合式（3.32-3）和式（3.32-9）计算各次所测油滴带的电荷 q，并求出同一颗油滴的 $\bar{q}$。

　　5. 利用"倒过来验证"的办法，由每颗油滴所带电荷 $\bar{q}$ 确定基本电子电荷 e，并计算 $\bar{e}$ 及测量值的百分误差

$$\delta = \frac{|\bar{e}-e_{公认}|}{e_{公认}} \times 100\%$$

　　实验参数：　　　$d=5.00\times10^{-3}\text{m}$，$g=9.794\text{m}\cdot\text{s}^{-2}$

$\rho_0=981\ \text{kg}\cdot\text{m}^{-3}$，$\rho'=1.293\ \text{kg}\cdot\text{m}^{-3}$

$p_{t=20℃}=1.0133\times10^5\text{Pa}$，$b=8.22\times10^{-3}\text{m}\cdot\text{Pa}$

$\eta_{t=20℃}=1.83\times10^{-5}\ \text{kg}\cdot\text{m}^{-1}\cdot\text{s}^{-1}$

【注意事项】

　　1. 喷油器不要装得太满。喷雾前必须打开油滴盒的油雾孔开关，将油从油雾室旁的喷口喷入，一次不可喷得太多，否则会堵塞油滴盒上盖的小孔。

　　2. 判断到达起点和终点时，要统一油滴达到刻度线什么位置才算踏线，并且眼睛要平

视刻度线，不要有夹角。

3. 对选定的油滴进行跟踪测量时，如油滴的像变得模糊，应随时微调显微镜。

【思考题】

1. 如何选择合适的油滴进行测量？
2. 试分析极板不水平对实验结果的影响。

实验三十三　夫兰克–赫兹实验

1913 年，尼尔斯·玻尔在描绘氢原子光谱规律经验公式的基础上建立了新的原子结构理论。1914 年，夫兰克和赫兹利用电子与稀薄汞气体的原子碰撞，测量出汞原子的激发电势和电离电势，从而简单形象地证明了原子能级的所在，清晰地揭示了原子能级的图像，为玻尔理论提供了直接而独立的依据。夫兰克–赫兹实验也成为探索原子结构的一个重要实验。

【实验目的】

1. 学会测量氩原子第一激发电势的方法，加深对原子结构的了解。
2. 了解夫兰克–赫兹实验的设计思想和方法。

【实验原理】

根据玻尔理论，原子只能较长久地停留在一些稳定状态（称为定态），每一定态对应一定的能量，叫作能级。能级的数值彼此是分立的，原子在能级间进行跃迁时吸收或发射确定频率的光子。当原子与具有一定能量的电子发生碰撞时，可以使原子从低能级跃迁到高能级，称为激发。如果跃迁是发生在基态和第一激发态之间的，则有

$$eU_1 = \frac{1}{2}m_e v^2 = E_1 - E_0$$

电子和原子碰撞时，电子会将在电场中获得的动能交给了原子，使原子从基态跃迁到第一激发态，其中 U_1 称为原子第一激发电势，E_0 为基态能量，E_1 为第一激发态能量。

本实验使用的夫兰克–赫兹碰撞管（F-H 管）充有惰性气体氩气（Ar）。这是因为惰性气体是单原子分子，能级较为简单。该碰撞管温度受气压影响不大，在常温下就可以进行实验。氩的第一激发能级较低，因此只需几十伏电压就能观察到多个峰值。

图 3.33-1 给出本实验使用的四极式的 F-H 碰撞管原理图，图 3.33-2 是 F-H 管内部的电势分布图。

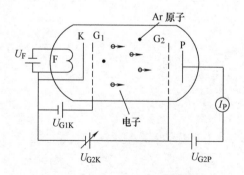

图 3.33-1　夫兰克–赫兹管原理图

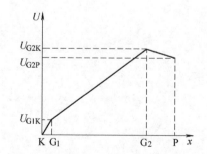

图 3.33-2　夫兰克–赫兹管内部电势分布

在图 3.33-1 中，U_F 为灯丝加热电压，U_{G1K} 为正向小电压，U_{G2K} 为加速电压，U_{G2P} 为减速电压。

U_{G1K} 将电子从阴极拉出，经电场 U_{G2K} 加速趋向阳极，只要电子能量达到能克服减速电场 U_{G2P}，就能穿过栅极 G_2 到达板极 P 形成电子流 I_P。由于管中充有气体原子，电子前进的

途中要与原子发生碰撞。具有能量 eU_{G2K} 的电子与氩原子碰撞会出现以下三种情形：①如果电子能量小于氩原子的第一激发能 eU_1，它们之间的碰撞是弹性的，氩原子内部能量不发生变化。根据弹性碰撞前后系统动量和动能守恒原理不难推得电子损失的能量极小，电子能如期到达阳极。从阴极发出的电子随着 U_{G2K} 从零开始增加，板极上将有电流 I_P 出现并增加。②如果电子能量达到或超过 eU_1，电子与原子将发生非弹性碰撞，电子把能量 eU_1 传给氩原子，使氩原子跃迁，其能量的增量等于电子失去的能量。若非弹性碰撞发生在 G_2 栅极附近，损失了能量的电子将无法克服减速场 U_{G2P} 到达板极。这样，板极上电流 I_P 将出现第一次下降。③随着 U_{G2K} 的继续增加，电子与原子发生非弹性碰撞的区域向阴极方向移动，经碰撞损失了能量的电子在趋向阳极的途中又因为得到加速而开始有足够的能量克服 U_{G2P} 减速电压到达板极。电流 I_P 随 U_{G2K} 增加开始增加，而如果 U_{G2K} 的增加使那些经历过非弹性碰撞的电子能量又达到 eU_1，则电子又将与原子发生非弹性碰撞造成 I_P 的又一次下降。在 U_{G2K} 较高的情况下，电子在趋向阳极的途中将与原子发生多次非弹性碰撞。每当 U_{G2K} 造成的最后一次非弹性碰撞区落在 G_2 栅极附近就会使 I_P-U_{G2K} 曲线出现下降，如此反复将出现如图 3.33-3 所示的曲线。

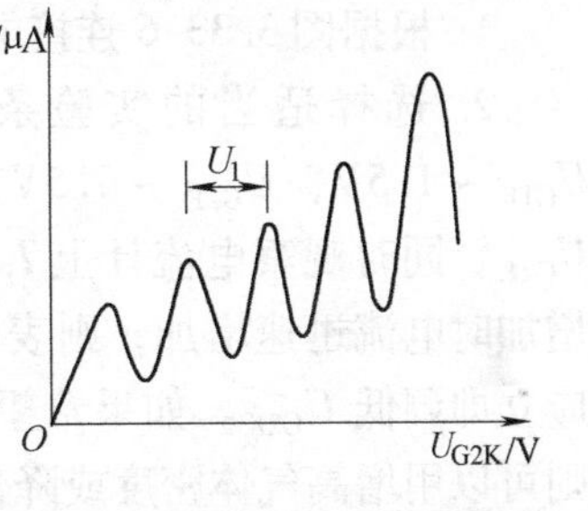

曲线的极大、极小位置的出现呈现出明显的规律性，它是能级的量子化能量被吸收的结果，也是原子能级量子化的体现。就图 3.33-3 的规律来说，每相邻极大值或极小值之间的电势差即为第一激发电势 U_1。

图 3.33-3　氩原子 I_P-U_{G2K} 的曲线

【实验仪器】

本实验仪由以下三大部分组成：①夫兰克－赫兹管。②F-H 管电源组。③扫描电源和微电流放大器。现对其性能及面板调节功能做一介绍。

1. 夫兰克－赫兹管。面板如图 3.33-6 右侧所示。

2. F-H 管电源组。F-H 管电源组的外形如图 3.33-4 所示。

U_F：灯丝电压，直流 1~5V 连续可调。0~5V 输出（U_{G1K}）：直流 0~5V 连续可调电压。0~15V 输出（U_{G2P}）：直流 0~15V 连续可调电压。

3. 扫描电源和微电流放大器。面板如图 3.33-5 所示。

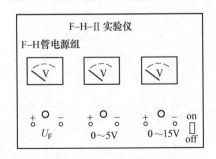

图 3.33-4　F-H 管电源组面板

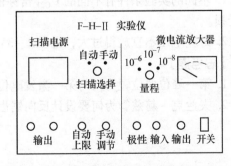

图 3.33-5　扫描电源和微电流放大器面板图

U_{G2K} 提供 0~90V 的可调直流电压或慢扫描输出锯齿波电压，作为 F-H 管的加速电压，供手动测量和函数记录仪测量。微电流放大器用来检测 F-H 管板极上的电流。性能要求如下：

（1）具有"手动"和"自动"两种扫描方式，"手动"测量时，输出加速电压 0～90V 连续可调，通过"手动调节"旋钮实现。

（2）"自动"测量时，可输出周期约为 60s 的锯齿波电压，其上限幅度（50～90V）可通过"自动上限"旋钮自己设定。

（3）电流放大器测量范围有 10^{-8}、10^{-7}、10^{-6} A 三档。

【实验内容】

实验测定夫兰克－赫兹管的 I_P-U_{G2K} 曲线，观察原子能级量子化情况，并由此求出充气管中氩原子的第一激发电势。

1. 根据图 3.33-6 连接电路。

2. 选择适当的实验条件，如 $U_F \sim 2.5V$，$U_{G1K} \sim 1.5V$，$U_{G2P} \sim 7.5V$，用手动方法改变 U_{G2K}，同时观察电流计上 I_P 的变化。如果 U_{G2K} 增加时电流迅速增加，则表明 F-H 管击穿产生，应立即调低 U_{G2K}。如果希望有较大的击穿电压，则可以用增高气体密度或降低灯丝电压的方式来达到。

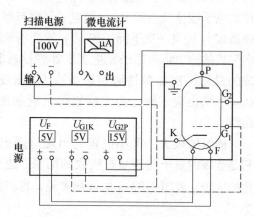

图 3.33-6　实验装置接线图

3. 适当调整实验条件使微电流计能出现 5 个以上的峰，峰谷明显，并记录 U_F、U_{G1K} 及 U_{G2P} 的值。

4. 选取合适的实验条件点记录数据（每个峰部或谷部处的数据测量点数不得少于 3 个），完整真实地绘出 I_P-U_{G2K} 曲线。

5. 根据 I_P-U_{G2K} 曲线，利用逐差法求出氩原子的第一激发电势 U_1。

U_{G2K}/V					...
I_P/10^{-8}A					...

【注意事项】

1. 不同的实验条件有不同的 U_{G2K} 击穿值。若击穿发生，则应立即调低 U_{G2K}，以免 F-H 管受损。

2. 灯丝电压不宜放得过大，宜在 2～3V。

【思考题】

1. 第一峰位的位置为何与第一激发电位有偏差？

2. 夫兰克－赫兹管为何要设计反向锯齿电压？

实验三十四 电阻应变传感器

电阻应变传感器是以电阻应变片为电阻转换元件的传感器，它能将物体的机械应力变化转换为电阻变化。电阻应变传感器与相应的测量电路组成的测力、测压、称重、测位移、加速度、扭矩、温度等测试系统，目前已成为冶金、电力、交通、石化、商贸、生物医学及国防等行业进行自动称重、工程检测，以及实现自动化不可缺少的工具。

这里仅对电阻应变传感器之一——悬臂梁式重量传感器做简要讨论。

【实验目的】

1. 学习由应变片组成差动全桥式电路的测量和调节方法。
2. 由悬臂梁式重量传感器测定其重量与毫伏信号转换的定标曲线。
3. 确定悬臂梁式重量传感器的灵敏度 K。
4. 测定待测物的重量值。

【实验原理】

由于导体的电阻与材料的电阻率及其几何尺寸（长度和截面）有关，导体在承受机械变形（伸长或缩短）的过程中，这三者都要发生变化，因而引起导体电阻发生变化。金属导体的电阻随着它机械形变的大小而发生变化的现象称为金属的电阻应变效应。

设有一根长为 l、截面面积为 S、电阻率为 ρ 的金属丝，其电阻 R 为

$$R = \rho \frac{l}{S} \tag{3.34-1}$$

设金属丝在力 F 作用下，其长度 l 变化 dl、截面面积 S 变化 dS、电阻率 ρ 变化 $d\rho$，因而将引起电阻 R 变化 dR。则可以推出金属丝电阻相对变化与金属丝的伸长或缩短之间的关系式为

$$\frac{dR}{R} = k\varepsilon \tag{3.34-2}$$

式（3.34-2）中，$\varepsilon = dl/l$ 为金属丝轴向相对变化，即线应变量；k 称为金属丝应变片的灵敏度，其物理意义为：单位应变引起金属丝电阻的相对变化，它与材料的性质和尺寸的形变有关。

由于半导体材料具有灵敏度高、阻值范围宽等优点，因此，目前电阻应变传感器大多采用半导体应变片。

悬臂梁式重量传感器由应变电桥和悬臂梁弹性元件组成，利用弹性悬臂梁作为敏感元件，把重量转换为应变量，使粘贴在悬臂梁上的应变片发生应变后，将应变转换成电阻值的变化。通过桥路输出与物体重量成正比的毫伏信号来实现对物体重量的测定。

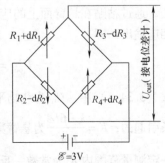

图 3.34-1 应变片全桥差动式桥路

1. 应变片的测量桥路

我们在电桥的四个桥臂均接上应变片，就成为全桥差动式应变片桥路，这种桥路可以增加输出的灵敏度和补偿环境温度对测量的影响，其接法如图 3.34-1 所示。

由图 3.34-1 可知，将两个应变符号相同的应变片接在电桥的相对臂上，符号不同的应变片接在相邻臂上。其中，R_1、R_2、R_3、R_4 为应变片的阻值。当拉伸应变片时，电阻的变量 dR 为正；当压缩应变片时，电阻的变量 dR 为负。

若无应变时，$R_1 = R_2 = R_3 = R_4$，称为等臂电桥。当应变片发生应变时，R_1、R_4 为增加应变，R_2、R_3 为减少应变，则电桥不平衡，通过桥路的输出电压为

$$U_{out} = \frac{\mathscr{E}}{4}\left(\frac{dR_1}{R} - \frac{dR_2}{R} - \frac{dR_3}{R} + \frac{dR_4}{R}\right)$$

$$= \frac{\mathscr{E}k}{4}(\varepsilon_1 - \varepsilon_2 - \varepsilon_3 + \varepsilon_4) \tag{3.34-3}$$

式中，$\mathscr{E}$ 为电桥的电源电压。

当应变量满足 $\varepsilon_1 = \varepsilon_4$，$\varepsilon_2 = \varepsilon_3 = -\varepsilon_1$ 时，应变电桥的输出电压为

$$U_{out} = k\varepsilon_1 \mathscr{E} \tag{3.34-4}$$

由式（3.34-4）说明，输出的毫伏信号与应变量 ε_1 成正比。

假若四个应变片特性相同，当应变片没有发生应变时，测量电桥平衡，桥路输出电压 $U_{out} = 0$。但实际上各桥臂电阻不可能完全相等，致使电桥在一开始就不能满足平衡条件，因此一开始就有一个非零输出值。

2. 悬臂梁式弹性元件

悬臂梁结构如图 3.34-2 所示。应变片对称地粘贴在悬臂梁的两面，因而悬臂梁式弹性元件除了对拉力和压力敏感外，对其他方向的作用并不敏感。

例如，悬臂梁受重力 G 弯曲时，使 1、4 应变片应变增加，则对称的 2、3 应变片应变就减少，由弹性力学计算可知，各应变量为

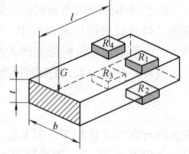

图 3.34-2　悬臂梁结构图

$$\varepsilon_1 = \varepsilon_4 = \frac{6l}{Ebt^2}G$$

$$\varepsilon_2 = \varepsilon_3 = \frac{-6l}{Ebt^2}G \tag{3.34-5}$$

式（3.34-5）中，l 为重力作用点到应变片的距离；E 为悬臂梁材料的弹性模量；t 为悬臂梁厚度；b 为悬臂梁的宽度。由式（3.34-5）可知，当悬臂梁端处荷重时，引起悬臂梁应变，通过粘贴在悬臂面上的应变片将应变转换为相应电阻变化，最终导致测量桥路的电压做相应输出，即

$$U_{out} = k\frac{6lG}{Ebt^2}\mathscr{E} + U_0 = \frac{k \cdot 6l\mathscr{E}}{Ebt^2}G + U_0 = KG + U_0 \tag{3.34-6}$$

式（3.34-6）中，U_0 为载物平台无负重时的电压输出值，是由于应变片形变后不能恢复原长引起的；$K = \dfrac{k \cdot 6l\mathscr{E}}{Ebt^2}$ 为悬臂梁式重量传感器的灵敏度（注意区别于应变片的灵敏度），在一定测量范围内 K 为常数，反映电桥输出毫伏信号与物体重量成正比，因此

$$K = \frac{\Delta U_{\text{out}}}{\Delta G} \tag{3.34-7}$$

【实验仪器】

悬臂梁式重量传感器、高精度直流稳压电源、UJ31 型直流电位差计、光点检流计、3V 电池组、标准电池、砝码若干。

【实验内容】

1. 将 UJ31 型直流电位差计连接好光点检流计、标准电池、稳压电源，把高精度稳压电源电压调至 6V（电流 10mA 档），校正好 UJ31 型电位差计（参看本实验附录）的工作电流。

2. 按图 3.34-3 接线。悬臂梁式传感器的输入端①、③分别接 3V 直流电源的"＋""－"端，传感器输出端④、⑤分别接 UJ31 型直流电位差计的测量端。

3. 当悬臂梁传感器载物平台无负重时，读出此时输出的毫伏电压值 U_0。

4. 每次在传感器载物平台上加砝码 500g，测得传感器输出毫伏电压值 U_{UP}，直到砝码增加到 3500g，记下相应 7 次 $G\text{-}U_{\text{UP}}$ 值。

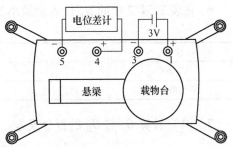

图 3.34-3　传感器接线

5. 减少砝码，每次减重 500g，测得相应 7 次减重的 $G\text{-}U_{\text{DN}}$ 值。

6. 测量一待测重物，在载物平台不同位置测该重物 3 次，读出相应的毫伏电压值 U_x。

7. 用电子秤称出待测重物的重量作为标准值 G_B。

8. 注意事项

（1）在使用 UJ31 型直流电位差计时，应经常校正工作电流。

（2）光电检流计不可放在"直接"档接入。

【数据记录与处理】

1. 将增、减重的数据填入表 3.34-1 中。

表　3.34-1

次数	重量 G/g	增重输出电压 U_{UP}/mV	减重输出电压 U_{DN}/mV	增、减重输出电压平均值 $\overline{U}/\text{mV}$
1	0			
2	500			
3	1000			
4	1500			
5	2000			
6	2500			
7	3000			
8	3500			

2. 取表 3.34-1 中数值，以 G 为横坐标、$\overline{U}$ 为纵坐标，绘出悬臂梁式重量传感器的定标曲线，并由定标曲线计算出传感器的灵敏度 K 及 U_0，即

$$K = \frac{\Delta \overline{U}}{\Delta G}$$

写出传感器负重 G 与输出电压 U 的对应关系式 $U = KG + U_0$。

3. 再将表 3.34-1 中的数据用最小二乘法进行处理，计算传感器灵敏度 K' 及 U_0，写出传感器负重 G 与输出电压 U 的对应关系式，并说明最小二乘法与作图法的区别。

4. 将待测重物所对应的桥路输出电压记入表 3.34-2。

5. 将表 3.34-2 中的 U_x 代入由作图法得到的 $G\text{-}U$ 关系式计算出重量 G_x。

6. 将表 3.34-2 中的 U_x 代入由最小二乘法得到的 $G\text{-}U$ 关系式计算出重量 G'_x。

表 3.34-2

次数	1	2	3
U_x/mV			
平均值/mV			

7. （1）计算 G_x 与 G_B 的百分误差：

$$\delta = \frac{|G_x - G_B|}{G_B} \times 100\%$$

（2）计算 G'_x 与 G_B 的百分误差：

$$\delta = \frac{|G'_x - G_B|}{G_B} \times 100\%$$

【注意事项】

1. 仔细阅读本实验附录"电位差计"。
2. 本实验中电源较多，注意区分，切勿接错。
3. 光点检流计灵敏度极高，切勿大电流直接接入，注意选择适当的限流档位。

【思考题】

1. 当悬臂梁式传感器无负重时，桥路输出是否为零？
2. 试举例说明电阻应变传感器的实际应用。

【附录】

电 位 差 计

电位差计是测电动势和电位差的主要电学仪器之一，它也可以用于测量电流、电阻、磁感应强度，以及用来校正电表等。它不但可以测量电学量，还可以与其他仪器配合（如通过换能器）把一些非电学量（压力、位移、速度、温度、流量、照度等）转化为电学量进行测量，以求得相应的非电学量。

电位差计的测量精确度较高、使用方便，是常用的电学仪器，它的工作原理和使用方法如下。

一、电位差计原理——补偿法、比较法

在附图 3.34-1 中，E_X 是被测电动势，E_N 是可以调节电动势的电源。如果调整 E_N 值，使回路中检流计指示零值（表示电路中电流为零），则 E_N 与 E_X 的电动势方向相反、大小相同，即数值上有

$$E_X = E_N$$

(3.34-8)

这时称电路达到电压补偿，这种方法叫作补偿法，用电压补偿原理构成的测量电动势的仪器称为电位差计。

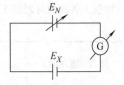

附图 3.34-1　电压补偿

由附图 3.34-2 可见，线路共有三个回路，下半部分（即 $E—R—R_N—R_P—E$）为辅助回路。调节 R_P 可改变回路中的工作电流 I 的值。上半部分有左、右两个补偿回路，右边为标准电流补偿回路，左边为待测电动势补偿回路。

1. 标准电池 E_N

E_N 能保持稳定的电动势，但其量值随所处温度略有变化。在 $t(℃)$ 时，电动势可由下式算出：

$$E_N \approx E_{20} - [4 \times 10^{-5}(t-20) + 10^{-6}(t-20)^2](V) \tag{3.34-9}$$

在 20℃时，标准电池电动势 $E_{20} = 1.0186V$。

把电位器 R_N 调到与 E_N 相应的电阻值 R_{CD}。若通过 R_{CD} 的电流为 I，并使 I 满足条件

$$E_N = IR_{CD} \tag{3.34-10}$$

则在补偿回路（$E_N—S—G—R_{CD}—E_N$）中达到电压补偿。

2. 工作电流标准化

为使工作电流 I 满足式（3.34-10），在辅助回路中调节变阻器 R_P，即可调节工作电流 I。当转换开关 S 合在位置"1"上时，调节 R_P，使检流计 G 指示零值，表示标准电池补偿回路达到补偿，满足式（3.34-10）的关系，得 $I = E_N/R_{CD}$，这时达到工作电流标准化。

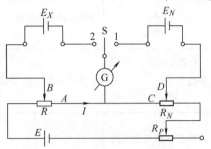

附图 3.34-2　电位差计原理图

3. 未知电动势补偿

当转换开关 S 合在位置"2"上时，因辅助回路中的工作电流为 I，要使补偿回路（$E_X—R_{AB}—G—S—E_X$）达到补偿状态，可通过调节电位器 R 中 R_{AB} 值；再次使检流计 G 指示零值，回路达到补偿。这时，$E_X = IR_{AB}$，即

$$E_X = \frac{R_{AB}}{R_{CD}}E_N$$

若 E_N、R_{CD} 值为已知，那么 R_{AB} 的阻值与其电压相对应，可以用它来表示 E_X 的大小。电位差计就是用 R_{AB} 上的电压降与待测电动势相补偿，并和标准电动势进行比较来测出 E_X 的，故又称为比较法。

只要标准电池和精密电阻器都很精确，检流计的灵敏度较高且电流电压稳定，则电位差计的精确度是相当高的。

二、UJ31 型电位差计的使用方法

1. 面板（参见附图 3.34-3）上各旋钮的作用

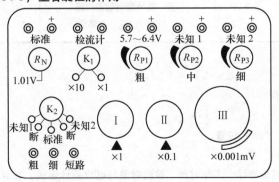

附图 3.34-3　UJ31 型电位差计面板图

面板上各旋钮与附图 3.34-2 所示电路中各元件相对应的关系及它们的作用见附表 3.34-1。

附表　3.34-1

调节理由	调节要求	应调节的旋钮及其作用	旋钮与附图 3.34-2 中对应的元件
因标准电池电动势随温度略有变化，为使 E_N 回路在标准工作电流时得到补偿	为使标准电池补偿回路得到补偿	按式（3.34-9）算出标准电池在温度 t 时的电动势 E_N，调节 R_N 旋钮，使 R_N 示值（以电动势表示）与 E_N 相对应	调节 R_N 中的 R_{CD}
使辅助回路中的电流满足 $$I = \frac{E_N}{R_{CD}}$$	工作电流标准化 E_N 补偿回路达到补偿	调节 R_{P1}（粗）、R_{P2}（中）、R_{P3}（细）可使工作电流 I 达到标准化	调节 R_P 值
待测电动势 E_X 回路补偿 $$E_X = IR_{AB}$$	待测电动势 E_X 补偿	调节测量读数盘 Ⅰ、Ⅱ、Ⅲ，被测电动势补偿，其示值即为 E_X 的量值	调节 R 中的 R_{AB} 值
检查标准电池回路或测量回路是否达到补偿状态	检测器指示零值	K_2 下方有三个按钮开关，调节时先按"粗"钮，使 G 指零，再按"细"钮，使 G 指零，此时达到调节要求	使 G 指示零值
改变测量倍率	改变测量量程	量程开关 K_1 处"×1"时，测量值为读数盘示值×1；处"×10"时，测量值为读数盘示值×10	改变 R 值
改变测量状态	—	测量转换开关 K_2 处："标准"位置，接通标准电池回路"未知1"或"未知2"位置，接待测电动势回路"断"位置，电路断	—

2. 使用方法

（1）测量前的准备工作。

①仪表连接。

测量转换开关 K_2 处于"断"位置。

使量程开关 K_1 处"×1"档。

分别将标准电池、光点检流计、工作电源、被测对象与电位差计连接。在五对接线柱中，除接检流计的一对外，其余四对都要注意极性。

②标准电池回路补偿。

由式（3.34-9）算出标准电池在室温时的电动势 E_N，调节 R_N 示值与其相等。

③工作电流标准化。

使测量转换开关 K_2 处"标准"位置。

改变 R_{P1}、R_{P2}、R_{P3}，直到按"粗"钮时，G 指示零值。

再改变 R_{P1}、R_{P2}、R_{P3}，直到按"细"钮，G 指示零值时，工作电流达到了标准化。

上述步骤完成后，电位差计即已处于工作状态，可以进行测量了。

（2）测量。

①使测量转换开关 K_2 处于"未知1"（或"未知2"）位置。

②改变读数盘 Ⅰ、Ⅱ、Ⅲ，直到按"粗"钮时，G 指示零值。

③改变读数盘 Ⅰ、Ⅱ、Ⅲ，直到按"细"钮，G 指示零值时，读出 Ⅰ、Ⅱ、Ⅲ的示值，乘上倍率即得待测电动势 E_X 的量值。

测量过程中，应经常检查工作电流标准化。

实验三十五　集成电路温度传感器的特性测量及应用

随着集成电路制造工业的发展，各种新型的集成电路温度传感器器件不断涌现，其品种繁多，应用广泛。这类集成电路测温器件有以下几个优点：①温度变化引起输出量的变化呈现良好的线性关系；②不像热电偶那样需要参考点；③抗干扰能力强；④互换性好，使用简单方便。因此，这类传感器已在科学研究、工业和家用电器温度传感器等方面被广泛地应用于温度的精确测量和控制。本实验仅对电流型集成电路温度传感器的基本特性及应用做一简要讨论。

【实验目的】

1. 了解电流型集成电路温度传感器的基本特性。
2. 学习测量并掌握电流型集成电路温度传感器的输出电流与温度的关系。
3. 采用非平衡电桥法，组装一台 $0 \sim 50℃$ 数字式摄氏温度计。

【实验原理】

AD590 集成电路温度传感器是由多个参数相同的晶体管和电阻组成的。当该器件的两端加有某一定直流工作电压时（一般工作电压可在 $4.5 \sim 20V$ 范围内），它的输出电流与温度满足如下关系：

$$I = kt + I_0$$

式中，I 为其输出电流，单位 μA；t 为摄氏温度；k 为斜率（一般 AD590 的 $k = 1\mu A/℃$，即如果该温度传感器的温度每升高或降低 $1℃$，那么传感器的输出电流就会相应增加或减少 $1\mu A$），I_0 为摄氏零度时的电流值，其值恰好与冰点的热力学温度 $273K$ 相对应。（对市售一般 AD590 温度传感器，其 I_0 值从 $273\mu A$ 到 $278\mu A$ 略有差异。）利用 AD590 集成电路温度传感器的上述特性，可以制成各种用途的温度计。采用非平衡电桥线路，可以制作一台数字式摄氏温度计，即 AD590 温度传感器在 $0℃$ 时，数字电压表显示值为"0"；而当 AD590 温度传感器处于 t（℃）时，数字电压表显示为"t"值。

【实验仪器】

1. AD590 电流型集成温度传感器。AD590 为两端式集成电路温度传感器，它的管脚引出端有两个，如图 3.35-1 所示，序号 1 接电源正端 $U+$（红色引线）；序号 2 接电源负端 $U-$（黑色引线）；至于序号 3 则连接外壳，它可以接地，有时也可以不用。AD590 工作电压 $4 \sim 30V$，通常工作电压 $6 \sim 15V$，但不能小于 4V，小于 4V 将出现非线性状况。

2. FD—WTC—D 型恒温控制温度传感器实验仪、数字万用表、旋转式电阻箱、水银温度计、九孔接线板等。

【实验内容】

1. AD590 传感器温度特性测量

按图 3.35-2 接线（AD590 的正负极不能接错）。测量 AD590 集成电路温度传感器的电流 I 与温度 t 的关系，取样电阻 R 的阻值为 1000Ω，从室温开始至 $50℃$，每隔 $2℃$ 测一个点。

其中，①使用前将电位器调节旋钮逆时针方向旋到底，把接有 DS18B20 传感器接线端的插头插在仪器后面的插座上，

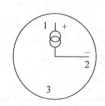

图 3.35-1　AD590 管脚接图

DS18B20 测温端放入注有少量硅油的玻璃管内（直径 16mm）；在 2000ml 大烧杯内注入 1600ml 的纯净水，放入搅拌器和加热器后盖上铝盖并固定。②接通电源后待温度显示值出现 "$B = = . =$" 时可按 "升温" 键，设定所需的温度，再按 "确定" 键，加热指示灯发光，表示加热开始工作，同时显示 "$A = = . =$" 为当时水槽的初始温度，再按 "确定" 键显示 "$B = = . =$" 表示原设定值，重复确定键可轮换显示 A、B 值；A 为水温值，B 为设定值，另有 "恢复" 键可以重新开始。

实验时应注意 AD590 温度传感器为两端铜线引出，为防止极间短路，两铜线不可直接放在水中，应用一端封闭的薄玻璃管套保护，其中注入少量硅油，使之具有良好的热传递效果。

2. 制作量程为 0～50℃ 范围的数字式摄氏温度计

把温度传感器、电阻箱、直流稳压电源、数字电压表和固定电阻按图 3.35-3 接好。

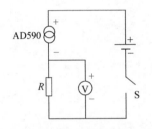 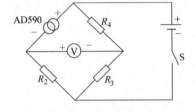

　　图 3.35-2　AD590 温度特性测量　　　　　图 3.35-3　数字式摄氏温度计

将温度传感器放入冰点槽中，R_2 和 R_3 均为 1000Ω 固定电阻，调节旋转式电阻箱 R_4 使数字电压表示数为零。然后把温度传感器放入其他温度（如室温）的水中，用标准水银温度计进行读数对比。（冰点槽中冰水混合物为湿冰霜状态才能真正达到 0℃ 温度。）

【数据记录及处理】

1. 测量 AD590 传感器输出电流 I 和温度 t 之间的关系。数据记录参考表 3.35-1。

表 3.35-1　AD590 传感器温度特性测量

$t / ℃$								
U_R / V								
$I_t / \mu A$								

将数据在毫米坐标纸上作图，计算斜率 k、截距 I_0，写出 $I - t$ 的关系式。并用最小二乘法拟合（可使用计算器或 Origin 软件等完成），求斜率 k、截距 I_0 和相关系数 γ。写出 $I - t$ 关系的经验公式。

2. 制作量程为 0～50℃ 范围的数字式摄氏温度计。

数字电压示数为零时，记录旋转式电阻箱 R_4 的阻值。并记录数字温度计与标准水银温度计同时放入室温水中的温度，计算百分误差。数据记录参考表 3.35-2。

表 3.35-2　数据记录表

R_4 / Ω	$t_{水银} / ℃$	$t_{数字} / ℃$	百分误差

【注意事项】

1. AD590 集成温度传感器的正、负极不能接错，红线表示接电源正极。

2. AD590 集成温度传感器不能直接放入水中或冰水混合物中测量温度，若测量水温或冰水混合物温度，须先插入到加有少量硅油的玻璃细管内，再插入待测温物中测温。

3. 搅拌器转速不宜太快，若转速太快或磁性转子不在中心，有可能会使转子离开旋转磁场位置而停止工作，这时须将调节电动机转速电位器逆时针调至最小，让磁性转子回到磁场中，再旋转。

4. 倒去烧杯中的水时，注意应先取出磁性转子保管好，以避免遗失。

【思考题】

1. 电流型集成电路温度传感器有哪些特性？它与半导体热敏电阻、热电偶相比有哪些优点？

2. 如何用 AD590 集成电路温度传感器制作一个热力学温度计，请画出电路图，并说明调节方法。

实验三十六　磁电阻传感器实验

磁场的测量可以通过电磁感应、霍尔效应、磁电阻效应等方法实现。所谓磁电阻效应，即物质在磁场中电阻率发生变化的现象，磁电阻传感器利用磁电阻效应制成。而其中各向异性磁电阻传感器是一种能够测量磁场大小和方向的传感器，它具有体积小、功耗低、灵敏度高、抗干扰能力强、可靠性高、易于安装等优点，在测量弱磁场，以及基于弱磁场的地磁导航、数字智能罗盘、位置测量、伪钞鉴别等方面显示出巨大的优越性，还能用来制作高精度的转速传感器、压力传感器、角位移传感器等，具有广阔的应用前景。目前国外已大批量生产此类型的集成磁电阻传感器，并在工业、航天、航海、医疗仪器等多种仪器仪表领域有着广泛应用。

本实验采用 HMC 型各向异性磁电阻传感器，它能够测量低至 $85\,\mu Gs$（$1Gs = 10^{-4}\,T$）的磁场，适合于弱磁场的测量。本实验主要研究其结构和特性并利用它对磁场进行测量。

【实验目的】

1. 了解各向异性磁电阻传感器测量磁场的基本原理。
2. 学会用各向异性磁电阻传感器测定亥姆霍兹线圈磁场的方法。
3. 验证场的叠加原理。

【实验原理】

磁电阻效应有基于霍尔效应的普通磁电阻效应和各向异性磁电阻效应之分。对于强磁性金属（铁、钴、镍及其合金），当外加磁场平行于磁体内部磁化方向时，电阻几乎不随外加磁场而变；当外加磁场偏离金属的内磁化方向时，金属的电阻减小，这就是各向异性磁电阻效应（见图 3.36-1）。

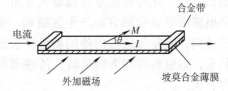

图 3.36-1　各向异性磁电阻效应

本实验所使用的各向异性磁电阻传感器由沉积在硅片上的坡莫合金（$Ni_{80}Fe_{20}$）薄膜形成电阻。沉积时外加磁场，形成易磁化轴方向。坡莫合金薄膜的电阻和电流与磁化方向的夹角有关，电流与磁化方向平行时，电阻最大；电流与磁化方向垂直时，电阻最小。坡莫合金薄膜的电阻率依赖于磁化强度 M 和电流 I 方向之间的夹角 θ，即

$$\rho(\theta) = \rho_\perp + (\rho_{/\!/} - \rho_\perp)\cos^2\theta \qquad (3.36\text{-}1)$$

式中，$\rho_{/\!/}$ 和 $\rho_\perp$ 分别是电流 I 平行于 M 和垂直于 M 时的电阻率。

在 HMC 型磁电阻传感器中，为了消除温度等外界因素对输出的影响，由 4 个相同的坡莫合金薄膜构成惠斯通电桥，结构如图 3.36-2 所示。当外加磁场时，因坡莫合金具有各向异性磁电阻效应，电桥电阻的阻值发生变化，导致传感器输出电压的变化。在图 3.36-2 中，易磁化轴方向与电流方向的夹角为 45°。理论分析与实践表明，采用 45°偏置磁场，当沿与易磁化轴垂直的方向施加外磁场，且外磁场强度不太大时，电桥输出与外加磁场强度呈线性关系。

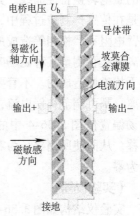

图 3.36-2　磁电阻电桥

无外加磁场或外加磁场方向与易磁化轴方向平行时,磁化方向即易磁化轴方向,电桥的4个桥臂电阻阻值相同,输出为零。当在磁敏感方向施加如图3.36-2所示方向的磁场时,合成磁化方向将在易磁化方向的基础上沿逆时针旋转。结果使左上和右下桥臂电流与磁化方向的夹角 θ 增大,电阻减小 ΔR;右上与左下桥臂电流与磁化方向的夹角 θ 减小,电阻增大 ΔR。靠电阻阻值的变化将外加磁感应强度转换成差动输出的电压,该输出电压可用下式表示:

$$U_{\text{out}} = \frac{\Delta R}{R} U_{\text{b}} \qquad\qquad (3.36\text{-}2)$$

式中,U_{b} 为电桥工作电压;R 为桥臂电阻;$\Delta R/R$ 为磁电阻阻值的相对变化率,与外加磁场强度成正比;故 HMC 型磁电阻传感器输出电压与磁场强度成正比,可利用磁电阻传感器测量磁场。

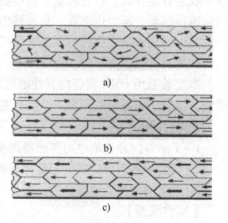

商品磁电阻传感器已制成集成电路,除了如图3.36-2所示的电源输入端和信号输出端外,还有复位/反向置位端和补偿端两对功能性输入端口,以确保磁电阻传感器的正常工作。

置位/反向置位的机理可参见图3.36-3。将 HMC 型磁电阻传感器置于超过其线性工作范围的磁场中时,磁干扰可能导致磁畴排列紊乱,改变传感器的输出特性。此时可在复位端输入脉冲电流,通过内部电路沿易磁化轴方向产生强磁场,使磁畴重新整齐排列,恢复传感器的使用特性。若脉冲电流方向相反,则磁畴排列方向反转,传感器的输出极性也将相反。

图 3.36-3　置位/反向置位脉冲的作用

a) 磁干扰使磁畴排列紊乱　b) 复位脉冲使磁畴沿易磁化轴整齐排列 c) 反向置位脉冲使磁畴排列方向反转

从补偿端每输入 5 mA 补偿电流,通过内部电路将在磁敏感方向产生 1 Gs 的磁场,可用来补偿传感器的偏离。

图 3.36-4 为 HMC 型磁电阻传感器的磁电转换特性曲线。其中电桥偏离是在传感器制造过程中,由于4个桥臂电阻不严格相等造成的;外磁场偏离则是在测量某种磁场时,由于外界干扰磁场造成的。不管要补偿哪种偏离,都可调节补偿电流,用人为的磁场偏置使图3.36-4中的特性曲线平移,从而使所测磁场为零时输出电压为零。

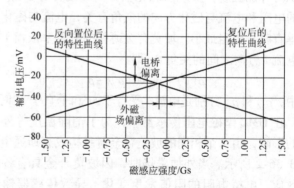

图 3.36-4　传感器的磁电转换特性

【实验仪器】

实验仪结构如图3.36-5所示,核心部分是 HMC 型磁电阻传感器,辅以角度、位置调节及读数机构、亥姆霍兹线圈等组成。

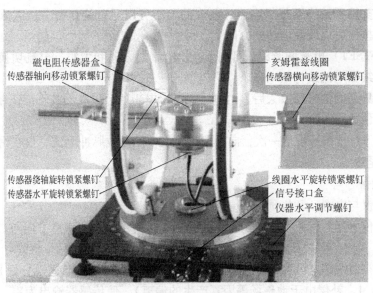

图 3.36-5 磁场实验仪

本仪器所用磁电阻传感器的工作范围为 ±6Gs，灵敏度为 1mV/V/Gs。灵敏度表示当磁电阻电桥的工作电压为 1V，被测磁场磁感应强度为 1Gs 时，输出信号为 1mV。

磁电阻传感器的输出信号通常须经放大电路放大后，再接显示电路，故由显示电压计算磁感应强度时还需考虑放大器的放大倍数。本实验仪电桥工作电压 5V，放大器放大倍数 50，当磁感应强度为 1Gs 时，对应的输出电压为 0.25V。

亥姆霍兹线圈的特点是能在公共轴线中点附近产生较广泛的均匀磁场，根据毕奥－萨伐尔定律，可以计算出其公共轴线中点的磁感应强度为

$$B_0 = \frac{8}{5^{3/2}} \cdot \frac{\mu_0 NI}{R} \tag{3.36-3}$$

式中，N 为线圈匝数；I 为流经线圈的电流；R 为亥姆霍兹线圈的平均半径；$\mu_0 = 4\pi \times 10^{-7}$ H/m，为真空中的磁导率。采用国际单位制时，由式（3.36-3）计算出的磁感应强度单位为特斯拉，符号为 T。本实验仪中当 $N = 310$、$R = 0.14$m、线圈电流为 1mA 时，亥姆霍兹线圈中点的磁感应强度为 0.02Gs。

电源如图 3.36-6 所示。

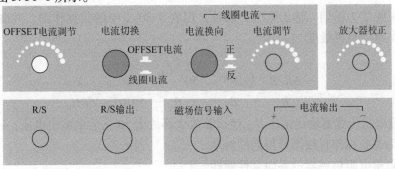

图 3.36-6 仪器前面板示意图

恒流源为亥姆霍兹线圈提供电流，电流的大小可以通过旋钮调节，电流值由电流表指示。电流换向按钮可以改变电流的方向。

补偿（OFFSET）电流调节旋钮可调节补偿电流的方向和大小。电流切换按钮使电流表显示亥姆霍兹线圈电流或补偿电流。

传感器采集到的信号经放大后，由电压表指示电压值。放大器校正旋钮在标准磁场中校准放大器放大倍数。

复位（R/S）按钮每按下一次，向复位端输入一次复位脉冲电流，仅在需要时使用。

【实验内容】

1. 测量准备

连接实验仪与电源，开机预热20min。

将磁电阻传感器位置调节至亥姆霍兹线圈中心，使传感器磁敏感方向与亥姆霍兹线圈轴线一致。

调节亥姆霍兹线圈电流为零，按复位键（见图3.36-3，恢复传感器特性），调节补偿电流（见图3.36-4，补偿由于地磁场等因素产生的偏离），使传感器输出为零。调节亥姆霍兹线圈电流至300mA（线圈产生的磁感应强度为6Gs），调节放大器校准旋钮，使输出电压为1.500V。

2. 磁电阻传感器特性测量

（1）测量磁电阻传感器的磁电转换特性

磁电转换特性是磁电阻传感器最基本的特性。磁电转换特性曲线的直线部分对应的磁感应强度，即磁电阻传感器的工作范围，直线部分的斜率除以电桥电压与放大器放大倍数的乘积，即为磁电阻传感器的灵敏度。

按表3.36-1数据，从300mA逐步调小亥姆霍兹线圈电流，记录相应的输出电压值。切换电流换向开关（亥姆霍兹线圈电流反向，磁场及输出电压也将反向），逐步调大反向电流，记录反向输出电压值。（注意：电流换向后，必须按复位按钮消磁。）

表3.36-1　HMC型各向异性磁电阻传感器磁电转换特性的测量

线圈电流/mA	300	250	200	150	100	50	0	−50	−100	−150	−200	−250	−300
磁感应强度/Gs	6	5	4	3	2	1	0	−1	−2	−3	−4	−5	−6
输出电压/V													

以磁感应强度为横轴、输出电压为纵轴，用表3.36-1中的数据作图，并确定所用传感器的线性工作范围及灵敏度。

$$K_S = \frac{\Delta R/R}{B} = \frac{U_{out}/U_b}{B} = \frac{\frac{U}{50}/U_b}{B} = \frac{U}{50BU_b} = \frac{k}{50U_b}$$

式中，U是磁电阻传感器输出电压U_{out}经运算放大器放大50倍后的输出电压；k是以B为横坐标、以U为纵坐标作直线图所得到的斜率。

（2）测量磁电阻传感器的各向异性特性

HMC型各向异性磁电阻传感器只对磁敏感方向上的磁场敏感，当所测磁场与磁敏感方

向有一定夹角 α 时，传感器测量的是所测磁场在磁敏感方向的投影。由于补偿调节是在确定的磁敏感方向进行的，因此实验过程中应注意在改变所测磁场方向时，保持传感器方向不变。

将亥姆霍兹线圈电流调节至 200mA，测量所测磁场方向与磁敏感方向一致时的输出电压。

松开线圈水平旋转锁紧螺钉，每次将亥姆霍兹线圈与传感器盒整体转动 10° 后锁紧，松开传感器水平旋转锁紧螺钉，将传感器盒向相反方向转动 10°（保持传感器方向不变）后锁紧，记录输出电压数据于表 3.36-2 中。

表 3.36-2 各向异性磁电阻传感器方向特性的测量

夹角 α/(°)	0	10	20	30	40	50	60	70	80	90
输出电压/V										
$\cos\alpha$										

注：磁感应强度为 4Gs。

以夹角 α 为横轴、分别以输出电压和 $\cos\alpha$ 为纵轴，用表 3.36-2 中的数据作图，检验所作曲线是否符合余弦规律。

3. 亥姆霍兹线圈的磁场分布测量

亥姆霍兹线圈能在公共轴线中点附近产生较宽范围的均匀磁场，因而在科研及生产中得到广泛的应用。

（1）亥姆霍兹线圈轴线上的磁场分布测量

根据毕奥－萨伐尔定律，可以计算出通电圆形线圈在轴线上任意一点产生的磁感应强度矢量垂直于线圈平面，方向由右手螺旋法则确定，与线圈平面距离为 x_1 的点的磁感应强度为

$$B_{x_1} = \frac{\mu_0 NR^2 I}{2(R^2 + x_1^2)^{3/2}}$$

亥姆霍兹线圈是由一对彼此平行的共轴圆形线圈组成。两线圈内的电流方向一致，大小相同，线圈匝数为 N，线圈之间的距离 d 正好等于圆形线圈的半径 R，若以两线圈中点为坐标原点，则轴线上任意一点的磁感应强度是两线圈在该点产生的磁感应强度之和：

$$B_x = \frac{\mu_0 NR^2 I}{2\left[R^2 + \left(\dfrac{R}{2} + x\right)^2\right]^{3/2}} + \frac{\mu_0 NR^2 I}{2\left[R^2 + \left(\dfrac{R}{2} - x\right)^2\right]^{3/2}}$$

$$= B_0 \frac{5^{3/2}}{16}\left\{\frac{1}{\left[1 + \left(\dfrac{1}{2} + \dfrac{x}{R}\right)^2\right]^{3/2}} + \frac{1}{\left[1 + \left(\dfrac{1}{2} - \dfrac{x}{R}\right)^2\right]^{3/2}}\right\}$$

式中，B_0 是 $x = 0$ 时，即亥姆霍兹线圈公共轴线中点的磁感应强度。表 3.36-3 中列出了 x 取不同值时 B_x/B_0 值的理论计算结果。

调节传感器磁敏感方向与亥姆霍兹线圈轴线一致，并使位置调节至亥姆霍兹线圈中心（$x = 0$），测量输出电压值。

已知 $R = 140\ mm$，将传感器盒每次沿轴线平移 $0.1R$，记录测量数据 U_x。

表 3.36-3　亥姆霍兹线圈轴向磁场分布测量

位置 x/mm	$-0.5R$	$-0.4R$	$-0.3R$	$-0.2R$	$-0.1R$	0	0.1R	0.2R	0.3R	0.4R	0.5R
B_x/B_0 计算值	0.946	0.975	0.992	0.998	1.000	1	1.000	0.998	0.992	0.975	0.946
U_x/V											
B_x/Gs											
百分误差											

注：$B_0 = 4Gs$。

以表 3.36-3 中的位置 x 为横坐标、磁感应强度 B_x 为纵坐标作图，确定该线圈轴向磁场的匀强范围。

（2）亥姆霍兹线圈空间磁场分布测量

由毕奥－萨伐尔定律，同样可以计算亥姆霍兹线圈中空间任意一点的磁场分布，由于亥姆霍兹线圈的轴对称性，只要计算（或测量）过轴线的平面上的二维磁场分布，就可以得到空间任意一点的磁场分布。

理论分析表明，在 $x \leqslant 0.2R$，$y \leqslant 0.2R$ 的范围内，$(B_x - B_0)/B_0$ 小于 1%，B_y/B_x 小于万分之二，故可认为在亥姆霍兹线圈中部较大的区域内，磁场方向沿轴线方向，磁场大小基本不变。

按表 3.36-4 中的数据改变磁电阻传感器的空间位置，记录 x 方向的磁场产生的电压 U_x，测量亥姆霍兹线圈的空间磁场分布。

表 3.36-4　亥姆霍兹线圈空间磁场分布测量

U_x/V		位置 x						
		0	0.05R	0.1R	0.15R	0.2R	0.25R	0.3R
位置 y/mm	0							
	0.05R							
	0.1R							
	0.15R							
	0.2R							
	0.25R							
	0.3R							

注：$B_0 = 4\ Gs$。

由表 3.36-4 中的数据讨论亥姆霍兹线圈的空间磁场分布特点。

【注意事项】

1. 禁止将实验仪处于强磁场中，否则会严重影响实验结果。

2. 为了降低实验仪间磁场的相互干扰，任意两台实验仪之间的距离应大于 3m。

3. 实验前应先调水平实验仪。

4. 在操作所有的手动调节螺钉时应用力适度，以免滑丝。

5. 为保证使用安全，三芯电源须可靠接地。

【思考题】

1. 在测磁电阻传感器的灵敏度时，为什么要分别测一次正向输出电压和反向输出电压？

2. 如果在测量地磁场时，在磁电阻传感器周围较近处，放一枚铁钉，对测量结果将会产生什么影响？

3. 为何各向异性磁电阻传感器遇到较强磁场时，其灵敏度会降低？用什么方法来恢复其原来的灵敏度？

实验三十七　巨磁电阻效应及应用

　　2007 年的诺贝尔物理学奖授予了巨磁电阻（Giant Magnetoresistance，GMR）效应的发现者，法国物理学家艾尔伯·费尔（Albert Fert）和德国物理学家皮特·克鲁伯格（Peter Grünberg）。虽然这是一次好奇心导致的发现，但其随后的应用却是革命性的，它使计算机硬盘的容量从几百兆，几千兆，一跃而提高几百倍，达到几百 G 乃至上千 G。

　　德国尤利希科研中心的物理学家皮特·克鲁伯格一直致力于研究铁磁性金属薄膜表面和界面上的磁有序状态。研究对象是一个三明治结构的薄膜，两层厚度约 10nm 的铁层之间夹有厚度为 1nm 的铬层。但是，很长时间以来制成的三明治薄膜都是多晶体，和很多研究者一样，克鲁伯格并没有特别的发现。直到 1986 年，他采用了分子束外延（Molecular Beam Epitaxy，MBE）方法制备薄膜，样品成分还是铁-铬-铁三层膜，不过已经是结构完整的单晶。他们发现，在铬层厚度为 0.8nm 的铁-铬-铁三明治中，两边的两个铁磁层磁矩从彼此平行（较强磁场下，低电阻状态）转变为反平行（弱磁场下，高电阻状态），两个电阻的差别高达 10%。

　　另一方面，1988 年巴黎第十一大学固体物理实验室物理学家艾尔伯·费尔的小组将铁、铬薄膜交替制成几十个周期的铁-铬超晶格，也称为周期性多层膜。他们发现，当改变磁场强度时，超晶格薄膜的电阻下降近一半，即磁电阻比率达到 50%。他们称这个前所未有的电阻巨大变化现象为巨磁电阻，并用两电流模型解释这种物理现象。显然，周期性多层膜可以被看成是若干个克鲁伯格三明治的重叠，所以德国和法国科学家的两个独立发现实际上是同一个物理现象。

　　诺贝尔奖委员会还指出："巨磁电阻效应的发现打开了一扇通向新技术世界的大门——自旋电子学，这里，将同时利用电子的电荷以及自旋这两个特性。"传统的电子学是以电子的电荷移动为基础的，而电子自旋往往被忽略了。巨磁电阻效应表明，电子自旋对于电流的影响非常强烈，电子的电荷与自旋两者都可能载运信息。自旋电子学的研究和发展，引发了电子技术与信息技术的一场新的革命。目前计算机、音乐播放器等各类数码电子产品中所装备的硬盘磁头，基本上都应用了巨磁电阻效应。利用巨磁电阻效应制成的多种传感器，已被广泛应用于各种测量和控制领域。除在多层膜结构中发现 GMR 效应，并已实现产业化外，在单晶、多晶等多种形态的钙钛矿结构的稀土锰酸盐中，以及一些磁性半导体中，都发现了巨磁电阻效应。

　　本实验介绍多层膜 GMR 效应的原理，并让学生通过实验了解几种 GMR 传感器的结构、特性，以及应用领域。

【实验目的】

　　1. 理解 GMR 效应的原理。

　　2. 测量 GMR 模拟传感器的磁电转换特性曲线。

　　3. 通过实验理解 GMR 的磁阻特性。

　　4. 测量 GMR 开关（数字）传感器的磁电转换特性曲线。

　　5. 学习用 GMR 传感器测量电流。

　　6. 掌握 GMR 梯度传感器测量齿轮的角位移，了解 GMR 转速（速度）传感器的原理。

7. 理解磁记录与读出的原理。

【实验原理】

根据导电的微观机理，电子在导电时并不是沿电场直线前进，而是不断和晶格中的原子产生碰撞（又称散射），每次散射后电子都会改变运动方向，总的运动是电场对电子的定向加速与这种无规散射运动的叠加。称电子在两次散射之间所走过的平均路程为平均自由程，电子散射概率小，则平均自由程长，电阻率低。在电阻定律 $R = \rho l/S$ 中，把电阻率 ρ 视为常数，与材料的几何尺度无关，这是因为通常材料的几何尺度远大于电子的平均自由程（例如，铜中电子的平均自由程约 $34\,nm$），可以忽略边界效应。当材料的几何尺度小到纳米量级，只有几个原子的厚度时（例如，铜原子的直径约为 $0.3\,nm$），电子在边界上的散射概率将会大大增加，可以明显观察到厚度减小，电阻率增加的现象。

电子除携带电荷外，还具有自旋特性，自旋磁矩有平行或反平行于外磁场两种可能取向。早在 1936 年，英国物理学家、诺贝尔奖获得者 N. F. Mott 指出，在过渡金属中，自旋磁矩与材料的磁场方向平行的电子，其所受散射概率远小于自旋磁矩与材料的磁场方向反平行的电子。总电流是两类自旋电流之和，总电阻是两类自旋电流的并联电阻，这就是所谓的两电流模型。

在如图 3.37-1 所示的多层膜结构中，当无外磁场时，上、下两层磁性材料是反平行（反铁磁）耦合的。施加足够强的外磁场后，两层铁磁膜的方向都与外磁场方向一致，外磁场使两层铁磁膜从反平行耦合变成了平行耦合。电流的方向在多数应用中是平行于膜面的。

图 3.37-2 是图 3.37-1 结构的某种 GMR 材料的磁阻特性。由图可见，随着外磁场的逐渐增大，电阻逐渐减小，其间有一段线性区域。当外磁场已使两铁磁膜完全平行耦合后，继续加大磁场，电阻不再减小，而是进入磁饱和区域。磁阻变化率 $\Delta R/R$ 达百分之十几，加反向磁场时磁阻特性是对称的。注意到图 3.37-2 中的曲线有两条，分别对应增大磁场和减小磁场时的磁阻特性，这是因为铁磁材料都具有磁滞特性。

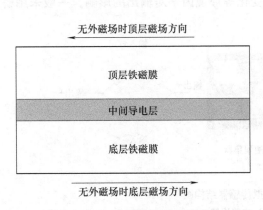
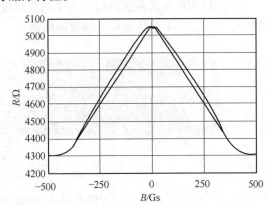

图 3.37-1 多层膜 GMR 结构图   图 3.37-2 某种 GMR 材料的磁阻特性

有两类与自旋相关的散射对巨磁电阻效应有贡献。

其一，界面上的散射。无外磁场时，上、下两层铁磁膜的磁场方向相反，无论电子的初始自旋状态如何，从一层铁磁膜进入另一层铁磁膜时都将面临状态的改变（平行 - 反平行，或反平行 - 平行），电子在界面上的散射概率很大，对应于高电阻状态。有外磁场时，上、下两层铁磁膜的磁场方向一致，电子在界面上的散射概率很小，对应于低电阻状态。

其二，铁磁膜内的散射。即使电流方向平行于膜面，由于无规散射，电子也会以一定的概率在上、下两层铁磁膜之间穿行。无外磁场时，上、下两层铁磁膜的磁场方向相反，无论电子的初始自旋状态如何，在穿行过程中都会经历散射概率小（平行）和散射概率大（反平行）这两种过程，两类自旋电流的并联电阻类似于两个中等阻值的电阻的并联，对应于高电阻状态。有外磁场时，上、下两层铁磁膜的磁场方向一致，自旋平行的电子散射概率小，自旋反平行的电子散射概率大，两类自旋电流的并联电阻类似于一个小电阻与一个大电阻的并联，对应于低电阻状态。

多层膜 GMR 结构简单，工作可靠，磁阻随外磁场线性变化的范围大，在制作模拟传感器方面得到了广泛应用。在数字记录与读出领域，人们为进一步提高灵敏度，发展了自旋阀结构的 GMR。如图 3.37-3 所示。

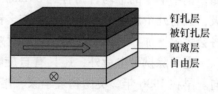

图 3.37-3　自旋阀结构的 GMR 的结构图

自旋阀结构的 GMR（Spin valve GMR，SV-GMR）由钉扎层、被钉扎层、隔离层和自由层构成。其中，钉扎层使用反铁磁材料，被钉扎层使用硬铁磁材料，铁磁和反铁磁材料在交换耦合作用下形成一个偏转场，此偏转场将被钉扎层的磁化方向固定，不随外磁场改变。自由层使用软铁磁材料，它的磁化方向易于随外磁场转动。这样，很弱的外磁场就会改变自由层与被钉扎层磁场的相对取向，对应于很高的灵敏度。制造时，使自由层的初始磁化方向与被钉扎层垂直，磁记录材料的磁化方向与被钉扎层的方向相同或相反（对应于 0 或 1），当感应到磁记录材料的磁场时，自由层的磁化方向就向与被钉扎层磁化方向相同（低电阻）或相反（高电阻）的方向偏转，检测出电阻的变化，就可确定记录材料所记录的信息，硬盘所用的 GMR 磁头就采用这种结构。

1. GMR 模拟传感器原理

在利用 GMR 构成传感器时，为了消除温度变化等环境因素对输出的影响，一般采用桥式结构，图 3.37-4 是某型号传感器的结构。

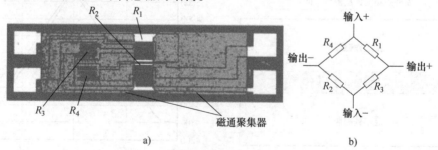

图 3.37-4　GMR 模拟传感器结构图
a）几何结构　b）电路连接

对于电桥结构，如果 4 个 GMR 电阻对磁场的响应完全同步，就不会有信号输出。在图 3.37-4 中，将处在电桥对角位置的两个电阻 R_3、R_4 覆盖一层高磁导率的材料如坡莫合金，以屏蔽外磁场对它们的影响，而 R_1、R_2 的阻值则随外磁场改变。设无外磁场时 4 个 GMR 电阻的阻值均为 R，R_1、R_2 在外磁场作用下电阻减小 ΔR，简单分析表明，输出电压

$$U_{\text{out}} = U_{\text{in}} \Delta R / (2R - \Delta R) \tag{3.37-1}$$

　　屏蔽层同时设计为磁通聚集器，它的高导磁率将磁力线聚集在 R_1、R_2 电阻所在的空间，进一步提高了 R_1、R_2 的磁灵敏度。

　　从图 3.37-4 的几何结构还可见，巨磁电阻被光刻成微米宽度迂回状的电阻条，以增大其电阻至 kΩ 数量级，使其在较小工作电流下得到合适的电压输出。

　　图 3.37-5 是某 GMR 模拟传感器的磁电转换特性曲线。图 3.37-6 是磁电转换特性的测量原理图。

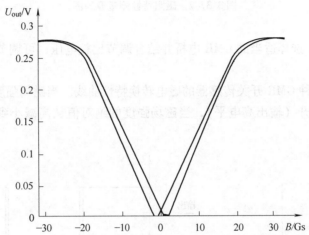

图 3.37-5　GMR 模拟传感器的磁电转换特性曲线

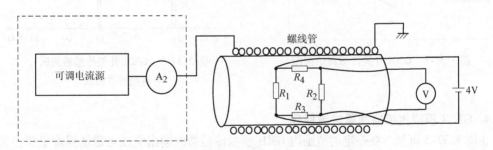

图 3.37-6　模拟传感器磁电转换特性实验原理图

2. GMR 磁阻特性

　　为加深对巨磁电阻效应的理解，我们对构成 GMR 模拟传感器的磁阻进行测量。将基本特性组件的功能切换按钮切换为"巨磁阻测量"，此时被磁屏蔽的两个电桥电阻 R_3、R_4 被短路，而 R_1、R_2 并联。将电流表串联进电路中，测量不同磁场时回路中电流的大小，就可以计算出磁阻。测量原理如图 3.37-7 所示。

3. GMR 开关（数字）传感器原理

　　将 GMR 模拟传感器与比较电路、晶体管放大电路集成在一起，就构成 GMR 开关（数字）传感器，结构如图 3.37-8 所示。

　　比较电路的功能是，当电桥电压低于比较电压时，输出低电平；当电桥电压高于比较电

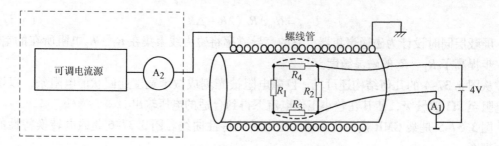

图 3.37-7　磁阻特性测量原理图

压时，输出高电平。选择适当的 GMR 电桥并结合调节比较电压，可调节开关传感器开关点对应的磁场强度。

　　图 3.37-9 是某种 GMR 开关传感器的磁电转换特性曲线。当磁场强度的绝对值从低增加到 12Gs 时，开关打开（输出高电平），当磁场强度的绝对值从高减小到10Gs时，开关关闭（输出低电平）。

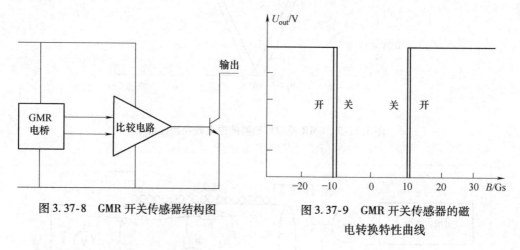

图 3.37-8　GMR 开关传感器结构图

图 3.37-9　GMR 开关传感器的磁
电转换特性曲线

4. GMR 模拟传感器测量电流原理

　　由图 3.37-5 可见，在一定的范围内 GMR 模拟传感器的输出电压与磁场强度呈线性关系，且灵敏度高，线性范围大，可以方便地将 GMR 制成磁场计，测量磁场强度或其他与磁场相关的物理量。作为应用示例，我们用它来测量电流（见图 3.37-10）。

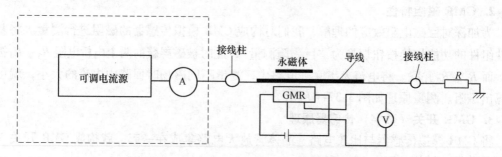

图 3.37-10　模拟传感器测量电流实验原理图

由理论分析可知，通有电流 I 的无限长直导线，与导线距离为 r 的一点的磁感应强度为

$$B = \mu_0 I/(2\pi r) = 2 I \times 10^{-7}/r \qquad (3.37\text{-}2)$$

磁场强度与电流成正比，在 r 已知的条件下，测得 B，就可知 I。

在实际应用中，为了使 GMR 模拟传感器工作在线性区，提高测量精度，还常常预先给传感器施加一固定已知磁场，称为磁偏置，其原理类似于电子电路中的直流偏置。

5. GMR 梯度传感器原理

将 GMR 电桥的两对对角电阻分别置于集成电路两端，4 个电阻都不加磁屏蔽，即构成梯度传感器，如图 3.37-11 所示。

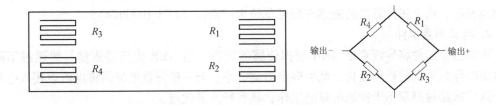

图 3.37-11　GMR 梯度传感器结构图

这种传感器若置于均匀磁场中，由于 4 个桥臂电阻阻值变化相同，电桥输出为零。如果磁场存在一定的梯度，各 GMR 电阻感受到的磁场不同，磁阻变化不一样，就会有信号输出。图 3.37-12 以检测齿轮的角位移为例，说明其应用原理。

将永磁体放置于传感器上方，若齿轮是铁磁材料，永磁体产生的空间磁场在相对于齿牙不同位置时，会产生不同的梯度磁场。a 位置时，输出为零。b 位置时，R_2、R_4 感受到的磁场强度大于 R_1、R_3，输出正电压。c 位置时，输出回归零。d 位置时，R_2、R_4 感受到的磁场强度小于 R_1、R_3，输出负电压。于是，在齿轮转动过程中，每转过一个齿牙便产生一个完整的波形输出。这一原理已被普遍应用于转速（速度）与位移监控，在汽车及其他工业领域也得到了广泛应用。

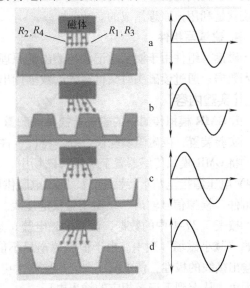

图 3.37-12　用 GMR 梯度传感器检测齿轮位移

6. 磁记录与读出原理

磁记录是当今数码产品记录与储存信息的最主要方式，由于巨磁阻的出现，存储密度有了成百上千倍的提高。

在当今的磁记录领域，为了提高记录密度，读写磁头是分离的。写磁头是绕线的磁芯，线圈中通过电流时会产生磁场，并在磁性记录材料上记录信息。巨磁阻读磁头利用磁记录材料上不同磁场时电阻的变化读出信息。磁读写组件用磁卡作为记录介质，磁卡通过写磁头时

可写入数据，通过读磁头时将写入的数据读出来。

【实验仪器】

1. 基本特性组件

基本特性组件由 GMR 模拟传感器、螺线管线圈及比较电路、输入输出插孔等组成。用来对 GMR 的磁电转换特性和磁阻特性进行测量。

将 GMR 传感器置于螺线管的中央。螺线管用于在实验过程中产生大小可计算的磁场，由理论分析可知，无限长直螺线管内部轴线上任一点的磁感应强度为

$$B = \mu_0 nI \tag{3.37-3}$$

式中，n 为线圈密度；I 为流经线圈的电流；$\mu_0 = 4\pi \times 10^{-7}$ H/m 为真空中的磁导率。采用国际单位制时，由上式计算出的磁感应强度单位为特斯拉（$1\text{T} = 10000\text{Gs}$）。

2. 电流测量组件

电流测量组件将导线置于 GMR 模拟传感器近旁，用 GMR 传感器测量导线通过不同大小电流时导线周围的磁场变化，就可确定电流大小。与一般测量电流需将电流表接入电路相比，这种非接触测量不干扰原电路的工作，具有特殊的优点。

3. 角位移测量组件

角位移测量组件用巨磁阻梯度传感器作为传感元件，当铁磁性齿轮转动时，齿牙干扰了梯度传感器上偏置磁场的分布，使梯度传感器的输出发生变化，每转过一齿，就输出类似正弦波一个周期的波形。利用该原理可以测量角位移（转速、速度）。汽车上的转速与速度测量仪就是利用该原理制成的。

4. 磁读写组件

磁读写组件用于演示磁记录与读出的原理。以磁卡作为记录介质，磁卡通过写磁头时可写入数据，通过读磁头时又将写入的数据读出来。

【实验内容】

1. GMR 模拟传感器的磁电转换特性测量

实验装置：巨磁阻实验仪、基本特性组件。

将 GMR 模拟传感器置于螺线管磁场中，功能切换按钮切换为"传感器测量"。实验仪的 4V 电压源接至基本特性组件"巨磁电阻供电"，恒流源接至"螺线管电流输入"，基本特性组件"模拟信号输出"接至实验仪电压表。

按表 3.37-1 中的数据，调节励磁电流，逐渐减小磁场强度，记录相应的输出电压于表格的"减小磁场"列中。由于恒流源本身不能提供负向电流，当电流减至 0 后，应交换恒流输出接线的极性，使电流反向。再次增大电流，此时流经螺线管的电流与磁感应强度的方向为负，从上到下记录相应的输出电压。

电流至 -100mA 后，逐渐减小负向电流，电流到 0 时同样需要交换恒流输出接线的极性。从下到上将数据记录于表格的"增大磁场"列中。

理论上讲，当外磁场为零时，GMR 传感器的输出应为零，但由于半导体工艺的限制，4个桥臂的电阻值不一定完全相同，导致外磁场为零时输出电压不一定为零，在有的传感器中可以观察到这一现象。

2. GMR 磁阻特性测量

实验装置：巨磁阻实验仪、基本特性组件。

将 GMR 模拟传感器置于螺线管磁场中，功能切换按钮切换为"巨磁阻测量"。实验仪的 4V 电压源与电流表串联后接至基本特性组件"巨磁电阻供电"，恒流源接至"螺线管电流输入"。

按表 3.37-2 中的数据，调节励磁电流，逐渐减小磁场强度，记录相应的磁阻电流于表格的"减小磁场"列中。由于恒流源本身不能提供负向电流，当电流减至 0 后，应交换恒流输出接线的极性，使电流反向。再次增大电流，此时流经螺线管的电流与磁感应强度的方向为负，从上到下记录相应的输出电压。

电流至 $-100mA$ 后，逐渐减小负向电流，电流到 0 时同样需要交换恒流输出接线的极性。从下到上将数据记录于"增大磁场"列中。

3. GMR 开关（数字）传感器的磁电转换特性曲线测量

实验装置：巨磁阻实验仪、基本特性组件。

将 GMR 模拟传感器置于螺线管磁场中，功能切换按钮切换为"传感器测量"。实验仪的 4V 电压源接至基本特性组件"巨磁电阻供电"，"电路供电"接口接至与基本特性组件对应的"电路供电"输入插孔，恒流源接至"螺线管电流输入"，基本特性组件"开关信号输出"接至实验仪电压表。

从 50mA 逐渐减小励磁电流，输出电压从高电平（开）转变为低电平（关）时记录相应的励磁电流于表 3.37-3 的"减小磁场"列中。当电流减至 0 后，交换恒流输出接线的极性，使电流反向。再次增大电流，此时流经螺线管的电流与磁感应强度的方向为负，输出电压从低电平（关）转变为高电平（开）时记录相应的负值励磁电流于表 3.37-3 的"减小磁场"列中。将电流调至 $-50mA$。

逐渐减小负向电流，输出电压从高电平（开）转变为低电平（关）时记录相应的负值励磁电流于表 3.37-3 的"增大磁场"列中，电流到 0 时同样需要交换恒流输出接线的极性。输出电压从低电平（关）转变为高电平（开）时记录相应的正值励磁电流于表 3.37-3 的"增大磁场"列中。

4. 用 GMR 模拟传感器测量电流

实验装置：巨磁阻实验仪、电流测量组件。

实验仪的 4V 电压源接至电流测量组件"巨磁电阻供电"，恒流源接至"待测电流输入"，电流测量组件"信号输出"接至实验仪电压表。

将待测电流调至 0。将偏置磁铁转到远离 GMR 传感器处，调节磁铁与传感器的距离，使输出电压约 25mV。将电流增大到 300mA，按表 3.37-4 中的数据逐渐减小待测电流，从左到右记录相应的输出电压于表格的"减小电流"行中。由于恒流源本身不能提供负向电流，当电流减至 0 后，应交换恒流输出接线的极性，使电流反向。再次增大电流，此时电流方向为负，记录相应的输出电压。

逐渐减小负向待测电流，从右到左记录相应的输出电压于表格的"增加电流"行中。当电流减至 0 后，交换恒流输出接线的极性，使电流反向。再次增大电流，此时电流方向为正，记录相应的输出电压。

将待测电流调节至 0。将偏置磁铁转到接近 GMR 传感器处，调节磁铁与传感器的距离，使输出电压约 150mV。用低磁偏置时同样的实验方法，测量适当磁偏置时待测电流与输出电压的关系。

5. GMR 梯度传感器的特性及应用

实验装置：巨磁阻实验仪、角位移测量组件。

将实验仪的 4V 电压源接至角位移测量组件"巨磁电阻供电"，角位移测量组件"信号输出"接至实验仪电压表。

逆时针慢慢转动齿轮，当输出电压为零时记录起始角度，以后每转 3° 记录一次角度与电压表的读数。

6. 磁记录与磁读出

实验装置：巨磁阻实验仪、磁读写组件、磁卡。

实验仪的 4V 电压源接磁读写组件"巨磁电阻供电"，"电路供电"接口接至基本特性组件对应的"电路供电"输入插孔，磁读写组件"读出数据"接至实验仪电压表。同时按下"0/1 转换"和"写确认"按键约 2s 将读写组件初始化，初始化后才可以进行写和读。

将需要写入与读出的二进制数据记入表 3.37-6 的第 2 行。

将磁卡有刻度区域的一面朝前，沿着箭头标识的方向插入划槽，按需要切换写"0"或写"1"（按"0/1 转换"按键，当状态指示灯显示为红色时，表示当前为"写 1"状态，绿色时则表示当前为"写 0"状态）。按住"写确认"按键不放，根据磁卡上的刻度区域线，缓慢移动磁卡。注意：为了使后面读出的数据更准确，写数据时应以磁卡上各区域两边的边界线开始和结束。即在每个标定的区域内，磁卡的写入状态应完全相同。

完成写数据后，松开"写确认"按键，此时组件就处于读状态了，将磁卡移动到读磁头处，根据刻度区域在电压表上读出相应的电压，并记录于表 3.37-6 中。

【数据记录及处理】

1. GMR 模拟传感器的磁电转换特性测量

表 3.37-1　GMR 模拟传感器磁电转换特性的测量（电桥电压 4V）

励磁电流/mA	磁感应强度/Gs	输出电压/mV	
		减小磁场	增大磁场
100			
90			
⋮			
0			
⋮			
-90			
-100			

根据螺线管上标明的线圈密度，由式（3.37-3）计算出螺线管内的磁感应强度 B。以磁感应强度 B 为横坐标，电压表的读数为纵坐标绘制磁电转换特性曲线。不同外磁场强度时输出电压的变化反映了 GMR 传感器的磁电转换特性，同一外磁场强度下输出电压的差值则反映了材料的磁滞特性。

2. GMR 的磁阻特性曲线的测量

根据螺线管上标明的线圈密度，由式（3.37-3）计算出螺线管内的磁感应强度 B。由欧姆定律 $R = U/I$ 计算磁阻。

以磁感应强度 B 为横坐标，磁阻为纵坐标绘制磁阻特性曲线。应该注意，由于模拟传感器的两个磁阻是位于磁通聚集器中，与图 3.37-2 相比，我们绘制的磁阻曲线的斜率大了约 10 倍，磁通聚集器结构使磁阻灵敏度大大提高。不同外磁场强度时磁阻的变化反映了 GMR 的磁阻特性，而同一外磁场强度下磁阻的差值则反映了材料的磁滞特性。

表 3.37-2　GMR 磁阻特性的测量（磁阻两端电压 4V）

励磁电流/mA	磁感应强度/Gs	减小磁场		增大磁场	
		磁阻电流/mA	磁阻/Ω	磁阻电流/mA	磁阻/Ω
100					
90					
⋮					
0					
⋮					
−90					
−100					

3. GMR 开关（数字）传感器的磁电转换特性曲线测量

表 3.37-3　GMR 开关传感器的磁电转换特性测量（高电平 = 1V，低电平 = −1V）

减小磁场			增大磁场		
开关动作	励磁电流/mA	磁感应强度/Gs	开关动作	励磁电流/mA	磁感应强度/Gs
关			关		
开			开		

根据螺线管上标明的线圈密度，由式（3.37-3）计算出螺线管内的磁感应强度 B。以磁感应强度 B 为横坐标，电压读数为纵坐标绘制开关传感器的磁电转换特性曲线。

利用 GMR 开关传感器的开关特性已制成各种接近开关，当磁性物体（可在非磁性物体上贴上磁条）接近传感器时就会输出开关信号。这项技术已被广泛应用在工业生产、汽车，以及家电等日常生活用品中，其控制精度高，在恶劣环境（如高低温、振动等）下仍能正常工作。

4. 用 GMR 模拟传感器测量电流

表 3.37-4　用 GMR 模拟传感器测量电流

	待测电流/mA		300	200	100	0	−100	−200	−300
输出电压/mV	低磁偏置（约 25mV）	减小电流							
		增加电流							
	适当磁偏置（约 150mV）	减小电流							
		增加电流							

以电流读数为横坐标，电压表的读数为纵坐标作图，分别作 4 条曲线。由测量数据及所作图形可以看出，适当磁偏置时线性较好，斜率（灵敏度）较高。由于待测电流产生的磁场远小于偏置磁场，磁滞对测量的影响也较小，因此根据输出电压的大小就可以确定待测电流的大小。

用 GMR 传感器测量电流时不用将测量仪器接入电路，不会对电路的工作产生干扰，既可测量直流，也可测量交流，具有广阔的应用前景。

5. GMR 梯度传感器的特性及应用

表 3.37-5　齿轮角位移的测量

转动角度/(°)	0	3	6	9	12	15	18	21	24	27	30	33	36	39	42	45
输出电压/mV																

以齿轮实际转过的度数为横坐标，电压表的读数为纵坐标作图。

6. 磁记录与磁读出

表 3.37-6　二进制数字的写入与读出

十进制数字								
二进制数字								
磁卡区域号	1	2	3	4	5	6	7	8
读出电压								

由于测试卡区域的两端数据记录可能不准确，因此实验中只记录中间的 1~8 号区域的数据。

【注意事项】

1. 由于巨磁阻传感器具有磁滞现象，因此在实验中恒流源只能单方向调节，不可回调。否则，测得的实验数据将会不准确。实验表格中的电流只是作为一种参考，实验时应以实际显示的数据为准。

2. 测试卡组件不能长期处于"写"状态。

3. 实验过程中，实验环境不得处于强磁场中。

【思考题】

1. 什么是巨磁电阻效应？巨磁电阻结构的组成有何特点？

2. 试分析不同磁偏置影响电流测量灵敏度的原因是什么？

3. 根据实验原理，GMR 梯度传感器能用于车辆流量监控吗？

实验三十八　光纤传感器设计与应用

功能型光纤传感器已逐渐渗透到各研究领域，其应用范围日益广泛。基于补偿式光纤强度传感原理的光纤传感实验系统，它具有结构简单、灵敏度高、稳定性好、切换方便、应用范围广等特点。

光纤传感设计实验系统可以非常方便地构造反射式光纤微位移传感器，其测量分辨率可以达到数十微米，通过更换不同芯径的光纤或者改变光纤的排列结构，可以进一步提高位移传感器的探测灵敏度；此外，通过巧妙地进行物理量或者能量转换，还可以测量温度、压力、液位、形变等物理量。

【实验目的】

1. 了解光纤纤端光场的分布特性，以及光纤强度传感原理。
2. 理解光纤传感器实验系统的基本构造和原理，学习其使用方法。
3. 掌握光纤传感器的强度补偿机理及其方法，验证补偿效果。
4. 掌握强度型光纤温度传感器、强度型光纤压力传感器、强度型光纤液位传感器的基本原理和设计方法。

【实验原理】

光纤传感器采用强度型光纤传感的方式，反射式调制原理。反射调制方式的光纤探头由两根光纤组成，一根用于发射光，一根用于接收反射镜的反射光。光源光纤发出的光照射到反射器上，其中一部分反射光由接收光纤接收，通过检测反射光的强度变化，就能测出反射体的位移。

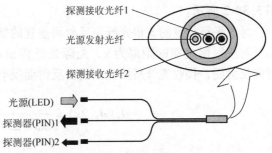

图 3.38-1　三光纤补偿式光纤传感探头结构

为了减少光强起伏、光纤微弯损耗，以及反射面反射率变化所带来的影响，采用一种依赖于两接收光纤的相对光强，而不是单一光纤绝对光强的通用型光纤传感探头。在该设计中，采用了 3 根大芯径光纤，呈一字形并排排列，如图 3.38-1 所示。光通过左边的光纤照射到反射面上，从反射面反射回来的光由光源发射光纤一侧的两接收光纤所接收。这样，反射目标的位移就由两接收光纤所接收到的光强之比来确定。由于这是一个比的过程，因此这种传感技术就是自动补偿了光源强度的变化、输入光纤损耗的变化，以及反射面反射率的变化。

就反射式光纤传感器而言，其光强响应特性曲线是这类传感器的设计依据。该特性调制函数可借助于光纤端出射光场的场强分布函数给出

$$\Phi(r,x) = \frac{I_0}{\pi \sigma^2 a_0^2 \left[1 + \xi (x/a_0)^{3/2}\right]^2} \cdot \exp\left\{-\frac{r^2}{\sigma^2 a_0^2 \left[1 + \xi (x/a_0)^{3/2}\right]^2}\right\} \quad (3.38\text{-}1)$$

式（3.38-1）中，I_0 是由光源耦合入发送光纤中的光强；$\Phi(r,x)$ 为纤端光场中位置（r, x）处的光通量密度；σ 为一表征光纤折射率分布的相关参数，对于阶跃折射率光纤 $\sigma = \sqrt{\pi}$；

a_0 为光纤芯半径；ξ 为与光源种类、光纤的数值孔径及光源与光纤耦合情况有关的综合调制参数。

如果将同种光纤置于发送光纤纤端出射光场中作为探测接收器时，所接收到的光强可表示为

$$I(r,x) = \iint\limits_{S} \Phi(r,x)\,\mathrm{d}s = \iint\limits_{S} \frac{I_0}{\pi\omega^2(x)} \cdot \exp\left[-\frac{r^2}{\omega^2(x)}\right]\mathrm{d}s \qquad (3.38\text{-}2)$$

式中
$$\omega(x) = \sigma a_0\left[1 + \xi(x/a_0)^{3/2}\right]$$

这里，S 为接收光面，即纤芯面。

在纤端出射光场的远场区，为简便计算起见，可用接收光纤端面中心点处的光强来作为整个纤芯面上的平均光强，在这种近似下，得到在接收光纤终端所探测到的光强公式为

$$I(r,x) = \frac{SI_0}{\pi\omega^2(x)} \cdot \exp\left[-\frac{r^2}{\omega^2(x)}\right] \qquad (3.38\text{-}3)$$

为了给出反射接收特性函数，采用等效分析的方法。首先，给出接收光纤关于反射体的镜像，并求出相应镜像坐标值。然后利用光纤接收公式 (3.38-2) 直接计算出该镜像接收光纤在光源光纤纤端光场中所接收到的光强值。最后，将该值乘以反射体的反射率 R，作为实际系统的等效结果，如图 3.38-2 所示。

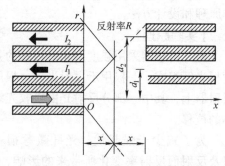

图 3.38-2　补偿式光纤传感位移测量原理

考虑平行放置的 3 根光纤与反射面垂直的情况，光纤与反射面之间的距离为 x，光源光纤传出的光射向反射面，接收光纤所接收到的由反射面反射回来的光强可表示为

$$I_1(d_1,2x) = \frac{SRI_0}{\pi\omega^2(2x)} \cdot \exp\left[-\frac{d_1^2}{\omega^2(2x)}\right] \qquad (3.38\text{-}4)$$

及

$$I_2(d_2,2x) = \frac{SRI_0}{\pi\omega^2(2x)} \cdot \exp\left[-\frac{d_2^2}{\omega^2(2x)}\right] \qquad (3.38\text{-}5)$$

式中，I_1 和 I_2 分别为近邻接收光纤和次近邻光纤所接收到的光强；d_1 和 d_2 分别为两光纤到发射光纤轴线间的距离；x 是三光纤与反射面之间的距离；$I_1(d_1,2x)$ 及 $I_2(d_2,2x)$ 为两接收光纤输出的特性调制函数，它与光纤芯径、光纤数值孔径及出射光的分布模式有关，如图 3.38-3a 所示。S 表示光纤接收光面；R 为反射面的反射系数。I_0 为光源耦合到光纤中的光强。于是两接收光强之比为

$$\frac{I_2}{I_1} = \exp\left[-\frac{(d_2^2 - d_1^2)}{\omega^2(2x)}\right] \qquad (3.38\text{-}6)$$

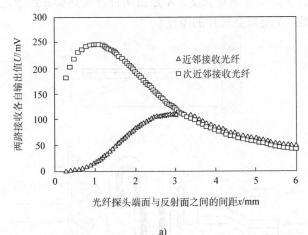

a)

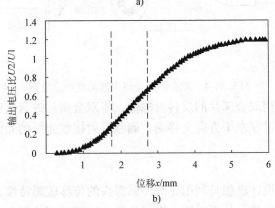

b)

图 3.38-3　补偿式光纤传感探头的位移传感特性曲线

a）两接收光纤输出的位移光强特性曲线

b）位移与两接收光纤输出光强比值的特性曲线

$$\omega = \sigma a_0 \left[1 + \xi (x/a_0)^{3/2} \right]$$

式中，

式（3.38-6）表明，比值 I_2/I_1 与距离 x、光纤的芯径 a_0，以及两接收光纤与光源光纤的传输轴之间的距离的平方差 $d_2^2 - d_1^2$ 有关。对于光纤传感器设计系统的补偿式传感探头，光纤芯径 $a_0 = 1$ mm，距离平方差 $d_2^2 - d_1^2 \approx 3$ mm^2，两者均为定值，因此 I_1/I_2 随位移 x 单调增加，如图 3.38-3b 所示。即比值 I_2/I_1 仅是距离 x 的函数，而与光源的性质、反射体的反射率等因素无关，补偿了上述因素对光强的影响。

1. 光纤温度传感器

光纤温度传感器的设计思想是利用光纤传感探头的位移敏感特性，利用温度敏感元件，将温度转化成位移，从而对温度进行测量。最常用的温度-机械量转换元件为双金属片。

双金属片的工作原理是，双金属片在温度改变时，由于热膨胀系数不同，两面的热胀冷缩程度不同，因此在不同的温度下，其弯曲程度会发生改变。如图 3.38-4 所示，当双金属片受热变形时，其端部产生的位移量 x 由下式给出：

$$x = \frac{Kl^2 \Delta T}{h} \tag{3.38-7}$$

式中，ΔT 是温度变化；l 是双金属片长度；K 是由两种金属热膨胀系数之差、弹性系数之比和宽度比所决定的常数；h 是双金属片的厚度。

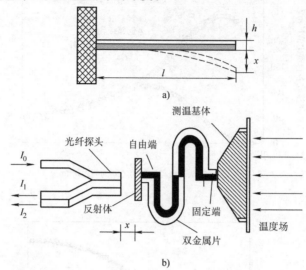

图 3.38-4　双金属片受热引起形变的示意图

当温度变化时，利用双金属片的反转对称性，将双金属片的弯曲变形转换为自由端的线性位移，从而带动反射镜在水平方向上移动，调制反射接收光纤的光信号，从而实现了反射式光纤温度的测量。

2. 光纤压力传感器

光纤压力传感器的设计思想是利用光纤传感探头的位移敏感特性，寻找一种压力敏感元件，能够将压力转化成位移，从而对压力进行测量。比较常用的压力–机械量转换元件有膜片、波登管。

C 形波登管式压力表是工业上用得最多最普通的压力表。它具有结构简单、使用方便等特点。可以直接测蒸汽、油、水和气体等介质的压力。这种仪表是根据胡克定律，利用弹性敏感元件受压后产生弹性形变，并将形变转换成位移放大后，用指针指示出被测压力的。当弹簧管受压后，管端的位移量由下式给出：

$$\Delta x = kP \tag{3.38-8}$$

式中，k 为一与弹簧管的材料及尺寸有关的系数；P 为外压力。

在弹簧管的自由端固接一反射装置，该反射装置的位移与压力关系由式（3.38-8）确定。正对反射装置的反射面，将光纤传感实验仪的双光纤反射探头作为光源和光信号通道，并与光纤定位器一起固定在压力表的壳体上，如图 3.38-5所示。弹簧管受压力作用时，将发生变形，带动反射器产生一个位移，这样就改变了

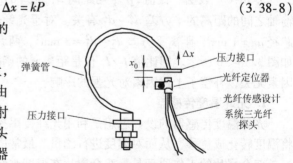

图 3.38-5　利用光纤传感设计系统构成的压力测量装置示意图

反射器与光纤之间的距离，从而使光纤接收到的光信号受到调制。通过对光信号大小的检

测，便可确定相应压力的大小。

3. 光纤液位传感器

　　利用光纤传感原理，可以借助液体高度和
压力的关系，通过压力测量液位，而压力又可
以通过角度的转换关系测出。该光纤差动液位
的工作原理如图 3.38-6 所示。光纤探头由三根
大芯径光纤组成，三光纤沿膜片径向一字排列，
中间的光纤为光源光纤，由该光纤传送来的光
照射到反射膜片上，反射回来的光由平行放置
在光源光纤两侧的光纤接收。弹性反射膜片的
四周紧固在壳体中部，两侧对中固接两个性能
和尺寸完全相同的弹性波纹管。波纹管直接与
压力源相通，在两端压力差作用下，使弹性膜
片发生弯曲形变，反射到两接收光纤中的光强，

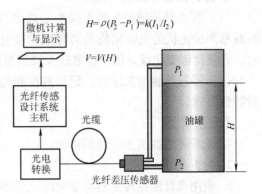

$$H = \rho(P_2 - P_1) = k(I_1/I_2)$$

$$V = V(H)$$

图 3.38-6　利用光纤传感设计系
统构成光纤液位传感器

使压力信号转变为光强信号。由于弹性膜片的弯曲倾角由两接收光纤的接收光强之比来确
定，因此，当光源强度发生变化时，两接收光纤所接收到的光强值将会发生等比例变化，这
种传感技术可以自动补偿光源强度的变化、光纤传输过程中的光功率损耗，以及反射膜片反
射率的变化对传感器的影响。

【实验仪器】

　　光纤传感设计实验系统、补偿式光纤传感探头、光纤位移标定器、遮光罩、光纤温度传
感器、光纤压力传感器、光纤液位传感器。

【实验内容】

1. 光纤传感器的补偿特性实验

　　（1）利用光纤传感设计实验系统、光纤传感探头、光纤位移标定器、遮光罩等，构成
实验装置。

　　（2）位移在 0～6mm 变化时，记录光纤传感探头的两路接收光强及光强比值，绘制特
性曲线，观察其变化趋势，说明特点。

　　（3）使光纤传感探头与镜面的距离为 1mm、2mm、5mm、7mm、10mm 时，光强从初始
光强下降到 10%，记录光强比值与位移的变化，绘制特性曲线，说明特点。

2. 光纤温度传感器的测量

　　（1）将光纤探头旋入光纤探头接口，在旋入过程中观察"光纤实验设计系统"的数码管示
数。当左侧数码管示数由大变小时，将手拧螺钉拧紧，锁紧"光纤探头"。

　　（2）将温度传感器的加温按钮按下，加温装置起动，记录温度从 35～70℃ 变化时，光
强比值的变化，绘制光纤温度传感器的特性曲线。

3. 光纤压力传感器的测量

　　（1）将光纤传感探头插入探头接口中，然后锁紧加压螺钉，通过气囊缓慢地增加压力，
同时观察测量主机的光强比值是否随压力变化；并且调整压力探头的插入深度，使压力变化
时，光强比值变化最灵敏，锁紧探头锁紧螺钉。

　　（2）通过气囊增加压力，记录压力在 0.9～0.05kPa 变化时，光强比值的变化，绘制光

纤压力传感器的压力测量特性曲线。

4. 光纤液位传感器的测量

（1）将光纤传感探头插入探头接口中，锁紧加压螺钉，通过气囊缓慢地增加压力，同时观察测量主机的光强比值是否随液位变化；并且调整压力探头的插入深度，使压力变化时，光强比值变化最灵敏，锁紧探头锁紧螺钉。

（2）通过气囊增加压力，记录液位和光强比值的变化，绘制光纤液位传感器的液位测量特性曲线。

【注意事项】

1. 光纤传感探头勿触碰到镜面。

2. 勿折光纤。

3. 使用光纤液位传感器测量时应注意不要将水压到仪器外。

【思考题】

1. 根据实验得出的光纤传感器光强比值变化特点，如何确定出传感器灵敏度最高的位置？

2. 在确定光纤探头在接口处位置的时候，除了书中介绍的观察光纤比值的方法，还有没有其他的方法？

实验三十九　光电传感器基本特性的测量

　　光电传感器是一种将光学量变化转换为电学量变化的传感器，它主要是利用物质的光电效应，即物质在一定频率的光的照射下，可释放出光电子。当光照射金属、金属氧化物或半导体材料的表面时，会被这些材料内的电子所吸收，如果光子的能量足够大，吸收光子后的电子可挣脱原子的束缚而溢出材料表面，这种电子称为光电子，这种现象称为光电子发射，又称为外光电效应。有些物质受到光照射时，其内部原子释放电子，但电子仍留在物体内部，使物体的导电性增强，这种现象称为内光电效应。内光电效应分为光电导效应和光生伏特效应。

　　利用内光电效应可以制成光敏电阻、光敏二极管和光电池。用于制造光敏电阻的材料主要有金属的硫化物、硒化物和锑化物等半导体材料。目前生产的光敏电阻主要是硫化镉。光敏电阻具有灵敏度高、光谱特性好、使用寿命长、稳定性能高、体积小，以及制造工艺简单等特点，因此被广泛地用于自动化技术中。光电池的种类有很多，早期有氧化铜光电池和硒光电池，现在又有硅、砷化镓、硫化镉、磷化铟等光电池。其中硅光电池是由单晶硅材料制成的，因为它有一系列优点如性能稳定、光谱范围宽、频率特性好、转换效率高、光谱灵敏度与人眼的灵敏度较为接近等，所以常被用于很多分析仪器和测量仪器中。

【实验目的】

1. 研究光敏电阻的光照特性和伏安特性。

2. 研究硅光电池的主要参数和基本特性。

【实验原理】

1. 光敏电阻

（1）光敏电阻的结构

　　光敏电阻的结构如图 3.39-1 所示。管芯是一块安装在绝缘衬底上带有两个欧姆接触电极的光电导体。光电导体吸收光子而产生的光电效应，只限于光照的表面薄层，虽然产生的载流子也有少数扩散到内部去，但扩散深度有限，因此光电导体一般都做成薄层。为了获得高的灵敏度，光敏电阻的电极一般做成梳状。

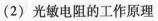

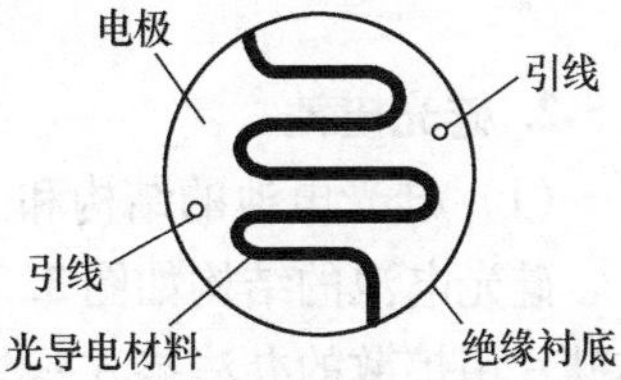

图 3.39-1　光敏电阻的结构示意图

（2）光敏电阻的工作原理

　　当光照射到光电导体上时，固体材料吸收的能量使部分价带电子迁移到导带，同时在价带中留下空穴。这样由于材料中载流子个数增加，使材料的电导率增加，这种现象被称为光电导效应。当光电导效应发生时，电导率的改变量为

$$\Delta\sigma = \Delta p \cdot e \cdot \mu_p + \Delta n \cdot e \cdot \mu_n \qquad (3.39\text{-}1)$$

式中，e 为电子电荷量；Δp 为空穴浓度的改变量；Δn 为电子浓度的改变量；μ_p 为空穴的迁移率；μ_n 为电子的迁移率。

　　当光敏电阻两端加上电压 U 后，光电流为

$$I_{ph} = \frac{A}{d} \cdot \Delta\sigma \cdot U \qquad (3.39\text{-}2)$$

式中，A 为与电流垂直的截面面积；d 为电极间距离。

本实验光敏电阻得到的光照 Φ 由一对偏振片来控制。当两偏振片之间的夹角为 α 时，光照 Φ 为

$$\Phi = \Phi_0 D\cos^2\alpha \tag{3.39-3}$$

式中，Φ_0 为不加偏振片时的光照；D 为当两偏振片平行时的透明度。

（3）光敏电阻的光照特性

图 3.39-2 表示光敏电阻的光照特性，即在一定外加电压下，光敏电阻的光电流和光通量之间的关系。不同类型光敏电阻光照特性不同，但光照特性曲线均呈非线性。因此它不宜作定量检测元件，这是光敏电阻的不足之处，但在自动控制系统中可用作光电开关。

（4）光敏电阻的伏安特性

在一定光照度下，加在光敏电阻两端的电压与电流之间的关系称为伏安特性。图 3.39-3 中曲线 1、2 分别表示照度为零及照度为某值时的伏安特性。由曲线可知，在给定偏压下，光照度较大，光电流也越大。在一定的光照度下，所加的电压越大，光电流越大，而且无饱和现象。但是电压不能无限地增大，因为任何光敏电阻都受额定功率、最高工作电压和额定电流的限制。超过最高工作电压和最大额定电流，都可能会导致光敏电阻永久性损坏。

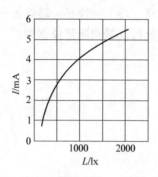
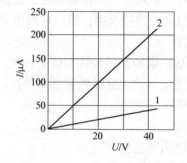

图 3.39-2　光敏电阻的光照特性曲线　　图 3.39-3　光敏电阻伏安特性

2. 硅光电池

（1）硅光电池的结构和工作原理

硅光电池的结构如图 3.39-4a 所示。它属于有 PN 结的单结光电池。它由一块 N 型半导体硅片用扩散的办法掺入一些 P 型杂质（如硼）而制成。当光照到 PN 结区时，如果光子能量足够大，将在结区附近激发出电子－空穴对，在 N 区聚积负电荷，P 区聚积正电荷，使 PN 结两端出现电动势。这一现象称为光生伏特效应。

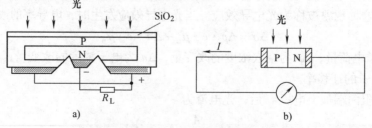

图 3.39-4　硅光电池的示意图

a）硅光电池的结构图　b）硅光电池的工作原理示意图

（2）硅光电池的光照特性

1）硅光电池的短路电流与光照关系

当光照射硅光电池时，将产生一个由 N 区流向 P 区的光生电流 I_{ph}，同时由于 PN 结二极管的特性，存在正向二极管电流 I_D。此电流方向从 P 区到 N 区，与光生电流相反，因此实际获得电流 I 为

$$I = I_{ph} - I_D = I_{ph} - I_0 \left[\exp\left(\frac{qU}{nk_B T} \right) - 1 \right] \tag{3.39-4}$$

式中，U 为结电压；I_0 为二极管反向饱和电流；I_{ph} 是与入射光的强度成正比的光生电流，其比例系数与负载电阻大小及硅光电池的结构和材料特性有关；n 为理想系数，它是表示 PN 结特性的参数，通常在 $1 \sim 2$ 之间；q 为电子电荷；k_B 为玻耳兹曼常数；T 为热力学温度。在一定照度下，光电流被短路（负载电阻为零），则 $U = 0$，由式（3.39-4）可得到短路电流

$$I_{sc} = I_{ph} \tag{3.39-5}$$

硅光电池短路电流与光照特性见图 3.39-5。

2）硅光电池的开路电压与光照关系

当硅光电池的输出端开路时，$I = 0$，由式（3.39-4）、式（3.39-5）可得开路电压

$$U_{oc} = \frac{nk_B T}{q} \ln\left(\frac{I_{sc}}{I_0} + 1 \right) \tag{3.39-6}$$

硅光电池开路电压与光照特性如图 3.39-5 所示。

（3）硅光电池的负载特性

当硅光电池接上负载 R 时，所满足伏安关系见式（3.39-4），其伏安曲线见图 3.39-6。由图 3.39-6 可看到，在一定光照下，负载曲线在电流轴上的截距是短路电流 I_{sc}，在电压轴上的截距即为开路电压 U_{oc}。

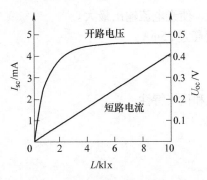

图 3.39-5 硅光电池的光照特性曲线

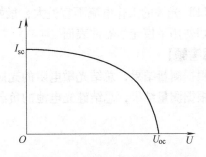

图 3.39-6 硅光电池伏安特性曲线

【实验仪器】

红色 LED 光源（$\lambda = 630\text{nm}$）、绿色 LED 光源（$\lambda = 520\text{nm}$）、光敏电阻、硅光电池、平板导轨、磁性表座、透镜（$f = 10\text{cm}$）、偏振器、数字万用表、直流恒流电源、直流稳压电源、接线板、100Ω 精密电阻、$100\text{k}\Omega$ 多圈电位器、导线。

【实验内容】

1. 研究光敏电阻的基本特性。

（1）仪器调节。

① 在导轨上放置各光学元件，调节各元件共轴等高，转动可调偏振片，观察出射光光强的变化。

② 调节透镜及偏振器位置，使出射光能均匀照射光敏电阻并使光电流输出最大。LED工作电源由恒流源提供，光敏电阻工作电源由稳压电源提供，其电压与光电流值由数字万用表测量。

（2）在一定工作电压下，任选红色 LED 光源或绿色 LED 光源测定光敏电阻的光照特性。

将光敏电阻的工作电压设定为 10V，取 α 值分别为 0°，10°，…，90°，测量光电流 I_{ph} 值，测绘 $I_{ph} - \cos^2\alpha$ 曲线。

（3）在一定光照下，任选红色 LED 光源或绿色 LED 光源测定光敏电阻的伏安特性。

将照度分别设为 $\alpha = 0°$、$\alpha = 60°$，测量光敏电阻的电压与光电流的关系，测绘出 $I_{ph}\text{-}U$ 曲线。

2. 任选红色 LED 光源或绿色 LED 光源研究硅光电池的基本特性，用特性曲线表示结果。

（1）仪器调节。

① 在导轨上放置各光学元件，调节各元件共轴等高，并使出射光能均匀照射硅光电池。

② 连接线路。

（2）测定硅光电池的负载特性。

分别使 LED 工作电流 I 为 15mA、25mA，在一定光强下，测定硅光电池的开路电压与短路电流，测量负载从 $0 \sim 100\text{k}\Omega$ 的范围变化时，硅光电池的伏安特性、输出功率与负载间的关系，测绘 $I\text{-}U$ 曲线和 $P\text{-}R$ 曲线。

【注意事项】

1. 调节光路时，应前后调节各光学器件位置，使光电流输出最大。

2. LED 光源的工作电流不宜过大，最好不要超过 25mA。

3. 切勿用手摸光学器件表面。

【思考题】

1. 根据测量结果，总结光敏电阻的光照特性和伏安特性。

2. 根据测量结果，总结硅光电池的负载特性。

实验四十　液晶电光效应特性研究

早在 20 世纪 70 年代，液晶就已作为物质存在的第四态开始写入各国学生的教科书。至今已成为由物理学家、化学家、生物学家、工程技术人员和医药工作者共同关心与研究的领域，在物理、化学、电子、生命科学等诸多领域有着广泛应用。例如，光导液晶光阀、光调制器、液晶显示器件、各种传感器、微量毒气监测、夜视仿生等，尤其是液晶显示器件早已广为人知，独占了电子表、手机、便携式计算机等领域。其中液晶显示器件、光导液晶光阀、光调制器、光路转换开关等均是利用液晶电光效应的原理制成的。因此，掌握液晶电光效应从实用角度和物理实验教学角度都是很有意义的。

【实验目的】

1. 测定液晶样品的电光曲线。

2. 根据电光曲线，求出样品的阈值电压 U_{th}、饱和电压 U_r、对比度 D_r、陡度 β 等电光效应的主要参数。

3. 了解最简单的液晶显示器件（TN-LCD）的显示原理。

【实验原理】

1. 液晶

液晶态是一种介于液体和晶体之间的中间态，它既有液体的流动性、黏度、形变等机械性质，又有晶体的热、光、电、磁等物理性质。液晶与液体、晶体之间的区别是：液体是各向同性的，分子取向无序；液晶分子有取向序，但无位置序；晶体则既有取向序又有位置序。

就形成液晶方式而言，液晶可分为热致液晶和溶致液晶。热致液晶又可分为近晶相、向列相和胆甾相。其中向列相液晶是液晶显示器件的主要材料。

2. 液晶电光效应

液晶分子是在形状、介电常数、折射率及电导率上具有各向异性特性的物质，如果对这样的物质施加电场，随着液晶分子取向结构发生变化，它的光学特性也会随之变化，这就是通常所说的液晶的电光效应。

液晶的种类繁多，主要有动态散射型（DS）、扭曲向列相型（TN）、超扭曲向列相型（STN）、有源矩阵液晶显示（TFT）、电控双折射（ECB）等。其中应用较广的有：TFT型——主要用于液晶电视、便携式计算机等高档产品；STN型——主要用于手机屏幕等中档产品；TN型——主要用于电子表、计算器、仪器仪表、家用电器等中低档产品，是目前应用最普遍的液晶显示器件。TN型液晶显示器件显示原理较简单，是STN型、TFT型等显示方式的基础。本仪器所使用的液晶样品即为TN型。

3. TN 型液晶盒结构

TN 型液晶盒结构如图 3.40-1 所示。

在涂覆透明电极的两枚玻璃基板之间，夹有正介电各向异性的向列相液晶薄层，四周用密封材料（一般为环氧树脂）密封。玻璃基板内侧覆盖着一层定向层（配向膜），通常是一薄层高分子有机物，经定向摩擦处理，可使棒状液晶分子平行于玻璃表面，沿定向处理的方向排列。上、下玻璃表面的定向方向是相互垂直的，这样，盒内液晶分子的取向逐渐扭曲，

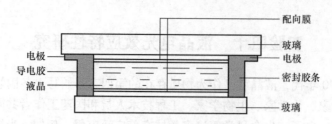

图 3.40-1   TN 型液晶盒结构图

从上玻璃片到下玻璃片扭曲了 90°，所以称为扭曲向列相型。

4. 扭曲向列型电光效应

无外电场作用时，由于可见光波长远小于向列相液晶的扭曲螺距，当线偏振光垂直入射时，若偏振方向与液晶盒上表面分子取向相同，则线偏振光将随液晶分子轴方向逐渐旋转 90°，平行于液晶盒下表面分子轴方向射出（见图 3.40-2a 中不通电部分，其中液晶盒上、下表面各附一块偏振片，其偏振方向与液晶盒表面分子取向相同，因此光可通过偏振片射出）；若入射线偏振光偏振方向垂直于上表面分子轴方向，出射时，线偏振光方向亦垂直于下表面液晶分子轴；当以其他线偏振光方向入射时，则根据平行分量和垂直分量的相位差，以椭圆、圆或直线等某种偏振光形式射出。

对液晶盒施加电压，当达到某一数值时，液晶分子长轴开始沿电场方向倾斜，电压继续增加到另一数值时，除附着在液晶盒上、下表面的液晶分子外，所有液晶分子长轴都按电场方向进行重排列（见图 3.40-2 中通电部分），TN 型液晶盒 90° 旋光性随之消失。

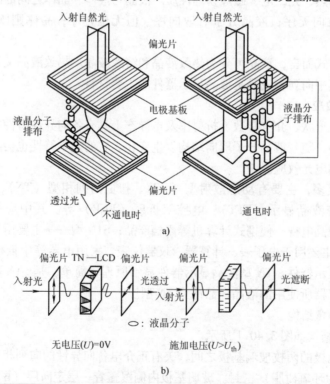

图 3.40-2   TN 型液晶显示器件显示原理示意图
a）TN 型器件分子排布与透过光示意图   b）TN 型电光效应的原理示意图

若将液晶盒放在两块平行偏振片之间，其偏振方向与上表面液晶分子取向相同。不加电压时，入射光通过起偏器形成的线偏振光，经过液晶盒后偏振方向随液晶分子轴旋转90°，不能通过检偏器；施加电压后，透过检偏器的光强与施加在液晶盒上电压大小的关系见图3.40-3，其中纵坐标为透光强度，横坐标为外加电压。最大透光强度的10%所对应的外加电压值称为阈值电压（U_{th}），标志了液晶电光效应有可观察反应的开始（或称起辉），阈值电压小是电光效应好的一个重要指标。最大透光强度的90%对应的外加电压值称为饱和电压（U_r），标志了获得最大对比度所需的外加电压数值，U_r小则易获得良好的显示效果，且降低显示功耗，对显示寿命有利。对比度$D_r = I_{max}/I_{min}$，其中I_{max}为最大观察（接收）亮度（照度），I_{min}为最小亮度。陡度$\beta = U_r/U_{th}$，即饱和电压与阈值电压之比。

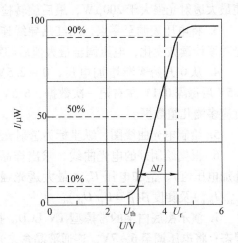

图 3.40-3　液晶电光曲线图

5. TN-LCD 结构及显示原理

TN 型液晶显示器件结构参考图 3.40-2，液晶盒上、下玻璃片的外侧均贴有偏振片，其中上表面所附偏振片的偏振方向总是与上表面分子取向相同。自然光入射后，经过偏振片形成与上表面分子取向相同的线偏振光，入射液晶盒后，偏振方向随液晶分子长轴旋转90°，以平行于下表面分子取向的线偏振光射出液晶盒。若下表面所附偏振片偏振方向与下表面分子取向垂直（即与上表面平行），则为黑底白字的常黑型，不通电时，光不能透过显示器（为黑态），通电时，90°旋光性消失，光可通过显示器（为白态）；若偏振片与下表面分子取向相同，则为白底黑字的常白型，如图 3.40-2 所示结构。TN-LCD 可用于显示数字、简单字符及图案等，有选择地在各段电极上施加电压，就可以显示出不同的图案。

【实验仪器】

如图 3.40-4 所示，FD-LCE-1 型液晶电光效应实验仪主要由控制主机、导轨、半导体激光器、液晶样品盒（包括起偏器及液晶样品）、检偏器、可调光阑及光电探测器组成。

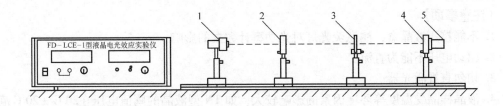

图 3.40-4　液晶电光效应实验仪装置图
1—激光器　2—液晶样品盒　3—检偏器　4—可调光阑　5—光电探测器

【实验内容】

1. 光学导轨上依次为：半导体激光器、液晶样品盒、检偏器、光电探测器（带可调光阈）。其中液晶样品盒带接线柱的一面背向激光器。液晶样品盒包括液晶样品及起偏器，起偏器附在液晶片的一面（带接线柱的反面），其偏振方向与所附表面的液晶分子取向相同。打开半导体激光器，调节各元件高度，使激光依次穿过液晶盒、检偏器，打在光电探测器的光阑上。

2. 接通主机电源，将光功率计调零，用话筒线连接光功率计和光电探测器旋转检偏器，可观察到光功率计数值大小变化，若最大透射光强小于 $200\mu W$，可旋转半导体激光器机身，使最大透射光强大于 $200\mu W$，最后旋转检偏器至透射光强值达到最小。

3. 将电压表调至零点，用红黑导线连接主机和液晶盒，从 0 开始逐渐增大电压，观察光功率计读数变化，电压调至最大值后归零。

4. 从 0 开始逐渐增加电压，$0 \sim 2.5V$ 每隔 $0.2V$ 或 $0.3V$ 记一次电压及透射光强值，$2.5V$ 后每隔 $0.1V$ 左右记一次数据，$6.5V$ 后再每隔 $0.2V$ 或 $0.3V$ 记一次数据，在关键点附近应多测几组数据。

5. 绘制电光曲线图，纵坐标为透射光强值，横坐标为外加电压值。

6. 根据绘制好的电光曲线，求出样品的阈值电压 U_{th}（最大透光强度的10%所对应的外加电压值）、饱和电压 U_r（最大透光强度的90%对应的外加电压值）、对比度 D_r（$D_r = I_{max}/I_{min}$）及陡度 β（$\beta = U_r/U_{th}$）。

7. 演示黑底白字的常黑型 TN-LCD。拔掉液晶盒上的插头，光功率计显示最小数值，即黑态；将电压调至 $6 \sim 7V$，连通液晶盒，光功率计显示最大数值，即白态。（注：可自配数字或字符型液晶片演示，有选择地在各段电极上施加电压，就可以显示出不同的图案。）

8. 用配置的程序，测试液晶样品的电光响应曲线，求得样品的响应时间。

【数据记录及处理】

测量点	1	2	3	4	5	6	…
U/V							…
$I/\mu W$							…

根据所测数据绘制电光曲线图并计算 U_{th}（阈值电压）、U_r（饱和电压）、D_r（对比度）及 β（陡度）。

【注意事项】

1. 不能挤压液晶盒，注意荧光灯对光功率计数据的影响。

2. 驱动电压不能为直流。

3. 切勿直视激光器。

4. 液晶样品受温度等环境因素的影响较大，如 TN 型液晶的阈值电压在20℃ ±20℃范围内的漂移达到 $15\% \sim 35\%$，因此每次实验结果有一定出入为正常情况。也可比较不同温度下液晶样品的电光曲线图。

【思考题】

1. 如何实现常黑型、常白型液晶显示？

2. 如果实验中液晶样品盒采用的是单面附着偏振片，能否完成实验？如果能，应将附着偏振片的一面朝向哪边？

附录 实验报告表格

基础训练实验一 固体密度的测量

姓名_____ 学号_____ 同组姓名_____ 课程序号_____

原始数据记录与数据处理

表一：塑料圆柱

$m =$ ____ g （单位：mm）

高度 h					
直径 d					

表二：金属圆环

$m =$ ____ g （单位：mm）

高度 h					
内径 d_1					
外径 d_2					

表三：金属圆柱

$m =$ ____ g （单位：mm）

高度 h					
内径 d_1					
外径 d_2					

表四：流体静力秤方法

$\rho_f/\text{g} \cdot \text{cm}^{-3}$	空气中质量 m_1/g	水中质量 m_2/g

指导教师签字_____

分析讨论（可另附页）：

基础训练实验二 热电偶定标实验

姓名_____学号_____同组姓名_____课程序号_____

原始数据记录与数据处理

表一：热电偶温度与电动势关系

$T/℃$									
E/V									

指导教师签字_____

分析讨论（可另附页）：

基础训练实验三 伏安法测电阻

姓名_____学号_____同组姓名_____课程序号_____

原始数据记录与数据处理

表一：万用表测量电阻

	R_{x1}	R_{x2}	R_{x3}
电阻标称值/Ω			
万用表测量值/Ω			
额定功率/W			

表二：电流表外接法测待测电阻1

I/mA								
U/V								

表三：电流表内接法测待测电阻3

I/mA								
U/V								

表四：电流表外接法测待测电阻2

I/mA								
U/V								

表五：电流表内接法测待测电阻2

I/mA								
U/V								

指导教师签字_____

分析讨论（可另附页）：

基础训练实验四　示波器的使用

姓名_____ 学号_____ 同组姓名_____ 课程序号_____

原始数据记录与数据处理

表一：测量交流电电压

信号源的衰减			
VOLTS/DIV（V/格）			
格数			
U_{P-P}/V			
$U_{有效}/V$			

表二：测量交流电的周期和频率

信号源输出频率 f/Hz	TIME/DIV（ms/格）	格数	周期/ms	测得频率 f'/Hz

表三：利用李萨如图测量交流电的频率

$f_X =$ _____ Hz

信号源的实际频率/Hz	N_X/N_Y	计算值 $f_Y = \dfrac{N_X}{N_Y} f_X$/Hz	描绘大致图形
	1/2		
	1/3		
	2/3		

指导教师签字_____

分析讨论（可另附页）：

基础训练实验五　薄透镜焦距的测定

姓名＿＿＿＿＿＿学号＿＿＿＿＿＿同组姓名＿＿＿＿＿＿课程序号＿＿＿＿＿

原始数据记录与数据处理

表一：凸透镜测量

凸透镜		
自准法	共轭法	
透镜位置 ＝ ＿＿＿＿ cm	D ＝ ＿＿＿＿ cm	
物屏位置/cm	O_1 位置/cm	O_2 位置/cm

表二：凹透镜测量

凹透镜			
物距像距法		自准法	
凹透镜位置 ＝ ＿＿ cm		像屏位置/cm	凹透镜位置/cm
虚物位置/cm	二次成像位置/cm		

　　　　　　　　　　　　　　　　　　　　指导教师签字＿＿＿＿＿

分析讨论（可另附页）：

综合性实验一　拉伸法测定金属丝的弹性模量

姓名_____学号_____课程序号_____同组姓名_____

原始数据记录与数据处理

表一：增重与减重时标尺读数与负重测量

次数	负重/kg	增重时标尺 读数 a_i/mm	减重时标尺 读数 a_i/mm	同负荷下标尺读数的平均值 $\overline{a_i}$/mm	每增加4kg时标尺的差值 l_i/mm
1				$\overline{a_0}=$	$l_1=\overline{a_4}-\overline{a_0}=$
2				$\overline{a_1}=$	
3				$\overline{a_2}=$	$l_2=\overline{a_5}-\overline{a_1}=$
4				$\overline{a_3}=$	
5				$\overline{a_4}=$	$l_3=\overline{a_6}-\overline{a_2}=$
6				$\overline{a_5}=$	
7				$\overline{a_6}=$	$l_4=\overline{a_7}-\overline{a_3}=$
8				$\overline{a_7}=$	
			平均值		$\overline{l}=$

表二：金属丝伸长与负重测量

F_i/9.80N	0.00	1.00	2.00	3.00	4.00	5.00	6.00	7.00
$l_i=\mid a_i-a_0\mid/10^{-3}$m								

表三：金属丝直径测量

次数	1	2	3	4	5	6
d/mm						

表四：钢丝长度、水平距离、光杠杆数据测量

L/mm	R/mm	D/mm

指导教师签字_____

分析讨论（可另附页）：

综合性实验二　扭摆法测定物体的转动惯量

姓名_____学号_____同组姓名_____课程序号_____

原始数据记录与数据处理

表一：转动惯量的测定

物体名称	质量 m /kg	几何尺寸 /m	周期/s		转动惯量理论值 /kg·m²	转动惯量实验值 /kg·m²	百分误差
			T_i	$\bar{T}_i$			
金属载物盘	—	—			—		
塑料圆柱							
金属圆筒							
木球							
金属细杆							

表二：验证转动惯量平行轴定理

$x/10^{-2}\,\text{m}$	5.00	10.00	15.00	20.00	25.00
摆动周期 T/s					
$\overline{T}/\text{s}$					
实验值$/(\text{kg}\cdot\text{m}^2)$ $I = \dfrac{K}{4\pi^2}T^2 - I_{夹具}$					
理论值$/(\text{kg}\cdot\text{m}^2)$ $I' = I_4 + 2mx^2 + 2I_5$					
百分误差					

指导教师签字_____

分析讨论（可另附页）：

综合性实验三　声速的测定

姓名_____学号_____同组姓名_____课程序号_____

原始数据记录与数据处理

表一：驻波共振法与相位比较法换能器位置测量

次数 i	驻波共振法位置（空气）L/mm	相位比较法位置（空气）L/mm	相位比较法位置（水）L/mm	相差6个$\frac{\lambda}{2}$值 $S=(L_{i+6}-L_i)$/mm		
1						
2						
3						
4						
5						
6						
7						
8						
9				驻波共振法（空气） $\bar{S}_{空气}=$	相位比较法（空气） $\bar{S}_{空气}=$	相位比较法（水） $\bar{S}_{水}=$
10						
11						
12						

指导教师签字_____

分析讨论（可另附页）：

综合性实验四　弦振动研究实验

姓名_____学号_____同组姓名_____课程序号_____

原始数据记录与数据处理

表一：张力和弦长一定，测量弦线的共振频率和横波的传播速度

弦长 = _____ cm　张力 = _____ kg·m/s² 线密度 = _____ kg/m

波腹位置 /cm	波节位置 /cm	波腹数	波长 /cm	共振频率 /Hz	频率计算值 $f=\sqrt{\dfrac{T}{\rho}}\cdot\dfrac{n}{2L}$	传播速度 $v=2Lf/n/(\text{m/s})$
		1				
		2				
		3				
		…				

表二：张力和线密度一定，改变弦长，测量弦线的共振频率和横波的传播速度

张力 = _____ kg·m/s²　线密度 = _____ kg/m

弦线长度 /cm	波长 /cm	共振频率 /Hz	传播速度 $v=2Lf/n/(\text{m/s})$

表三：弦长和线密度一定，改变张力，测量弦线的共振频率和横波的传播速度

弦长 = _____ cm　线密度 = _____ kg/m

张力 kg·m/s²	波长 /cm	共振频率 /Hz	传播速度 $v=2If/n/(\text{m/s})$

表四：弦长和张力一定，改变线密度，测量弦线的共振频率和线密度

弦长 = _____ cm　张力 = _____ kg·m/s^2

弦线	波长 /cm	共振基频 /Hz	线密度 $\rho = T[n/(2Lf)^2]/(kg/m)$
弦线 1（ϕ0.3）			
弦线 2（ϕ0.4）			
弦线 3（ϕ0.5）			

指导教师签字_____

分析讨论（可另附页）：

综合性实验五 液体黏度的测定

姓名＿＿＿＿＿＿学号＿＿＿＿＿＿同组姓名＿＿＿＿＿＿课程序号＿＿＿＿＿＿

原始数据记录与数据处理

表一：落球法测量小球下落时间

序号	1	2	3	4	5	6	$\bar{t}$
时间 t/s							

记录：液体密度 ρ_0 ＿＿＿＿＿＿＿＿＿ 室温 $T=$ ＿＿＿＿＿＿＿＿＿

指导教师签字＿＿＿＿＿＿

分析讨论（可另附页）：

综合性实验六 流体法测定液体的黏度

姓名_____学号_____同组姓名_____课程序号_____

原始数据记录与数据处理

表一：液面高度及时间测量

毛细管内径 $2a$ = _____ mm   毛细管长度 L = _____ mm   蓄水筒内径 $2R$ = _____ mm

待测液体种类：_____   液体温度 T = _____ ℃

序号	液面高度 h/cm	液体有效体积 V/mL	时间 t/s
1			
2			
3			
4			
5			
6			
7			
8			
9			
10（A）			
11（B）			
12（C）			
13（D）			
14（E）			
15（F）			

液体在毛细管中的流速 v = _____   液体黏度 η = _____   液体雷诺数 Re = _____

指导教师签字_____

分析讨论（可另附页）：

综合性实验七　液体表面张力系数的测定

姓名＿＿＿＿＿＿学号＿＿＿＿＿＿同组姓名＿＿＿＿＿＿课程序号＿＿＿＿＿＿

原始数据记录与数据处理

表一：拉力计灵敏度测算实验数据记录

序号	$U_0 =$ ＿＿＿＿ mV		
	拉力计输出电压 U_n/mV	增加的砝码质量 m_n/mg	灵敏度 K_n
1			
2			
3			
4			
5			
6			
7			
8			
9			
10			
平均灵敏度 $K =$ ＿＿＿＿			

表二：实验电压数据记录

液体温度：＿＿＿℃　　铝环内径：＿＿＿＿＿mm　　铝环外径：＿＿＿＿＿mm　　液体名称：＿＿＿＿

序号	1	2	3	4	5
电压值/mV					
平均值					

指导教师签字＿＿＿＿＿＿

分析讨论（可另附页）：

综合性实验八　运动及动力学系列实验

姓名_____学号_____ 同组姓名_____课程序号_____

原始数据记录与数据处理

表一：m_1 的拉力与加速度　　　　　　　　　　　　　　　　$m_1 =$ _____ kg

F/N					
$a/(m/s^2)$					

表二：m_2 的拉力与加速度　　　　　　　　　　　　　　　　$m_2 =$ _____ kg

F/N					
$a/(m/s^2)$					

表三：验证机械能守恒　　　　　　　　　　　　　　　　$m =$ _____ kg

$k/(N/m)$	X_0/m	X_1/m	X_2/m	X_3/m	$v_1/(m/s)$	$v_2/(m/s)$	$v_3/(m/s)$

指导教师签字_____

分析讨论（可另附页）：

综合性实验九　用波尔共振仪研究受迫振动

姓名_____学号_____ 同组姓名_____课程序号_____

原始数据记录与数据处理

表一：阻尼衰减系数 β 的测量

	振幅/(°)		振幅/(°)	$\ln\dfrac{\theta_i}{\theta_{i+5}}$
θ_0		θ_5		
θ_1		θ_6		
θ_2		θ_7		
θ_3		θ_8		
θ_4		θ_9		
平均值				

表二：幅频特性和相频特性测量数据（阻尼开关位置___2___）

振幅 $\theta/(°)$	强迫力矩周期 /s	弹簧对应固有周期 T_0/s	φ_n /(°)	相位差计算值 $\varphi = \arctan\dfrac{\beta T_0^2 T}{\pi(T^2 - T_0^2)}$	$\dfrac{\omega}{\omega_0} = \dfrac{T_0}{T}$

表三：振幅 θ 与 $T_0(\omega_0)$ 关系

振幅 $\theta/(°)$	T_0/s	ω_0/s^{-1}	振幅 $\theta/(°)$	T_0/s	ω_0/s^{-1}

指导教师签字_____

分析讨论（可另附页）：

综合性实验十 力学实验——桥梁振动研究实验

姓名_____学号_____ 同组姓名_____课程序号_____

原始数据记录与数据处理

表一：不同位置处的共振频率

	力1	力2	力3	力4
f_1/Hz				
f_2/Hz				
f_3/Hz				

计算机采集数据（截图）

指导教师签字_____

分析讨论（可另附页）：

综合性实验十一　稳态法测定不良导体、空气及金属材料的导热系数

姓名_____学号_____　同组姓名_____　课程序号_____

原始数据记录与数据处理

表一：稳态温度的测量

t/min	0	2	4	6	8	10	12	14	16	—
T_1/mV										
T_2/mV										

表二：（不良导体导热系数的测定）散热盘的温度与散热时间测量

$T_1 =$_____℃ , $T_2 =$_____℃

散热时间/s										
散热盘温度/℃										

表三：（选做空气导热系数的测定）散热盘的温度与散热时间测量

$T_1 =$_____℃ , $T_2 =$_____℃

散热时间/s										
散热盘温度/℃										

表四：（选做金属导热系数的测定）散热盘的温度与散热时间测量

$T_1 =$_____℃ , $T_2 =$_____℃

散热时间/s										
散热盘温度/℃										

指导教师签字_____

分析讨论（可另附页）：

综合性实验十二　电表的改装和校正

姓名＿＿＿＿＿＿＿学号＿＿＿＿＿＿＿　同组姓名＿＿＿＿＿＿＿课程序号＿＿＿＿＿＿＿

原始数据记录与数据处理

表一：量程为5mA的毫安表改装数据记录表

改装表 I_i/mA					
标准表 I_{0i}/mA					
$\Delta I = I_{0i} - I_i$					

表二：量程为5V的电压表改装数据记录表

改装表 U_i/V					
标准表 U_{0i}/V					
$\Delta U = U_{0i} - U_i$					

指导教师签字＿＿＿＿＿＿＿

分析讨论（可另附页）：

综合性实验十三　直流电桥与电阻的测量

姓名_____　学号_____　同组姓名_____　课程序号_____

原始数据记录与数据处理

表一：利用惠斯通电桥测量电阻

	R_1/Ω	R_2/Ω	R_1/R_2	R/Ω
R_{x1}				
R_{x2}				

表二：利用四端接法分别测量不锈钢丝和镍铬丝的电阻率

S-1（不锈钢丝）		S-2（镍铬丝）	
I/mA	U/mV	I/mA	U/mV

d/mm	S－1	
	S－2	
l/mm		

表三：任选 6 个位置用螺旋测微器测量不锈钢丝（S-1）和镍铬丝（S-2）的直径

次数		1	2	3	4	5	6	平均值
d/mm	S－1							
	S－2							

表四：电阻测量仪测量不锈钢丝（S-1）和镍铬丝（S-2）不同长度对应的电阻值

	次数	1	2	3	4	5	6	平均值
S-1	R/Ω							
	l/mm							
	$\rho/10^{-6}\,\Omega^{-1}\cdot\text{m}^{-1}$							
S-2	R/Ω							
	l/mm							
	$\rho/10^{-6}\,\Omega^{-1}\cdot\text{m}^{-1}$							

指导教师签字＿＿＿＿＿＿

··

分析讨论（可另附页）：

综合性实验十四　　*RLC* 电路特性的研究

姓名＿＿＿＿＿＿　学号＿＿＿＿＿＿　同组姓名＿＿＿＿＿＿　课程序号＿＿＿＿＿＿

原始数据记录与数据处理

表一：*RC* 串联电路的幅频特性

输入信号频率/Hz						
输出信号峰值/V						
输入信号频率/Hz						
输出信号峰值/V						

表二：*RL* 串联高通滤波电路的幅频特性

输入信号频率/Hz						
输出信号峰值/V						
输入信号频率/Hz						
输出信号峰值/V						

表三：*RLC* 串联电路的幅频特性

输入信号频率/Hz						
输出信号峰值/V						
输入信号频率/Hz						
输出信号峰值/V						

表四：*RLC* 并联电路的幅频特性

输入信号频率/Hz						
输出信号峰值/V						
输入信号频率/Hz						
输出信号峰值/V						

指导教师签字＿＿＿＿＿＿

分析讨论（可另附页）：

综合性实验十五　非线性元件伏安特性的研究

姓名_____学号_____ 同组姓名_____课程序号_____

原始数据记录与数据处理

表一：测量整流二极管、检波二极管、稳压二极管的伏安特性

整流二极管		检波二极管		稳压二极管	
U/V	I/mA	U/V	I/mA	U/V	I/mA

表二：测量发光二极管的伏安特性

紫色		蓝色		绿色		黄色		红色		白色	
U/V	I/mA	U/V	I/mA	U/V	I/mA	U/V	I/mA	U/V	I/mA	U/V	I/mA

指导教师签字_____

分析讨论（可另附页）：

综合性实验十六　太阳电池伏安特性的测量

姓名_____学号_____同组姓名_____课程序号_____

原始数据记录与数据处理

表一：分别测量以下几种条件下光伏组件的伏安特性曲线

距离为___cm				距离为___cm				距离为___cm、串联				距离为___cm、并联			
U/V	I/mA	P/mW	R/kΩ	U/V	I/mA	P/mW	R/kΩ	U/V	I/mA	P/mW	R/kΩ	U/V	I/mA	P/mW	R/kΩ

表二：填充因子

	I_{sc}/mA	U_{oc}/V	P_m/mW	I_m/mA	U/V	R_m/Ω	FF
距离为___cm							
距离为___cm							
距离为___cm、串联							
距离为___cm、并联							

指导教师签字_____

分析讨论（可另附页）：

综合性实验十七 电子示波器的原理实验

姓名_____ 学号_____ 同组姓名_____ 课程序号_____

原始数据记录与数据处理

表一：测量正弦波电压的 U_{P-P} 和计算其有效值 $U_{有效}$

信号源的衰减			
VOLTS/div（V/格）			
格数（div）			
U_{P-P}/V			
$U_{有效}$/V			

表二：测量正弦波电压的频率 f 和周期 T

信号源输出频率 f/Hz	TIME/div（ms/格）	格数（div）	周期/ms	测量频率 f/Hz

表三：利用李萨如图测量未知交流电压的频率 f_r

f_x/Hz	50		
N_x/N_y	1:2	1:3	2:3
描绘大致图形			
计算值 $f_y = \dfrac{n_x}{n_y} f_x$/Hz			
信号源的实际频率/Hz			

指导教师签字_____

分析讨论（可另附页）：

综合性实验十八 霍尔效应及其应用

姓名_____ 学号_____ 同组姓名_____ 课程序号_____

原始数据记录与数据处理

表一：测量霍尔电压 U_H 与霍尔电流 I_S 的关系

励磁电流 $I_m = 600$mA

I_S/mA	U_1/mV $+I_S, +I_m$	U_2/mV $+I_S, -I_m$	U_3/mV $-I_S, -I_m$	U_4/mV $-I_S, +I_m$	$U_H = \dfrac{(U_1 - U_2 + U_3 - U_4)}{4}$/mV
0.20					
0.40					
0.60					
0.80					
1.00					
1.20					
1.40					
1.60					
1.80					

表二：测量霍尔电压 U_H 与励磁电流 I_m 的关系

霍尔电流 $I_S = 1.50$mA

I_m/mA	U_1/mV $+I_S, +I_m$	U_2/mV $+I_S, -I_m$	U_3/mV $-I_S, -I_m$	U_4/mV $-I_S, +I_m$	$U_H = \dfrac{(U_1 - U_2 + U_3 - U_4)}{4}$/mV
100					
150					
200					
250					
300					
350					
400					
450					

表三：测量不同工作电流下霍尔片长度 L 方向的电压降

I_S/mA	0.2	0.4	0.6	0.8	1.0	1.2	1.4	1.6
U_σ/mV								

表四：测量螺线管内磁感应强度 B 与位置刻度 x 的关系

励磁电流 $I_m = 600mA$，霍尔元件工作电流 $I_S = 1.50mA$

霍尔探头位置 x/mm	U_1/mV $+I_S$，$+I_m$	U_2/mV $+I_S$，$-I_m$	U_3/mV $-I_S$，$-I_m$	U_4/mV $-I_S$，$+I_m$	各位置对应的霍尔电压 U_H/mV	螺线管内轴线磁感应强度 B/mT
0						
20						
40						
60						
80						
100						
120						
140						
160						
180						
200						
220						
240						
260						

表五：测量亥姆霍兹线圈轴线不同位置处对应的霍尔电压和磁感应强度 B

励磁电流 $I_m = 600mA$，霍尔元件工作电流 $I_S = 1.50mA$

霍尔探头位置 x/mm		U_1/mV $+I_S$，$+I_m$	U_2/mV $+I_S$，$-I_m$	U_3/mV $-I_S$，$-I_m$	U_4/mV $-I_S$，$+I_m$	各位置对应的霍尔电压 /mV	载流线圈中心轴线磁感应强度/mT
右载流线圈	30						
	40						
	50						
	60						
	70						
	80						
	90						
	100						U_{H1} / B_1
	110						
	120						
	130						
	140						
	150						
	160						
	170						

（续）

霍尔探头位置 x/mm		U_1/mV $+I_S$，$+I_m$	U_2/mV $+I_S$，$-I_m$	U_3/mV $-I_S$，$-I_m$	U_4/mV $-I_S$，$+I_m$	各位置对应的霍尔电压/mV	载流线圈中心轴线磁感应强度/mT
左载流线圈	80						
	90						
	100						
	110						
	120						
	130						
	140						
	150					U_{H2}	B_2
	160						
	170						
	180						
	190						
	200						
	210						
	220						
亥姆霍兹线圈	30						
	40						
	50						
	60						
	70						
	80						
	90						
	100						
	110						
	120					U_{H1+2}	B_{1+2}
	130						
	140						
	150						
	160						
	170						
	180						
	190						
	200						
	210						
	220						

表六（选做）：间距为 $R/2$ 和 $2R$ 时双线圈中心轴线上的磁感应强度分布

励磁电流 $I_m = 600\text{mA}$，霍尔元件工作电流 $I_S = 1.50\text{mA}$

霍尔探头位置 x/mm		U_1/mV $+I_S$, $+I_m$	U_2/mV $+I_S$, $-I_m$	U_3/mV $-I_S$, $-I_m$	U_4/mV $-I_S$, $+I_m$	双载流线圈各位置对应的霍尔电压/mV	双载流线圈轴线磁感应强度/mT
间距为 $R/2$	30						
	40						
	50						
	60						
	70						
	80						
	90						
	100						
	110						
	120					U_{H1+2}	B_{1+2}
	130						
	140						
	150						
	160						
	170						
	180						
	190						
	200						
	210						
	220						
间距为 $2R$	30						
	40						
	50						
	60						
	70						
	80						
	90						
	100						
	110						
	120					U'_{H1+2}	B'_{1+2}
	130						
	140						
	150						
	160						
	170						
	180						
	190						
	200						
	210						
	220						

指导教师签字_____

分析讨论（可另附页）：

综合性实验十九　霍尔传感器测量铁磁材料的磁滞回线和磁化曲线

姓名_____学号_____同组姓名_____课程序号_____

原始数据记录与数据处理

表一：记录测量样品间隙中各位置 X 处的磁感应强度 B

X/mm	-10.0	-9.0	-8.0	-7.0	-6.0	-5.0	-4.0	-3.0	-2.0	-1.0	0.0
B/mT											
X/mm	1.0	2.0	3.0	4.0	5.0	6.0	7.0	8.0	9.0	10.0	
B/mT											

表二：记录模具钢在初始磁化过程中的磁化电流 I 与磁感应强度 B，并利用公式计算出 H

I/mA	H/(A/m)	B/mT	I/mA	H/(A/m)	B/mT

表三：记录磁滞回线测量的各 (I_i, B_i) 值，并利用公式计算出 H_i 值

I/mA	H/(A/m)	B/mT	I/mA	H/(A/m)	B/mT

指导教师签字_____

分析讨论（可另附页）：

综合性实验二十　磁性材料基本特性的研究

姓名＿＿＿＿＿＿学号＿＿＿＿＿＿同组姓名＿＿＿＿＿＿课程序号＿＿＿＿＿＿

原始数据记录与数据处理

表一：升温时桥路输出电压与温度的关系

温度/℃	电压/mV	温度/℃	电压/mV	温度/℃	电压/mV	温度/℃	电压/mV

表二：降温时桥路输出电压与温度的关系

温度/℃	电压/mV	温度/℃	电压/mV	温度/℃	电压/mV	温度/℃	电压/mV

指导教师签字＿＿＿＿＿＿

分析讨论（可另附页）：

综合性实验二十一 显微镜、望远镜、幻灯机的实验设计

姓名＿＿＿＿＿＿＿学号＿＿＿＿＿＿＿同组姓名＿＿＿＿＿＿＿课程序号＿＿＿＿＿＿＿

原始数据记录与数据处理

表一：组装显微镜实验

名称	物镜焦距 f_1/mm	目镜焦距 f_2/mm	光学间隔 Δ/mm	放大率 M
显微镜				

表二：组装望远镜实验

名称	物镜焦距 f_1/mm	目镜焦距 f_2/mm	放大率 M
望远镜			

表三：组装幻灯机实验

名称	聚光镜 L_1 焦距 f_1/mm	聚光镜 L_2 焦距 f_2/mm	放映物镜焦距 f_3/mm
幻灯机			

指导教师签字＿＿＿＿＿＿＿

分析讨论（可另附页）：

综合性实验二十二　用读数显微镜观测牛顿环

姓名_____学号_____同组姓名_____课程序号_____

原始数据记录与数据处理

表一：牛顿环直径数据记录表

环数 m	读数/mm		直径/mm D_m（左－右）	$D_m^2/$ mm²	环数 n	读数/mm		直径/mm D_n（左－右）	$D_n^2/$mm²	$D_m^2 - D_n^2$
	左	右				左	右			
30					25					
29					24					
28					23					
27					22					
26					21					

指导教师签字_____

分析讨论（可另附页）：

综合性实验二十三　用 CCD 成像系统观测牛顿环

姓名_____学号_____同组姓名_____课程序号_____

原始数据记录与数据处理

表一：牛顿环半径 r''_n（像元）与干涉次数 n 的关系

n	2	3	4	5	6	7	8	9
r''_n								
r_n/mm								
r_n^2/mm^2								

表二

物像距	s_n/mm	s'_n/mm	s_s/mm	s'_s/mm	L''

指导教师签字_____

分析讨论（可另附页）：

综合性实验二十四　迈克耳孙干涉仪

姓名＿＿＿＿＿＿　学号＿＿＿＿＿＿　同组姓名＿＿＿＿＿＿　课程序号＿＿＿＿＿＿

原始数据记录与数据处理

表一：迈克耳孙干涉仪动镜初末位置的测量

次数 i	d_{i1}/mm	d_{i2}/mm	$\Delta d_i/\mathrm{mm}$
1			
2			
3			
4			
5			
6			
	$N=50$		

指导教师签字＿＿＿＿＿＿

分析讨论（可另附页）：

综合性实验二十五 光的干涉、光的衍射及偏振实验

姓名_____ 学号_____ 同组姓名_____ 课程序号_____

原始数据记录与数据处理

表一：杨氏双缝干涉实验，读出 6 个明条纹的初位置和末位置　　　（单位：mm）

明条纹	1	2	3	4	5	6
初位置						
末位置						
条纹宽度 Δx						

表二：杨氏双缝干涉实验，利用显微镜测量双缝的间距 6 次

次数	1	2	3	4	5	6
双缝间距 d/mm						

表三：光的衍射实验，利用读数显微镜测量各级次明条纹的初位置和末位置

（单位：mm）

明条纹	-3	-2	-1	1	2	3
初位置						
末位置						
条纹宽度 Δx						
平均宽度 $\overline{\Delta x}$						

表四：偏振光的检测（$\lambda/2$ 波片）

$\lambda/2$ 波片转动的角度	检偏器旋转角度
15°	
30°	
45°	
60°	
75°	
90°	

表五：偏振光检测（$\lambda/4$ 波片）

$\lambda/4$ 波片转动的角度	检偏器转动 360° 观察到的现象	光的偏振性质
15°		
30°		
45°		
60°		
75°		
90°		

指导教师签字_____

分析讨论（可另附页）：

综合性实验二十六 衍射光栅

姓名＿＿＿＿＿＿学号＿＿＿＿＿＿同组姓名＿＿＿＿＿＿课程序号＿＿＿＿＿＿

原始数据记录与数据处理

表一：衍射光栅 $k = \pm 1$ 级时各谱线的衍射角测量

谱线	读数窗	$k = +1$ 级位置 θ^+	$k = -1$ 级位置 θ^-	$\varphi = \dfrac{\left\| \theta_{左}^- - \theta_{左}^+ \right\| + \left\| \theta_{右}^- - \theta_{右}^+ \right\|}{4}$
黄$_2$	左			
	右			
黄$_1$	左			
	右			
绿	左			$\varphi_1 =$
				$\varphi_2 =$
	右			
				$\varphi_3 =$
蓝紫	左			
	右			

指导教师签字＿＿＿＿＿＿

分析讨论（可另附页）：

综合性实验二十七　阿贝成像原理和空间滤波

姓名_____学号_____同组姓名_____课程序号_____

原始数据记录与数据处理

表一：空间频率的测量

	位置 x'/mm	空间频率/mm^{-1}
一级衍射		
二级衍射		
三级衍射		

表二：滤波对像面上成像的影响

顺序	频谱成分	成像情况说明	现象解释
A	全部		
B	0 级		
C	0，±1 级		
D	除 ±1 级以外		
E	除零级外		

表三：低通滤波与高通滤波

顺序	频谱成分	成像情况说明	现象解释
低通滤波			
高通滤波			

指导教师签字_____

分析讨论（可另附页）：

综合性实验二十八　全息照相

姓名＿＿＿＿＿＿学号＿＿＿＿＿＿同组姓名＿＿＿＿＿＿课程序号＿＿＿＿＿＿

原始数据记录与数据处理

请概括叙述全息照相原理并画出全息照相的光路图

指导教师签字＿＿＿＿＿＿

分析讨论（可另附页）：

综合性实验二十九　压电陶瓷特性及振动的干涉测量

姓名＿＿＿＿＿＿　学号＿＿＿＿＿＿　同组姓名＿＿＿＿＿＿　课程序号＿＿＿＿＿＿

原始数据记录与数据处理

表一：压电常数测量

U_{up}/V						
U_{dn}/V						
$\overline{U}$/V						
ΔL/mm	0	325	650	975	1300	1625

表二：频率特性测量

三角波频率 /Hz	100	200	300	400	500
条纹级数					

指导教师签字＿＿＿＿＿＿

分析讨论（可另附页）：

综合性实验三十 物体色度值的测量

姓名_____学号_____ 同组姓名_____课程序号_____

原始数据记录与数据处理

表一：光源光谱测量

序号	波长/nm	相对光功率
1	380	
2	385	
3	390	
4	395	
5	400	
6	405	
7	410	
8	415	
9	420	
10	425	
11	430	
12	435	
13	440	
14	445	
15	450	
16	455	
17	460	
⋮	⋮	
81	780	

（计算机采集数据：实验后请打印）

指导教师签字_____

分析讨论（可另附页）：

综合性实验三十一　利用声光器件测定光速及透明介质中的声速

姓名_____学号_____　同组姓名_____课程序号_____

原始数据记录与数据处理

表一：利用声光器件测定光速

次数	$D_A(0)/\text{mm}$	$D_A(2\pi)/\text{mm}$	$D_B(0)/\text{mm}$	$D_B(2\pi)/\text{mm}$	f/Hz	$c/(10^8\,\text{m/s})$	误差(%)
1							
2							
3							
4							
5							

表二：声光法测量透明介质声速　　　　　　　　　　　　（单位：Hz）

频率	f_1	f_2	f_3	f_4	f_0	f_5	f_6	f_7	f_8	f_9
频率值										
δf	—	$f_2-f_1=\_\_$	$f_3-f_2=\_\_$	$f_4-f_3=\_\_$	$f_0-f_4=\_\_$	$f_5-f_0=\_\_$	$f_6-f_5=\_\_$	$f_7-f_6=\_\_$	$f_8-f_7=\_\_$	$f_9-f_8=\_\_$

声光晶体厚度 d = _____mm

指导教师签字_____

分析讨论（可另附页）：

综合性实验三十二 CCD 微机密立根油滴实验

姓名_____学号_____ 同组姓名_____课程序号_____

原始数据记录与数据处理

表一：油滴下落时间的测定

油滴	次数	U/V	t_g/s	$q/(10^{-19}C)$	$\bar{q}$	$n = \bar{q}/e_{公认}$	$N = [n]$	$e_i = \bar{q}/N$	$\bar{e} = \sum\limits_{i=1}^{4}(e_i/4)$
NO. 1	1								
	2								
	3								
	4								
	5								
	6								
NO. 2	1								
	2								
	3								
	4								
	5								
	6								
NO. 3	1								
	2								
	3								
	4								
	5								
	6								
NO. 4	1								
	2								
	3								
	4								
	5								
	6								

指导教师签字_____

分析讨论（可另附页）：

综合性实验三十三　夫兰克-赫兹实验

姓名_____ 学号_____ 同组姓名_____ 课程序号_____

原始数据记录与数据处理

表一：夫兰克-赫兹管的 I_P-U_{GZK} 关系测量

测试条件：U_F = _____ V，U_{G1K} = _____ V，U_{G2P} = _____ V

U_{G2K}/V					
$I_P/10^{-8}A$					
U_{G2K}/V					
$I_P/10^{-8}A$					
U_{G2K}/V					
$I_P/10^{-8}A$					
U_{G2K}/V					
$I_P/10^{-8}A$					
U_{G2K}/V					
$I_P/10^{-8}A$					
U_{G2K}/V					
$I_P/10^{-8}A$					

指导教师签字_____

分析讨论（可另附页）：

综合性实验三十四　电阻应变传感器

姓名_____学号_____ 同组姓名_____课程序号_____

原始数据记录与数据处理

表一：传感器输出电压与**重量**关系测量

次数	重量 G/g	增重输出电压 U_{UP}/mV	减重输出电压 U_{DN}/mV	增减重输出电压平均值 $\overline{U}$/mV
1				
2				
3				
4				
5				
6				
7				
8				

表二：待测重物与输出电压关系测量

U_{up}/V						
U_{dn}/V						
$\overline{U}$/V						

指导教师签字_____

分析讨论（可另附页）：

综合性实验三十五　集成电路温度传感器的特性测量及应用

姓名_____学号_____ 同组姓名_____课程序号_____

原始数据记录与数据处理

表一：AD590 传感器温度特性测量

$t/℃$							
U_R/V							
$I_t/\mu A$							
$t/℃$							
U_R/V							
$I_t/\mu A$							

指导教师签字_____

分析讨论（可另附页）：

综合性实验三十六　磁电阻传感器实验

姓名_____学号_____ 同组姓名_____课程序号_____

原始数据记录与数据处理

表一：各向异性磁电阻传感器磁电转换特性的测量

线圈电流/mA	300	250	200	150	100	50	0	−50	−100	−150	−200	−250	−300
磁感应强度/GS	6	5	4	3	2	1	0	−1	−2	−3	−4	−5	−6
输出电压/V													

表二：各向异性磁电阻传感器方向特性的测量　　　　　　　　　　$B_0 = 4\text{Gs}$

夹角 α（°）	0	10	20	30	40	50	60	70	80	90
输出电压/V										
cosα										

表三：亥姆霍兹线圈轴向磁场分布测量　　　　　　　　　　$B_0 = 4\text{Gs}$

位置 x	$-0.5R$	$-0.4R$	$-0.3R$	$-0.2R$	$-0.1R$	0	$0.1R$	$0.2R$	$0.3R$	$0.4R$	$0.5R$
B_x/B_0 计算值	0.946	0.975	0.992	0.998	1.000	1	1.000	0.998	0.992	0.975	0.946
U_x 测量值/V											
B_x 测量值/Gs											

表四：亥姆霍兹线圈空间磁场分布测量　　　　　　　　　　$B_0 = 4\text{Gs}$

U_x/V		位置 x						
		0	$0.05R$	$0.1R$	$0.15R$	$0.2R$	$0.25R$	$0.3R$
位置 y	0							
	$0.05R$							
	$0.1R$							
	$0.15R$							
	$0.2R$							
	$0.25R$							
	$0.3R$							

指导教师签字_____

分析讨论（可另附页）：

综合性实验三十七 巨磁电阻效应及应用

姓名_____ 学号_____ 同组姓名_____ 课程序号_____

原始数据记录与数据处理

表一：GMR 模拟传感器磁电转换特性的测量 电桥电压 4V

励磁电流/mA	磁感应强度/Gs	输出电压/mV	
		减小磁场	增大磁场
100			
90			
80			
70			
60			
50			
40			
30			
20			
10			
5			
0			
−5			
−10			
−20			
−30			
−40			
−50			
−60			
−70			
−80			
−90			
−100			

表二：GMR 的磁阻特性曲线的测量　　　　　　　　　　　　　　　　　磁阻两端电压 4V

励磁电流/mA	磁感应强度/Gs	减小磁场		增大磁场	
		磁阻电流/mA	磁阻/Ω	磁阻电流/mA	磁阻/Ω
100					
90					
80					
70					
60					
50					
40					
30					
20					
10					
5					
0					
−5					
−10					
−20					
−30					
−40					
−50					
−60					
−70					
−80					
−90					
−100					

表三：GMR 开关（数字）传感器的磁电转换特性曲线测量

减小磁场			增大磁场		
开关动作	励磁电流/mA	磁感应强度/Gs	开关动作	励磁电流/mA	磁感应强度/Gs
关			关		
开			开		

表四：用 GMR 模拟传感器测量电流

待测电流/mA			300	200	100	0	−100	−200	−300
输出电压/mV	低磁偏置 （约25mV）	减小电流							
		增加电流							
	适当磁偏置 （约150mV）	减小电流							
		增加电流							

表五：GMR 梯度传感器的特性及应用

转动角度（°）	0	3	6	9	12	15	18	21	24	27	30	33	36	39	42	45
输出电压/mV																

表六：磁记录与磁读出的原理与过程

十进制数字	213							
二进制数字	1	1	0	1	0	1	0	1
磁卡区域号	1	2	3	4	5	6	7	8
读出电平								

指导教师签字_____

分析讨论（可另附页）：

综合性实验三十八　光纤传感器设计与应用

姓名＿＿＿＿＿＿学号＿＿＿＿＿＿　同组姓名＿＿＿＿＿＿课程序号＿＿＿＿＿＿

原始数据记录与数据处理

表一：光纤传感器的补偿特性实验

x/cm	U_1	U_2	U_2/U_1	x/cm	U_1	U_2	U_2/U_1
0				3.6			
0.2				3.8			
0.4				4.0			
0.6				4.2			
0.8				4.4			
1.0				4.6			
1.2				4.8			
1.4				5.0			
1.6				5.2			
1.8				5.4			
2.0				5.6			
2.2				5.8			
2.4				6.0			
2.6				6.2			
2.8				6.4			
3.0				6.6			
3.2				6.8			
3.4				7.0			

表二：光纤传感探头与镜面的距离不同时光强下降到 10% ，光强比值与位移的关系测量

I/mA	U_2/U_1				
	$x = 1\text{mm}$	$x = 2\text{mm}$	$x = 5\text{mm}$	$x = 7\text{mm}$	$x = 10\text{mm}$
30					
20					
10					
6					
3					

表三：光纤温度传感器的测量

温度/℃	U_2/U_1	温度/℃	U_2/U_1

表四：光纤压力传感器的测量

压强/Pa	U_2/U_1	压强/Pa	U_2/U_1

表五：光纤液位传感器的测量

液位/mm	U_2/U_1	液位/mm	U_2/U_1

指导教师签字_____

分析讨论（可另附页）：

综合性实验三十九　光电传感器基本特性的测量

姓名_____学号_____　同组姓名_____课程序号_____

原始数据记录与数据处理

表一：光敏电阻的光照特性测量

α（°）	$U=10\text{V}$									
	0	10	20	30	40	50	60	70	80	90
I_{ph}/mA										

表二：光敏电阻的伏安特性测量

$\alpha=0°$		$\alpha=60°$	
I_{ph}/mA	U/V	I_{ph}/mA	U/V

表三：硅光电池的伏安特性测量

$I=15\text{mA}$		$I=25\text{mA}$	
U_{oc}/V	$I_{sc}/\mu\text{A}$	U_{oc}/V	$I_{sc}/\mu\text{A}$

指导教师签字_____

分析讨论（可另附页）：

综合性实验四十　液晶电光效应特性研究

姓名_____学号_____　同组姓名_____课程序号_____

原始数据记录与数据处理

表一：液晶电光效应测量

测量点	1	2	3	4	5	6	7	8	9	10	11	12	13	14	15	16	17	18	19	20
U/V																				
$I/\mu W$																				

测量点	21	22	23	24	25	26	27	28	29	30	31	32	33	34	35	36	37	38	39	40
U/V																				
$I/\mu W$																				

指导教师签字_____

分析讨论（可另附页）：

参 考 文 献

[1] 程守洙，江之永. 普通物理学 [M]. 6 版. 北京：高等教育出版社，2006.

[2] 陆廷济，胡德敬，陈铭南，等. 物理实验教程 [M]. 上海：同济大学出版社，2000.

[3] 丁慎训，张连芳. 物理实验教程 [M]. 北京：清华大学出版社，2002.

[4] 吴泳华，霍剑青，熊永红. 大学物理实验：第一册 [M]. 北京：高等教育出版社，2001.

[5] 沈元华，陆申龙. 基础物理实验 [M]. 北京：高等教育出版社，2003.

[6] 吴晓立，杨仕君，朱宏娜. 大学物理实验教程 [M]. 成都：西南交通大学出版社，2007.

[7] 母国光，战元龄. 光学 [M]. 2 版. 北京：高等教育出版社，2009.

[8] GREAT I S, PHILLIPS W R. 刘岐元，王鸣阳，译. 电磁学 [M]. 北京：人民教育出版社，1982.

[9] 田民波. 电子显示 [M]. 北京：清华大学出版社，2001.

[10] BORN M, WOLF E. 光学原理 [M]. 杨葭荪，译. 北京：科学出版社. 1978.

[11] 郑伟佳，李俊科，杨丽娜，等. 弦振动实验的改进 [J]. 物理实验，2011，31 (2)：47 – 50.

[12] 吴明阳，朱祥. 动态法测金属杨氏模量的理论研究 [J]. 大学物理实验，2009，28 (3)：31 – 34.

[13] 朱华，李翠云. 低电阻测量中的接触电阻 [J]. 大学物理实验，2003，16 (2)：36 – 38.

[14] 毛爱华，武娥. 大学物理实验 [M]. 北京：机械工业出版社，2015.

[15] 孙丽媛，祖新慧. 大学物理实验 [M]. 北京：清华大学出版社，2014.

[16] 于建勇. 物理实验教程 [M]. 北京：科学出版社，2015.

[17] 张广斌，李香莲. 大学物理实验：基础篇 [M]. 北京：机械工业出版社，2018.

[18] 谢毓章. 液晶物理学 [M]. 北京：科学出版社，1988.

[19] 王必利，王慧. 向列相液晶电光特性研究 [J]. 大学物理实验，2011，24 (2)：4 – 6.

[20] 浦昭邦. 光电测试技术 [M]. 北京：机械工业出版社，2005.

[21] 王瑗，黄耀清，杨文明，等. 基于发光二极管和导光板的彩色光源色度的测量 [J]. 大学物理，2005，24 (9)：53 – 56.

[22] 陶家友，廖高华，梅孝安. 光调制法测量光速的研究 [J]. 大学物理实验，2009，22 (1)：50 – 54.

[23] 肖怡安. 反射式光纤位移传感器应用设计实验 [J]. 物理实验，2011，31 (10)：5 – 7.

[24] 黄耀清，王媛，杨文明，等. 测量场致发光片色度的实验设计 [J]. 物理实验，2005，25 (1)：9 – 12.

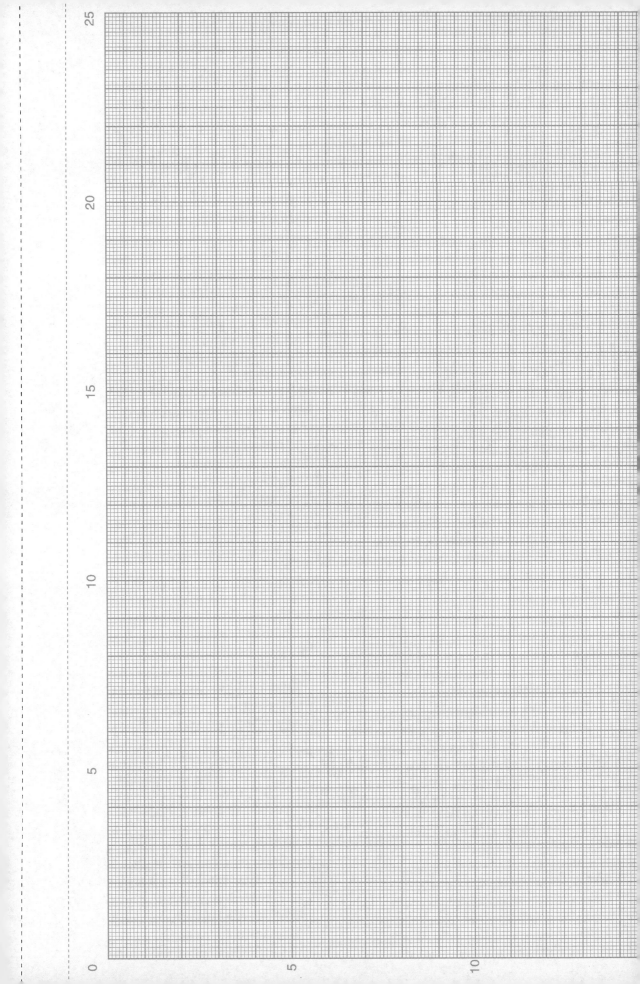

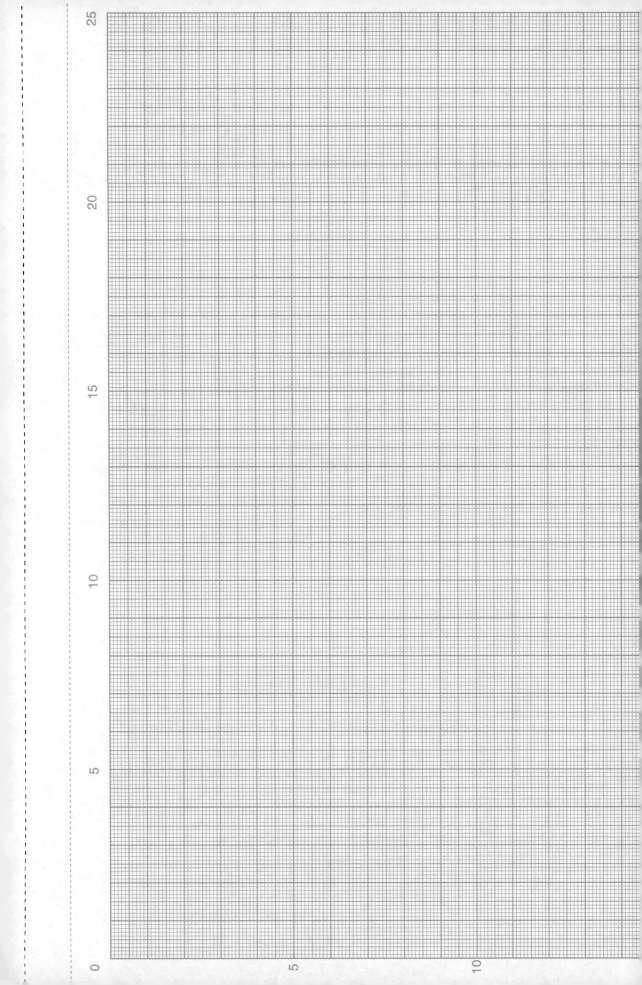

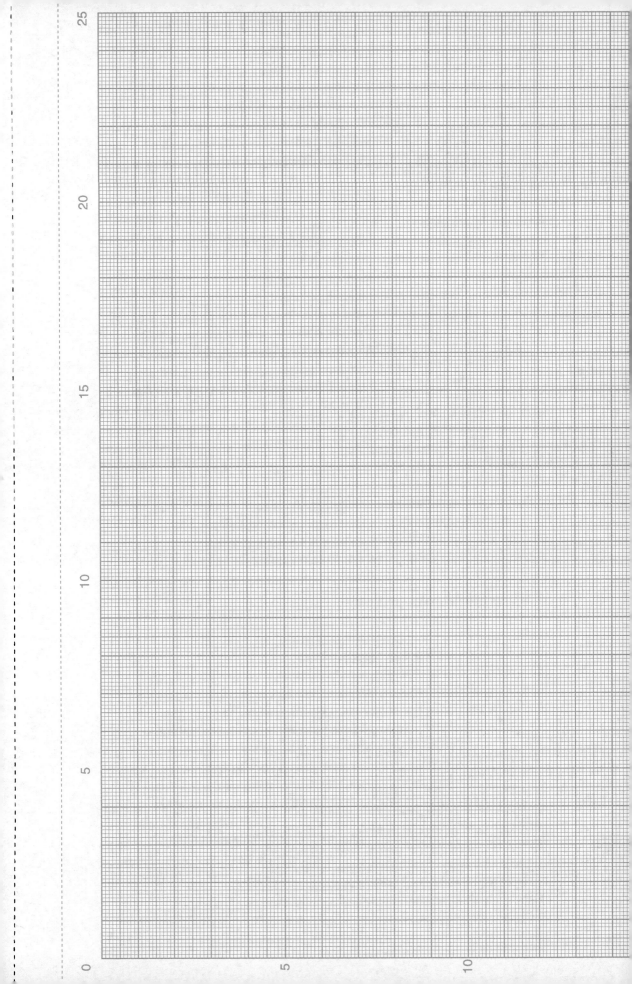

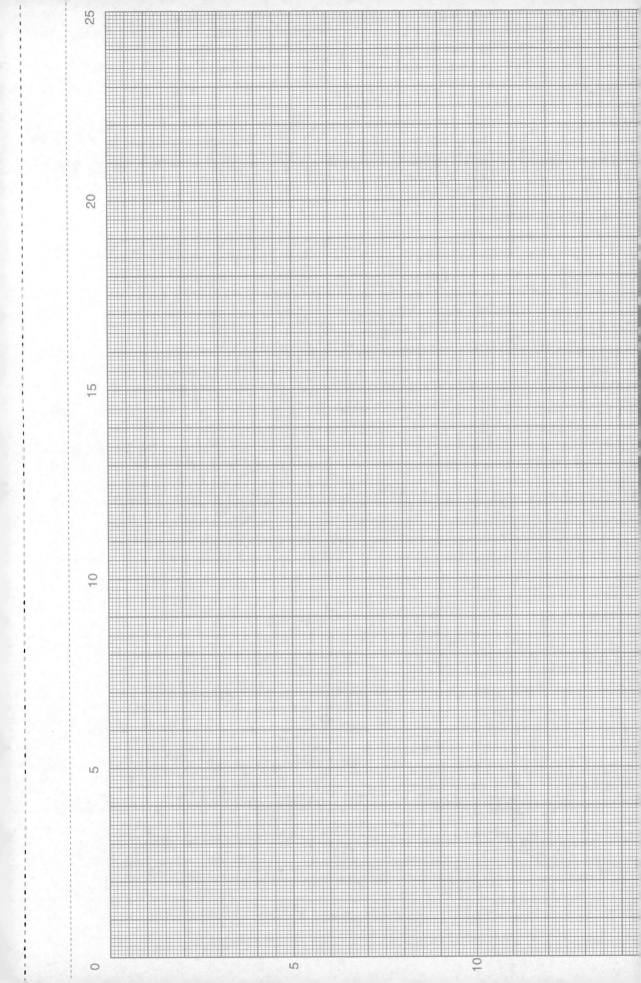